国家示范性高等职业院校建设规划教材

液压与气压传动

主　编　耿道森
副主编　黄均安　赵华新
　　　　张　萍　张春来
主　审　宋天武

黄河水利出版社
·郑州·

内 容 提 要

本书是国家示范性高等职业院校建设规划教材，是用安徽省财政安排的"支持高等职业学校提升专业服务产业发展能力"项目经费组织编写的。本书根据教育部国家示范性高等职业院校建设计划电气类专业群人才培养方案要求，按照液压与气压传动课程标准编写完成的。本书共书 12 章，主要从工程应用的角度分别介绍了液压与气压传动的基本原理、特点、使用，液压传动的流体力学基础知识，液压元件、液压辅助元件、气压元件、气压辅助元件的结构、原理、使用等，液压与气压基本回路及系统在典型设备中的应用，液压系统基本设计方法，液压系统常见故障诊断与排除等。

本书为高职高专机电类、机械类专业课教材，也可作为相关专业人员和相关技术人员的参考用书。

图书在版编目(CIP)数据

液压与气压传动/耿道森主编. —郑州：黄河水利出版社，2014.1 (2021.3 重印)

国家示范性高等职业院校建设规划教材

ISBN 978-7-5509-0716-4

Ⅰ.①液… Ⅱ.①耿… Ⅲ.①液压传动-高等职业教育-教材②气压传动-高等职业教育-教材 Ⅳ.①TH137②TH138

中国版本图书馆 CIP 数据核字(2014)第 014583 号

组稿编辑：王路平 电话：0371-66022212 E-mail：hhslwlp@163.com

出 版 社：黄河水利出版社 网址：www.yrcp.com

地址：河南省郑州市顺河路黄委会综合楼 14 层 邮政编码：450003

发行单位：黄河水利出版社

发行部电话：0371-66026940、66020550、66028024、66022620(传真)

E-mail：hhslcbs@126.com

承印单位：河南承创印务有限公司

开本：787 mm×1 092 mm 1/16

印张：15.25

字数：350 千字 印数：3 501—4 500

版次：2014 年 1 月第 1 版 印次：2021 年 3 月第 2 次印刷

定价：34.00 元

前 言

本书是根据《教育部关于全面提高高等职业教育教学质量的若干意见》(教高〔2006〕16号)、《教育部关于推进高等职业教育改革创新引领职业教育科学发展的若干意见》(教职成〔2011〕12号)等文件精神,用安徽省财政安排的“支持高等职业学校提升专业服务产业发展能力”项目经费组织编写的教材。

本套教材以学生能力培养为主线,着重基本概念和基本原理的阐述,注重理论知识的应用,注重加强学生工程技术能力的训练,突出应用能力和创新能力的培养,体现出实用性、实践性、创新性的教材特色,是一套紧密联系工程实际、教学面向生产的高职高专教育精品规划教材。

液压与气压传动技术是机电设备中发展速度最快的技术之一,特别是近年来微电子、计算机技术同液压与气压传动技术相结合,使液压与气压传动技术进入了一个新的发展阶段。目前,液压与气压传动技术已广泛应用于工业各领域,为了满足社会对液压与气压传动技术应用人才的培养需求、实现高职高专人才培养目标、提高学生的实践和创新能力,编者在多年教学实践的基础上并结合最新教学成果编写了该书。

本书包括液压传动和气压传动两部分内容,共分为12章,第1章至第9章为液压传动部分,第10章至第12章为气压传动部分。本书主要介绍了液压与气压传动的基本原理、特点、使用,液压传动的流体力学基础知识,液压元件、液压辅助元件、气压元件、气压辅助元件的结构、原理、使用等,液压与气压基本回路及系统在典型设备中的应用,液压系统基本设计方法,液压系统常见故障诊断与排除等。

本书在注重理论知识的同时,力求加强针对性和实用性,突出理论联系实际,具有言简意赅、图文并茂、重点突出、实例紧贴实际、重视先进技术等特点。本书内容丰富,实用性强,以液压与气动新技术为背景,取材新颖实用。本书配有大量工业应用图例,学生易学易懂。为了加强学生的实际应用技能的培养,本书注重强调元件的结构、应用和维护,常见故障及其排除,液压与气压基本回路分析,液压系统设计基本方法等。每章附有一定量的习题,供学习者练习。

本书由安徽水利水电职业技术学院承担编写工作,编写人员及编写分工如下:耿道森编写第1、2章,黄均安编写第3、4章,赵华新编写第5、9章,张萍编写第7、8章,张春来编写第11章,赵松编写第6、10章,曹文霞编写第12章。本书由耿道森担任主编并负责全书的统稿;由黄均安、赵华新、张萍、张春来担任副主编;由宋天武担任主审。

借此,向对本书的出版给予帮助的同仁表示衷心的感谢!

由于编者水平有限,书中难免有疏漏和错误之处,恳请广大读者批评指正。

编　者

2013 年 11 月

目录

第 1 章　液压传动概述

【学习目标】

1.知识目标

◇了解液压传动的发展及应用；

◇熟悉液压传动的特点；

◇掌握液压传动的工作原理及系统组成。

2.能力目标

◇能区分液压传动与其他传动形式的不同之处；

◇能分析液压设备的主要组成部分。

液压与气压传动是研究以有压流体(压力油或压缩空气)为能源介质,来实现各种机械的传动和控制的学科。本章将着重介绍液压传动的工作原理、液压系统的组成及液压传动的特点及应用。

1.1　液压传动的定义及工作原理

1.1.1　液压传动的定义

液压传动是以液体为工作介质,利用液体的压力能来进行能量传递的传动方式。

液压传动系统是由一些功能不同的液压元件组成,在密闭的回路中依靠运动的液体进行能量传递,通过对液体的相关参数(压力、流量)进行调节和控制,以满足工作装置输出力、速度(或转矩、转速)的一种传动装置。

1.1.2　液压传动的工作原理

液压传动系统的类型很多,应用范围也十分广泛,下面以图 1-1 所示的液压千斤顶为例说明其工作原理。大油缸 9 和大活塞 8 组成举升油缸,杠杆手柄 1、小油缸 2、小活塞 3、单向阀 4 和 7 组成手动液压泵。如提起杠杆手柄使小活塞向上移动,小活塞下端油腔容积增大,形成局部真空,这时单向阀 4 打开,通过吸油管 5 从油箱 12 中吸油;用力压下手柄,小活塞下移,小活塞下腔压力升高,单向阀 4 关闭,单向阀 7 打开,下腔的油液经管道 6 输入举升油缸(大油缸)9 的下腔,迫使大活塞 8 向上移动,顶起重物。再次提起手柄吸油时,单向阀 7 自动关闭,使油液不能倒流,从而保证了重物不会自行下落。不断地往复扳动手柄,就能不断地把油液压入举升油缸下腔,使重物逐渐升起。如果打开截止阀 11,举升油缸下腔的油液通过管道 10、截止阀 11 流回油箱,重物就向下移动,这就是液压千斤顶的工作原理。

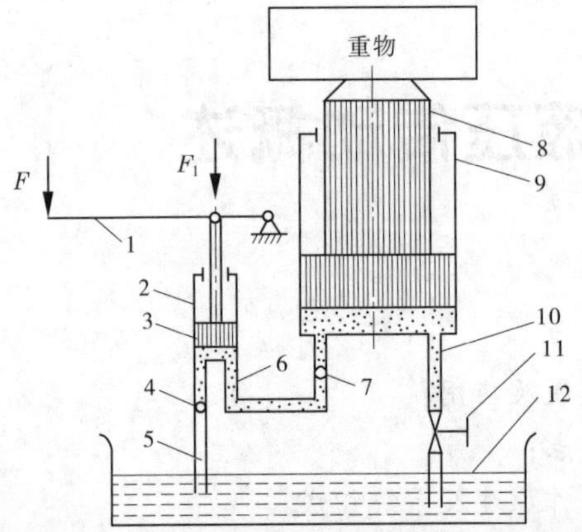

1—杠杆手柄；2—小油缸；3—小活塞；4、7—单向阀；5—吸油管；
6、10—管道；8—大活塞；9—大油缸；11—截止阀；12—油箱

图 1-1　液压千斤顶的工作原理图

图 1-1 所示的系统不能对重物的上升速度进行调节，也没有防止压力过高的安全措施，是一个简单的液压系统，但同样充分揭示了液压的压力与负载、速度与流量、液压功率与输出功率之间的关系。

1.1.2.1　压力与负载的关系

在图 1-1 中，设大、小活塞（也称大、小液压缸）的面积分别为 A_2 和 A_1，作用在大活塞上的外负载为 G，大活塞下端的受力为 F_2，施加于小活塞上的作用力为 F_1，则在大腔（缸 9）中所产生的液体压力（压强）为 $p_2=\frac{G}{A_2}=\frac{F_2}{A_2}$（忽略活塞自重、摩擦力等），小腔（缸 2）的压力为 $p_1=\frac{F_1}{A_1}$。根据帕斯卡原理，加在密封容器中的压力（压强）能够按照原来的大小向液体的各个方向传递，即 $p_1=p_2=p$。若忽略压力损失，则可以表示为

$$p=\frac{G}{A_2}=\frac{F_2}{A_2}=\frac{F_1}{A_1} \tag{1-1}$$

或

$$F_2=F_1\frac{A_2}{A_1} \tag{1-2}$$

式(1-1)说明，在 A_1/A_2 一定时，负载 G 越大，系统中的压力 p 也越高，外界对系统的作用力 F_1 也越大，所以系统的压力 p 取决于外负载的大小。式(1-2)表明，当 $A_2/A_1>1$ 时，在小活塞上作用一个很小的力 F_1，便可以在大活塞上产生一个很大的力 F_2，以举起重物（负载）。

1.1.2.2　速度与流量的关系

在图 1-1 中，若不计液体的泄漏、可压缩性和系统的弹性变形等因素，则从小油缸中排出的液体体积一定等于进入大油缸中的液体体积，供活塞上升。设大、小油缸活塞的位移分别为 s_2、s_1，则有

$$s_1A_1 = s_2A_2 \tag{1-3}$$

或

$$\frac{s_2}{s_1} = \frac{A_1}{A_2} \tag{1-4}$$

式(1-4)表明两活塞的位移与两活塞的面积成反比。将式(1-3)两边同除以活塞运动的时间 t,得

$$q_1 = A_1v_1 = A_2v_2 = q_2 = q \tag{1-5}$$

式中 v_1、v_2——小活塞和大活塞的平均运动速度;

q_1、q_2——小油缸输出的平均流量和大油缸输入的平均流量。

从式(1-5)可以得到一般公式:

$$v = \frac{q}{A} \tag{1-6}$$

式(1-6)是液压传动中速度调节的基本公式。说明调节进入液压缸的液体流量,即可调节活塞的运动速度,由此可见:在液压传动系统中,执行机构的运动速度取决于输入流量的大小。

1.1.2.3 能量转换关系

由图1-1可知,大活塞(液压缸)工作时输出的瞬时功率为负载与速度的乘积,即

$$P = F_2v_2 = F_2\frac{q_2}{A_2} = \frac{F_2}{A_2}q_2 = p_2q_2 \tag{1-7}$$

式中 P——液压缸所输出的功率。

式(1-7)表明,液压传动的功率等于液体的压力 p 和流量 q 的乘积。所以,压力和流量是液压传动中的两个重要的基本参数,它们相当于机械传动中直线运动中的力和速度、旋转运动中的转矩和转速。

1.2 液压系统的组成和表示方法

1.2.1 液压系统的组成

液压千斤顶是一种简单的液压传动装置。为了对液压系统有一个更加清楚的了解,下面分析在工程实际中较复杂的液压系统。

图1-2是磨床工作台液压传动系统原理图,该液压系统能实现磨床工作台的往复运动及运动过程中的换向、调速及进给力的控制。为了实现这些功能,需要在液压泵和液压缸之间设置一些装置。其工作原理如下:液压泵3由电动机驱动旋转,从油箱1中吸油,经过滤器2后被液压泵吸入并输出给系统。当换向阀6阀芯处于图1-2(a)所示位置时,压力油经阀5、阀6和管道进入液压缸7的左腔,推动活塞向右运动。液压缸右腔的油液经管道、阀6、管道9流回油箱。改变阀6阀芯的工作位置,使之处于左端位置,如图1-2(b)所示,液压缸活塞反向运动。

工作台的移动速度是通过流量控制阀来调节的。阀口开大时,进入缸的流量较大,工

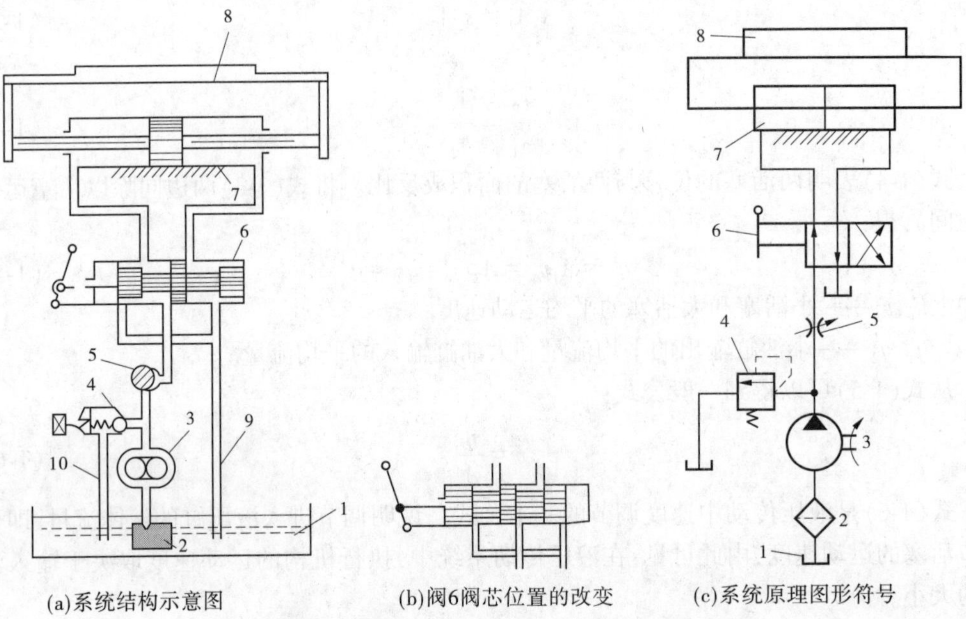

1—油箱;2—过滤器;3—液压泵;4—溢流阀;5—流量控制阀;

6—换向阀;7—液压缸;8—工作台;9、10—管道

图 1-2 磨床工作台液压传动系统原理图

作台的速度较快;反之,工作台的速度较慢。为适应克服大小不同阻力的需要,泵输出油液的压力应当能够调整。工作台低速移动时,流量控制阀开口小,泵输出多余的油液经溢流阀 4 和管道 10 流回油箱,调节溢流阀弹簧的预压力,就能调节泵输出口的油液压力。

从上面的例子可以看出,液压系统主要由以下五部分组成。

1.2.1.1 动力元件

动力元件是一种能量转换装置,将机械能转换成压力能。液压系统中常采用液压泵作为动力元件。

1.2.1.2 执行元件

执行元件也是一种能量转换装置,将流体的液压能转换成机械能输出。这种元件可以是作直线运动的液压缸,也可以是作旋转运动的液压马达,还可以是作往复摆动的液压缸。

1.2.1.3 控制元件

控制元件是对液压系统中流体的压力、流量及流动方向等参数进行控制和调节的,如各种液压控制阀。

1.2.1.4 辅助元件

辅助元件是指除上述三种元件外的其他元件,即保证系统正常工作所需的辅助元件,如液压系统中的油箱、蓄能器、过滤器、管道、管接头、压力表等。辅助元件对液压系统正常工作是必不可少的。

1.2.1.5 工作介质

工作介质用于进行能量和信号的传递,是液压能的载体。液压系统以液压油液或高水基液体作为工作介质。

1.2.2 液压系统的表示方法

图1-2(a)所示为半结构式的液压系统结构示意图,该图直观性强,容易理解,读图方便,但绘制起来较为麻烦,元件多时几乎不可能绘制出来。为了简化液压系统的表示方法,通常采用图形符号来绘制系统的原理图,如图1-2(c)所示。各类元件的图形符号完全脱离了其具体结构形式,只表示其职能,由它们组成的系统原理图能简明表达系统的工作原理及各元件在系统中的作用,为此国家专门制定了相关的液压与气压传动常用图形符号的标准(见附录)。

1.3 液压传动的特点及应用

1.3.1 液压传动的特点

1.3.1.1 液压传动的优点

(1)易于实现无级调速。通过调节流量系统可在运行过程中方便地实现无级调速,调速范围可达2 000:1,容易获得极低的运动速度。

(2)传递运动平稳。靠液压油的连续流动来传递运动,液压油几乎不可压缩,且具有吸振能力,因此执行元件运动平稳。

(3)承载能力大。液压传动是将液压能转化为机械能来驱动执行元件做功的,系统很容易获得很大的液压能,因此驱动执行元件做功的机械能也大,可以很方便地实现低速大扭矩传动或低速大推力传动。

(4)元件使用寿命长。因元件在油中工作,润滑条件充分,可延长其使用寿命。

(5)易于实现自动化。系统的压力、流量和流动方向容易实现调节和控制,特别是与电气、电子和气动控制联合起来使用时,能使整个系统实现复杂的程序动作,也可方便地实现远程控制。

(6)易于实现过载保护。液压传动采取了多种过载保护措施,能自动防止过载,避免发生事故。

(7)易于实现标准化、系列化和通用化。液压元件属机械工业基础件,在国内外有许多专门从事液压元件制造的厂家,除油箱和少量的专用件外,一般的液压元件都能直接购买到,且规格齐全、品种多样。

(8)系统的布局和安装灵活。液压元件的布置不受严格的空间位置限制,各元件之间用管道连接,布局和安装有较大的灵活性。

(9)体积小、质量轻、惯性小、反应快,结构紧凑,易于实现快速启动、制动和频繁的换向。

1.3.1.2 液压传动的缺点

(1)不能实现严格的传动比。由于传动介质的可压缩性和泄漏等因素的影响,传动比不如机械传动精确。

(2)传动效率偏低。在液压传动中,系统需经两次能量转换,因而相对于机械和电气系统,其传动效率偏低。

(3)油温变化时,液压油黏度的变化会影响系统的稳定工作。在高温工作时,采用石油基液压油为工作介质的系统还需注意防火问题。

(4)液压油中混入空气,容易产生振动和噪声。

(5)发生故障时不易检查与排除,且工作介质被污染后,会造成液压元件阀芯卡死等现象,使系统不能正常工作。

(6)液压元件制造精度要求高,系统维护技术水平要求高。

1.3.2 液压传动的应用

因为液压传动有显著优点,所以得到了普遍的应用。液压传动在机械行业中的应用实例如表 1-1 所示。

表 1-1 液压传动在各类机械行业中的应用实例

行业名称	应用场合举例
机床工业	磨床、铣床、拉床、刨床、压力机、自动车床、组合车床、数控机床、加工中心等
工程机械	挖掘机、装载机、推土机、压路机、铲运机等
起重运输机械	起重机、叉车、装卸机械、皮带运输机、液压千斤顶等
矿山机械	开采机、凿岩机、开掘机、破碎机、提升机、液压支架等
建筑机械	打桩机、平地机等
农业机械	联合收割机的控制系统、拖拉机和农用机的悬挂装置等
冶金机械	电炉控制系统、轧钢机控制系统等
轻工机械	注塑机、打包机、校直机、橡胶硫化机、造纸机等
汽车工业	自卸式汽车、平板车、高空作业车、汽车转向器、减振器等
船舶港口机械	起货机、起锚机、舵机等
铸造机械	砂型压实机、加料机、压铸机等
智能机械	折臂式小汽车装卸器、数字式体育锻炼机、模拟驾驶舱、机器人等

1.4 液压传动的发展

自 18 世纪末英国制造出世界上第一台水压机起,液压传动技术至今已有二三百年的历史,但液压传动在工业上被广泛采用和有较大幅度的发展却是 20 世纪中期以后的事情。

近代液压传动是由 19 世纪崛起并蓬勃发展的石油工业推动起来的,最早实践成功的液压传动装置是舰艇上的炮塔转位器,其后才在其他方面应用。第二次世界大战期间,各参战国为了打赢战争，投入了大量的人力、物力、财力来发展新式武器，制造出了反应迅速、动作准确、输出功率大的液压传动及控制装置，促使了液压技术迅速发展。战后，液压技术很快转入民用工业，并随着各种液压元件的标准化、规格化、系列化，液压系统在机床、工程机械、冶金机械、塑料机械、农林机械、汽车、船舶等行业得到了广泛的应用和长足的发展。20世纪60年代以后，随着原子能技术、空间技术、电子技术等方面的发展，液压技术向更广阔的领域渗透，发展成为包括传动、控制和检测在内的一门完整的自动化技术。现今，采用液压传动的程度已成为衡量一个国家工业水平的重要标志之一。如发达国家生产的95%的工程机械、90%的数控加工中心、95%以上的自动化流水线都采用了液压传动。

我国的液压工业始于20世纪50年代，其产品最初只用于机床和锻压设备，后来才用到拖拉机和工程机械上。自从1964年从国外引进一些液压元件生产技术，同时自行设计液压产品以来，我国的液压元件生产已从低压到高压形成系列，并在各种机械设备上得到了广泛的应用。从80年代起加速了对国外先进液压产品和技术的有计划引进、消化、吸收和国产化工作，以确保我国的液压技术能在产品质量、经济效益、研究开发等各个方面全方位地赶上世界水平。

随着液压机械自动化程度的不断提高，液压元件应用数量急剧增加，元件小型化、系统集成化是必然的发展趋势。特别是近十年来，液压技术与传感技术、微电子技术密切结合，出现了许多诸如电液比例控制阀、数字阀、数字缸、电液伺服液压缸等机（液）电一体化元器件，使液压技术在高压、高速、大功率、节能高效、低噪声、使用寿命长、高度集成化等方面取得了重大进展。此外，液压元件和液压系统的计算机辅助设计、计算机辅助制造、计算机辅助试验和计算机实时控制等开发性工作，日益显示出显著的优势。微电子技术渗透到液压传动技术中并与之相结合，创造出很多可靠性、低成本的微型节能元件，为液压传动技术在工业各部门中的应用开辟了更为广阔的前景。

习题

1.什么是液压传动？液压传动有哪些优缺点？

2.液压传动由哪几部分组成？每部分的功能是什么？

3.液压传动中液体的压力是由什么决定的？

4.液压传动系统的基本参数是什么？它们与哪些因素有关？

5.如图1-3所示的液压千斤顶中，F是作用在手柄上的力，假定$F=300$ N，两活塞直径分别为$D=200$ mm，$d=10$ mm，试求：

(1)作用在小活塞上的力F_1；

(2)系统中的液压力p；

(3)大活塞能顶起重物的重力G；

(4)大、小活塞的运动速度之比v_1/v_2。

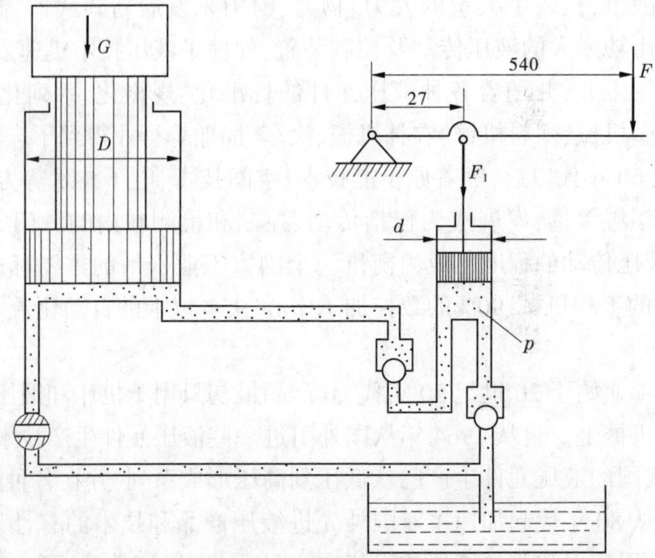

图 1-3　液压千斤顶

第2章 液压传动基础

【学习目标】

1.知识目标

◇掌握液压系统中工作介质的主要性质，了解液压油的选用及污染与控制；

◇掌握液体动力学基本理论知识，即连续性方程、伯努利方程及动量方程；

◇掌握液体在管道中流动的特性及压力损失的计算；

◇了解液体流经孔口的流量与其压力差、孔口结构形式的关系等；

◇了解液压冲击和空穴现象的原因及改善措施。

2.能力目标

◇能正确地选择液压油的品种和牌号；

◇能运用液体动力学和静力学方程进行相关计算。

液压传动系统是以液压油（通常为矿物油）作为工作介质来传递动力和信号的。在研究液压系统之前，必须对所用的液压油及其性能进行较深入的了解，以便进一步理解液压传动的基本原理。本章将着重介绍液压流体力学的一些基础知识。

2.1 液压传动的工作介质

液压油是液压传动系统中的传动介质，而且还对液压装置的机构、零件起着润滑、冷却和防锈作用。液压传动系统的压力、温度和流速在很大的范围内变化，液压油的质量优劣、选用是否合理，对液压系统能否有效可靠地工作影响很大。因此，要对液压传动的工作介质有一定的基本认知。

2.1.1 液压油的主要物理性质

2.1.1.1 密度

单位体积液体所具有的质量为该液体的密度，用公式表示为

$$\rho=\frac{m}{V} \tag{2-1}$$

式中 ρ——液体的密度，kg/m^3；

m——液体的质量，kg；

V——液体的体积，m^3。

严格来说，液体的密度随着压力或温度的变化而变化，但变化量一般很小，在工程计算中可以忽略不计。在进行液压系统相关的计算时，通常取液压油的密度为 900 kg/m^3。

2.1.1.2　可压缩性

液体受增大的压力作用而使体积缩小的性质称为液体的可压缩性。设容器中液体原来压力为 p_0，体积为 V_0，当液体压力增大 Δp 时，体积缩小 ΔV，则液体的可压缩性可用压缩系数 k 来表示。压缩系数 k 是指液体在单位压力变化下的体积相对变化量，用公式表示为

$$k = -\frac{1}{\Delta p}\frac{\Delta V}{V_0} \tag{2-2}$$

式中　k——压缩系数，m^2/N。

由于压力增大时液体的体积减小，为了使 k 为正值，在式(2-2)等号右边须加一负号。

液体压缩系数 k 的倒数，称为液体的体积弹性模量，简称体积模量，用 K 表示，即

$$K = \frac{1}{k} = -\frac{\Delta p}{\Delta V}V_0 \tag{2-3}$$

表 2-1 列举了各种工作介质的体积模量。液体的体积模量与温度、压力有关。在一般中、低压液压系统中，液体的可压缩性很小，可以认为液体是不可压缩的。而在压力变化很大的高压系统中，就要考虑液体可压缩性的影响。由于空气的可压缩性很大，当液压油液中混有游离气泡时，K 值将大大减小。比如，当油中混有 1%的空气气泡时，体积模量则降低到纯油的 5%左右；当油中混有 5%的空气气泡时，体积模量则降低到纯油的 1%左右。故液压系统在设计和使用时，要采取措施尽量减少工作介质中的游离气泡的含量。

表 2-1　各种工作介质的体积模量(20 ℃，0.1 MPa)

介质种类	体积模量 K(MPa)	介质种类	体积模量 K(MPa)
石油基液压油	$(1.4\sim2.0)\times10^3$	水-乙二醇基型	3.45×10^3
油包水乳化液	2.3×10^3	磷酸酯基型	2.65×10^3
水包油乳化液	1.95×10^3		

2.1.1.3　黏性

1.黏性的定义

液体在外力作用下流动(或有流动趋势)时，液体分子间内聚力要阻止分子间的相对运动，在液层相互作用的界面之间会产生一种内摩擦力，这一特性称为液体的黏性。液体只有在流动(或有流动趋势)时才会呈现出黏性，静止液体是不呈现黏性的。黏性是液压油的各项物理性质中最重要的特性，也是选择液压油的一个很重要的依据。

如图 2-1 所示，液体在平行平板间流动，设上平板以速度 u_0 向右运动，下平板固定不动，紧贴于上平板的液体黏附在上平板，其速度与上平板运动速度 u_0 相同；紧贴于下平板的液体黏附在下平板，其速度为零；中间液体的速度按线性分布。据实验测定指出，液体流动时相邻液层之间的内摩擦力 F 与液层间的接触面积 A 和液层间的相对速度 du 成正比，而与液层间的距离 dy 成反比，即

$$F = \mu A \frac{du}{dy} \tag{2-4}$$

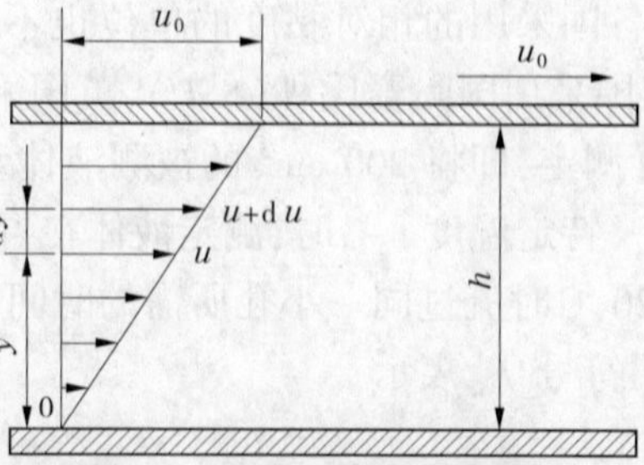

图 2-1　液体的黏性示意图

式中　μ——比例常数,称为黏性系数或黏度;

$\frac{du}{dy}$——速度梯度。

2.液体的黏度

液体黏性的大小用黏度来表示,是定量表示黏性高低的量,常用的黏度有三种,即动力黏度、运动黏度和相对黏度。平时提到的油的牌号实际是运动黏度。

1)动力黏度 μ

在我国法定计量单位制及 SI 制中,动力黏度 μ 的单位用 Pa · s(帕 · 秒)或用 N · s/m^2(牛 · 秒/米^2)表示。从物理意义上讲,动力黏度 μ 是当速度梯度 $du/dy=1$ 时,单位面积上的内摩擦力的大小,即

$$\mu = \tau \frac{dy}{du} \tag{2-5}$$

它直接表示流体的黏性即内摩擦力的大小。

在 CGS 制中,μ 的单位为 dgn · s/cm^2(达因 · 秒/厘米^2),又称为 P(泊)。P 的百分之一称为 cP(厘泊)。其换算关系如下:

$$1\ \text{Pa} \cdot \text{s} = 10\ \text{P} = 10^3\ \text{cP}$$

2)运动黏度 υ

动力黏度 μ 和该液体密度 ρ 之比值,称为运动黏度。即

$$\upsilon = \frac{\mu}{\rho} \tag{2-6}$$

运动黏度 υ 没有明确的物理意义。因为在其单位中只有长度和时间的量纲,所以称之为运动黏度。它是工程实际中经常用到的物理量。

在我国法定计量单位制及 SI 制中,运动黏度 υ 的单位是 m^2/s(米^2/秒)。在 CGS 制中,υ 的单位是 cm^2/s(厘米^2/秒),通常称为 St(沲)。1 St(沲)= 100 cSt(厘沲)。两种单位制的换算关系为 1 m^2/s = 10^4 St = 10^6 cSt。

就物理意义来说,υ 并不是一个黏度的量,但工程中常用它来标志液体的黏度。液压油的牌号,就是这种油液在 40 ℃时运动黏度 υ(mm^2/s)的平均值。如 L-AN32 液压油,这种液压油在 40 ℃时运动黏度的平均值为 32 mm^2/s。

3)相对黏度

相对黏度又称条件黏度。它是采用特定的黏度计在规定的条件下测出来的液体黏度。根据测量条件的不同,各国采用的相对黏度的单位也不同,如我国、德国及俄罗斯等国家采用恩氏黏度(°E),美国采用国际赛氏秒(SSU),英国采用雷氏黏度(R)等。

恩氏黏度由恩氏黏度计测定,即将200 cm^3 的被测液体装入底部有ϕ2.8 mm小孔的恩氏黏度计的容器中,在某一特定温度t ℃时,测定液体在自重作用下流过小孔所需的时间t_1和同体积的蒸馏水在20 ℃时流过同一小孔所需的时间t_2之比值,便是该液体在t ℃时的恩氏黏度。恩氏黏度用符号°E_t表示

$$°E_t = \frac{t_1}{t_2} \tag{2-7}$$

一般以20 ℃、50 ℃、100 ℃作为测定恩氏黏度的标准温度,由此而得出的恩氏黏度分别用°E_{20}、°E_{50}和°E_{100}表示。恩氏黏度和运动黏度的换算关系可以查询手册或相关书籍。

3.影响黏度的主要因素

1)温度对黏度的影响

温度对油液黏度影响很大,当油液温度升高时,其黏度显著下降。油液黏度的变化直接影响液压系统的性能和泄漏量,因此希望黏度随温度的变化越小越好。不同的油液有不同的黏度温度变化关系,这种关系叫作油液的黏温特性。

2)压力对黏度的影响

压力对油液的黏度也有一定的影响。压力越高,分子间的距离越小,因此黏度变大。不同的油液有不同的黏度压力变化关系,这种关系叫作油液的黏压特性。

在液压系统中,若系统的压力不高,压力对黏度的影响较小,一般可以忽略不计。当压力较高或压力变化较大时,则压力对黏度的影响必须考虑。

2.1.1.4 其他特性

液压油液还有其他一些物理化学性质,如抗燃性、抗氧化性、抗凝性、抗泡沫性、抗乳化性、防锈性、润滑性、导热性、稳定性以及相容性(主要指对密封材料、软管等不侵蚀、不溶胀的性质)等,这些性质对液压系统的工作性能有重要影响。对于不同品种的液压油,这些性质的指标是不同的,具体应用时可查相关油类产品手册。

2.1.2 液压油的选用

液压传动系统的压力、温度和流速在很大的范围内变化,液压油的质量优劣直接影响液压系统的工作性能,所以合理选用液压油尤为重要。

2.1.2.1 液压油的使用要求

液压油是液压系统中借以传递能量的工作介质。液压油的主要功能是传递能量,此外还兼有润滑、密封、冷却、防锈等功能,负担这样功能的液压油的性能必须稳定,不能因使用条件而改变性质。因此,油液的性能会直接影响液压传动的性能,如工作的可靠性、灵敏性,工况的稳定性、系统的效率及零件的寿命等。一般在选择油液时应满足下列几项要求:

(1)黏温特性好。在使用温度范围内,油液黏度随温度的变化越小越好。

(2)具有良好的润滑性,即油液润滑时产生的油膜强度高,以免产生干摩擦。

(3)成分要纯净，不应含有腐蚀性物质，以免侵蚀机件和密封元件。

(4)具有良好的化学稳定性。油液不易氧化、不易变质，以防产生黏质沉淀物，影响系统工作，防止氧化后油液变为酸性，对金属表面起腐蚀作用。

(5)抗泡沫性好，抗乳化性好，对金属和密封件有良好的相容性。

(6)体积膨胀系数低，比热容和传热系数高，流动点和凝固点低，闪点和燃点高。

(7)无毒性，价格便宜。

2.1.2.2 液压油的类型和选用

1.液压油的种类

液压油的种类如表2-2所示。液压油牌号用其代号和数字表示，代号中L表示润滑剂类别，H表示液压系统用的工作介质，数字表示液压油的黏度等级。

液压油要同时满足上述七项使用要求是不可能的，一般根据需要满足一项或几项要求。按国际标准化组织(ISO)的分类，液压油的类型主要有石油基液压油和难燃液压油。现在，有90%以上的液压设备采用石油基液压油。石油基液压油以全损耗系统用油为基料，这种油价格低，但物理化学性能较差，只能用在压力较低和要求不高的场合。为了改善全损耗系统用油的性能，往往要加入各种添加剂。添加剂有两类：一类是用于改善油液化学性能的，如抗氧化剂、防腐剂、防锈剂等；另一类是用于改善油液物理性能的，如增黏剂、抗磨剂、防爬剂等。

表2-2 液压油的种类

<table>
<tr><th colspan="2">类别</th><th colspan="2">组成与特性</th><th colspan="2">代号</th></tr>
<tr><td colspan="2" rowspan="6">石油基液压油</td><td colspan="2">无添加剂</td><td colspan="2">L-HH</td></tr>
<tr><td colspan="2">HH+抗氧化剂、防锈剂</td><td colspan="2">L-HL</td></tr>
<tr><td colspan="2">HL+抗磨剂</td><td colspan="2">L-HM</td></tr>
<tr><td colspan="2">HL+增黏剂</td><td colspan="2">L-HR</td></tr>
<tr><td colspan="2">HM+增黏剂</td><td colspan="2">L-HV</td></tr>
<tr><td colspan="2">HM+防爬剂</td><td colspan="2">L-HG</td></tr>
<tr><td rowspan="8">难燃液压油</td><td rowspan="4">含水液压油</td><td rowspan="2">高含水液压油</td><td>水包油乳化液</td><td rowspan="2">L-HFA</td><td>L-HFAE</td></tr>
<tr><td>水的化学溶液</td><td>L-HFAS</td></tr>
<tr><td colspan="2">油包水乳化液</td><td colspan="2">L-HFB</td></tr>
<tr><td colspan="2">水-乙二醇</td><td colspan="2">L-HFC</td></tr>
<tr><td rowspan="4">合成液压油</td><td colspan="2">磷酸酯</td><td colspan="2">L-HFDR</td></tr>
<tr><td colspan="2">氯化烃</td><td colspan="2">L-HFDS</td></tr>
<tr><td colspan="2">HFDR+HFDS</td><td colspan="2">L-HFDT</td></tr>
<tr><td colspan="2">其他合成液压油</td><td colspan="2">L-HFDU</td></tr>
</table>

2.液压油的选用

选择液压油时，首先要考虑的是黏度问题。在一定条件下，选用的油液黏度太高或太低都会影响系统的正常工作。黏度高的油液流动时产生的阻力较大，克服阻力所消耗的功率较大,而此功率损耗又将转换成热量使油温上升。黏度太低,会使泄漏量加大、系统的容积效率下降。一般液压系统的油液黏度 $\upsilon_{40}=(10\sim60)\times10^{-6}\mathrm{m}^2/\mathrm{s}$,更高黏度的油液应用较少。

在选择液压油时,要根据具体情况或系统的要求来选用合适黏度的油液。选择时一般考虑以下几个方面:

(1)液压系统的工作压力。工作压力较高的液压系统宜选用黏度较大的液压油,以减少系统泄漏;反之,可选用黏度较小的液压油。

(2)环境温度。环境温度较高时宜选用黏度较大的液压油。

(3)运动速度。液压系统执行元件运动速度较高时,为减小液流的功率损失,宜选用黏度较低的液压油。

(4)液压泵的类型。在液压系统的所有元件中,以液压泵对液压油的性能最为敏感。因为泵内零件的运动速度很高,承受的压力较大,润滑要求苛刻,温升高,因此常根据液压泵的类型及要求来选择液压油的黏度。

(5)经济性和供货情况。如液压油的价格、使用寿命,对液压元件寿命的影响,当地油品的货源以及维护、更换的难易程度等。

2.1.3 液压油的污染和防治措施

据调查统计可知,液压油被污染是系统发生故障的主要原因,它严重影响着液压系统的可靠性及元件的寿命。所以,了解液压油的污染途径、控制液压油污染程度是非常重要的。

2.1.3.1 污染产生的原因

凡是液压油成分以外的任何物质都可以认为是污染物。液压油中的污染物主要是固体颗粒物、空气、水及各种化学物质。另外,系统的静电能、热能、磁场能和放射能等也是以能量形式存在的对液压油有危害的污染物质。液压油中污染物的来源主要有以下两方面:

(1)外界侵入物的污染。它主要指液压油在运输过程中带进的和从周围环境中混入的空气、水滴、尘埃等。另外,还有液压装置在制造、安装和维修时残留下来的铁屑、型砂、磨粒、焊渣、铁锈、棉纱、清洗溶剂等。

(2)工作过程中产生的污染。它主要指液压元件相对运动磨损时产生的金属微粒、锈斑、密封材料磨损颗粒、涂料剥离片、水分、压力变化产生的气泡,以及液压油和密封材料变质后产生的胶状生成物等。

2.1.3.2 污染的危害

液压油被污染后,将会对系统及元件产生以下不良后果:

(1)固体颗粒及胶状生成物会加速元件磨损、堵塞泵及过滤器、堵塞元件相对运动缝隙,使液压泵和阀性能下降、泄漏增加,产生气蚀和噪声。

(2)空气的侵入会降低液压油的体积模量,使系统响应变差、刚性下降,系统易产生振动、爬行等现象。

(3)水和悬浮气泡显著削弱运动副间的油膜强度,降低液压油的润滑性。油液中的空气、水、热量、金属磨粒等加速了液压油液的氧化变质,同时产生气蚀,使液压元件加速损坏。

2.1.3.3　防止污染的措施

为了延长液压元件的使用寿命、保证液压传动系统的正常工作，应将油的污染控制在规定范围内。一般常用以下措施：

(1)用前严格清洗液压元件和液压系统。液压元件在加工的每道工序后都应净化，液压系统在装配前后必须严格清洗，用机械的方法除去残渣和表面氧化物，最好用液压系统工作时使用的油液清洗，不能用煤油、汽油、酒精和蒸汽等作为清洗介质，以免腐蚀元件。清洗时要用绸布或乙烯树脂海绵等，不能用棉布或棉纱。

(2)防止污染物从外界侵入。在贮存、搬运和加注的各个阶段都应防止液压油被污染。给油箱加油时要用过滤器，油箱通气孔要加空气过滤器，对外露件应进行防尘密封，使系统所有部位保持良好的密封性，并经常检查，定期更换，防止运行时尘土、磨粒和冷却物侵入系统。

(3)选用合适的过滤器。这是控制液压油污染的重要手段。根据系统的不同使用要求选用不同过滤精度、不同结构的过滤器，并定期检查、清洗或更换滤芯。

(4)控制液压油的工作温度。液压油的工作温度过高对液压装置将产生不利的影响，也会加速油液的氧化变质，产生各种生成物，缩短它的使用期限。所以，液压装置必须具有良好的散热条件，限制液压油的最高使用温度。

(5)定期检查和更换液压油。每隔一定时间，对系统中的液压油进行抽样检查、分析，如发现污染程度超过标准，必须立即更换，更换液压油时也必须清洗整个系统。

2.2　液体静力学

液体静力学主要研究液体处于静止状态下的力学规律。实际上，物质世界是运动的，没有绝对静止的东西。这里所谓的静止液体，是指液体宏观质点之间没有相对运动，达到了相对的平衡。在这种相对平衡状态下，液体的黏性在力学问题中不起作用。

2.2.1　液体的静压力及其特性

2.2.1.1　液体的静压力

静止液体在单位面积上所受的法向力称为静压力，静止液体中某点处微小面积 ΔA 上作用有法向作用力 ΔF，则该点的压力定义为

$$p = \lim_{\Delta A \to 0} \frac{\Delta F}{\Delta A} \tag{2-8}$$

若法向作用力 F 均匀地作用在面积 A 上，则压力可表示为

$$p = \frac{F}{A} \tag{2-9}$$

液体静压力在物理学上称为压强，在工程实际应用中习惯上称为压力。

压力的国际单位为 Pa(帕)、N/m^2(我国法定计量单位)或兆帕(MPa)，1 MPa = 10^6 Pa。工程制单位为 kgf/cm^2。国外也有用 bar(巴)的，1 bar = 10^5 Pa。

另外，还有以前常用的一些单位，如工程大气压、水柱高或汞柱高等。各种压力单位

之间的换算关系如下：

1 Pa（帕）= 1 N/m^2

1 bar（巴）= 1×10^5 Pa = 1×10^5 N/m^2

1 at（工程大气压）= 1 kgf/cm^2 = 9.8×10^4 N/m^2

1 mH_2O（米水柱）= 9.8×10^3 N/m^2

1 mmHg（毫米汞柱）= 1.33×10^2 N/m^2

2.2.1.2　液体静压力的特性

（1）液体静压力的作用方向始终指向作用面的内法线方向。由于液体质点间内聚力很小，液体不能受拉，只能受压。

（2）在静止液体中，任何一点所受到各个方向的液体静压力都相等。如果在液体中某点受到各个方向的压力不等，那么液体就要运动，这就破坏了静止的条件。所以，任意一点处的液体静压力，其大小与作用面在空间的方向无关，而与该点在空间的位置有关。

（3）在密封容器内，施加于静止液体上的压力将等值传递到液体中所有点，这就是帕斯卡原理或静压传递原理。

2.2.2　液体静力学的基本方程

在重力作用下静止液体所受的力，除了液体重力，还有液面上作用的外加压力，其受力情况如图 2-2（a）所示。如果计算离液面深度为 h 的某一点压力，可以从液体内取出一个底面通过该点的垂直小液柱作为研究体，如图 2-2（b）所示。设液柱底面面积为 ΔA，高为 h，体积为 $h\Delta A$，则液柱的重力为 $\rho gh\Delta A$，并作用于液柱的重心上。由于液柱处于受力平衡状态，因此在垂直方向上存在如下关系：

$$p\Delta A = p_0\Delta A + \rho gh\Delta A \tag{2-10}$$

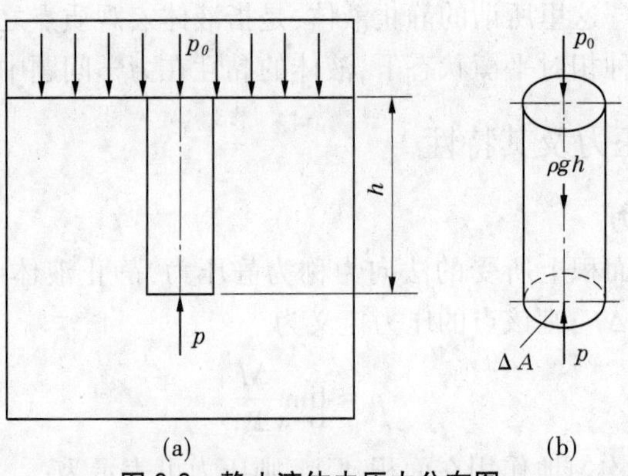

图 2-2　静止液体内压力分布图

等式两边同除以 ΔA，则得

$$p = p_0 + \rho gh \tag{2-11}$$

式（2-11）即为液体的静压力基本方程式，由此基本方程式可知静止液体的压力分布有如下特征：

（1）静止液体内任一点的压力由两部分组成：一部分是液面上的外加压力 p_0；另一部

分是该点以上液体自重所形成的压力,即ρg与该点离液面深度h的乘积。当液面上只受大气压力p_a作用时,液体内任一点处的压力为

$$p = p_a + \rho gh \tag{2-12}$$

(2)静止液体内的任一点压力随该点距离液面的深度呈直线规律递增。

(3)离液面深度相同处各点的压力均相等,而压力相等的所有点组成的面称为等压面。在重力作用下静止液体中的等压面为水平面,而与大气接触的自由表面也是等压面。

(4)在常用的液压装置中,一般外加压力p_0远大于液体自重所形成的压力ρgh,因此分析计算时可忽略ρgh不计,即认为液压装置中静止液体内部的压力是近似相等的。在以后有关章节分析计算压力时,都采用这一结论。

【例 2-1】 如图 2-3 所示,容器内充满油液。已知油的密度$\rho = 900\ \text{kg/m}^2$,活塞上的作用力$F = 1\ 000\ \text{N}$,活塞面积$A = 1\times10^{-3}\ \text{m}^2$,忽略活塞的质量。求活塞下方深度$h = 0.5\ \text{m}$处的静压力等于多少。

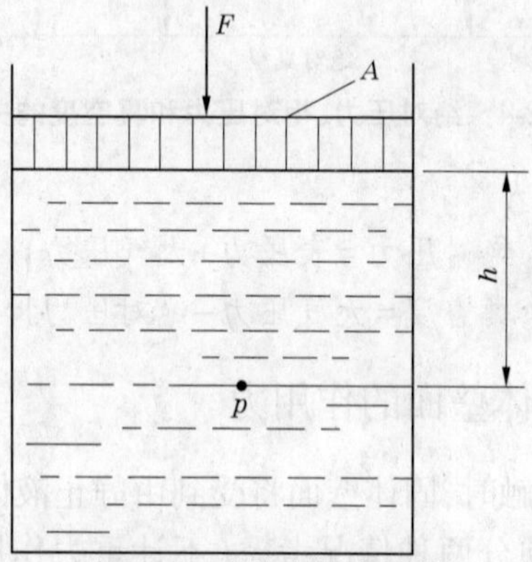

图 2-3 液体内压力计算

解 活塞与油液接触面上的压力$p_0 = F/A = 1\ 000/(1\times10^{-3}) = 10^6(\text{Pa})$,根据公式$p = p_0 + \rho gh$,则深度$h$处的液体压力为

$$\begin{aligned} p &= p_0 + \rho gh \\ &= 10^6 + 900\times9.8\times0.5 \\ &= 1.004\ 4\times10^6(\text{N/m}^2) \\ &\approx 10^6\ \text{Pa} \end{aligned}$$

由本例可以看出,液体自重所产生的那部分静压力与液体传递压力相比要小得多,所以在液压传动中常常忽略不计。

2.2.3 压力的测量与表示方法

根据度量基准的不同,液体压力分为绝对压力和相对压力两种。绝对压力以绝对真空为基准进行度量。相对压力或表压力以大气压为基准进行度量。因为大气中的物体受大气压的作用是自相平衡的,所以用压力表测得的压力数值是相对压力。在液压技术中所提到的压力,如不特别指明,均为相对压力。

当绝对压力低于大气压时,绝对压力不足于大气压力的那部分压力值,称为真空度。

此时相对压力为负值,又称为负压。绝对压力、相对压力和真空度的关系如图 2-4 所示。由图可知,以大气压力 p_a 为基准计算压力时,基准以上的正值是表压力,基准以下的负值就是真空度。

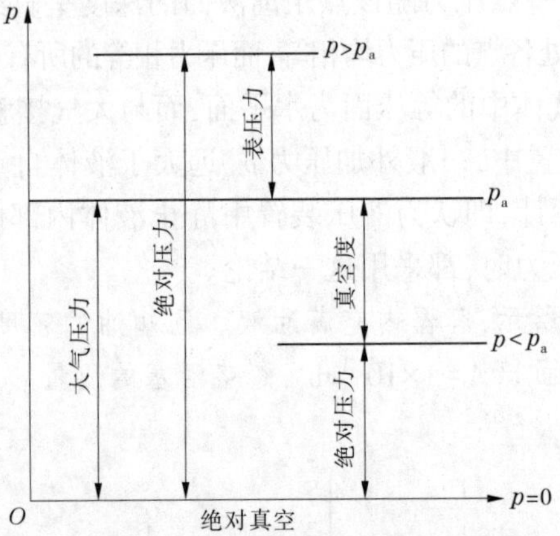

图 2-4　绝对压力、相对压力和真空度的关系

它们的关系用下式表示为

$$\left.\begin{aligned}&\text{绝对压力}=\text{表压力}+\text{大气压力}\\&\text{真空度}=\text{大气压力}-\text{绝对压力}\end{aligned}\right\}\tag{2-13}$$

2.2.4　液体静压力对固体壁面的作用力

静止液体与固体壁面接触时,固体壁面将受到由静止液体的静压力所产生的作用力。要计算这个作用力的大小,须分两种情况考虑(不计重力作用,即忽略 ρgh 项)。当固体壁面为平面时,作用在该平面上的静压力大小相等,方向垂直于该平面,故作用在该平面上的总力 F 等于液压力 p 与承压面积 A 的乘积,即

$$F = pA \tag{2-14}$$

当固体壁面是曲面时,由于作用在曲面上各点压力的作用线彼此不平行,所以求作用总力时要说明是沿哪一方向。对于任何曲面,通过证明(略)可以得到如下结论:静压力在曲面某一方向上的总力 F 等于压力 p 与曲面在该方向投影面积的乘积。

图 2-5 为球面和锥面所受液压力的分析图。

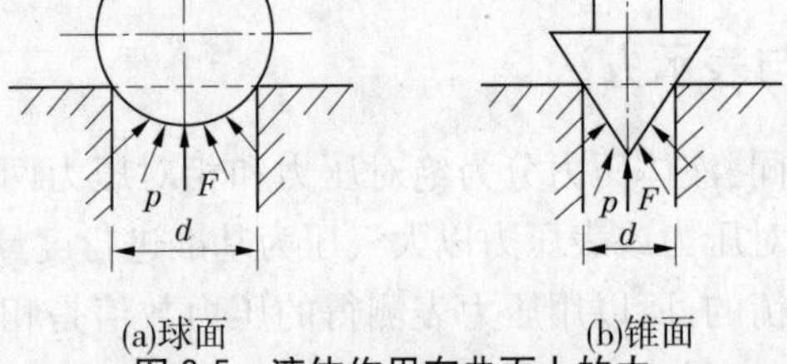

图 2-5　液体作用在曲面上的力

要计算出球面和锥面在垂直方向所受力 F,须先计算出曲面在垂直方向上的投影面积 $A=\pi\frac{d^2}{4}$,然后再与压力 p 相乘,即

$$F = pA = \frac{\pi}{4}d^2p \tag{2-15}$$

式中 d——承压部分曲面投影圆的直径。

2.3 液体动力学

本节主要讨论液体在流动时的运动规律、能量转换和流动液体对固体壁面的作用力等问题。重点研究三个基本方程:连续性方程、能量方程(伯努利方程)、动量方程及其应用。

2.3.1 基本概念

2.3.1.1 理想液体

既无黏性又不可压缩的假想液体称为理想液体。

在实际生活中,理想液体几乎是没有的。某些液体黏性很小,也只是近似于理想液体。对于液压传动的油液来说,黏性往往较大,更不能作为理想液体。但由于液体运动的复杂性,如果一开始就把所有因素都考虑在内,会使问题非常复杂。为了使问题简化,在研究中往往假设液体没有黏性,之后再考虑黏性的作用并通过实验验证等办法对理想化的结论进行补充或修正。

2.3.1.2 恒定流动、非恒定流动

液体中任何一点的压力、速度、密度等参数都不随时间变化而变化的流动称为恒定流动。

液体中任何一点的压力、速度、密度有一个参数随时间变化而变化的流动称为非恒定流动。非恒定流动比较复杂,有些非恒定流动的液体可以近似地当作恒定流动来考虑。一般在研究液压系统静态性能时,认为液体作恒定流动;在研究其动态性能时,则必须按非恒定流动来考虑。

2.3.1.3 通流截面、流量和平均流速

1.通流截面

液体在管道中流动时,其垂直于流动方向的截面称为通流截面(或过流截面),常用 A 来表示,单位为 m^2。

2.流量

单位时间内流过某一通流截面的液体体积称为流量。流量用 q 表示,单位为 m^3/s 或 L/min。

由于流动液体黏性的作用,在通流截面上各点的流速 u 一般是不相等的。在计算流过整个通流截面 A 的流量时,可在通流截面 A 上取一微小截面 dA,如图 2-6(a)所示,并认为在该断面上各点的速度 u 相等,则流过该微小断面的流量为 $dq=udA$,流过整个通流截面 A 的流量为

$$q = \int_A u\mathrm{d}A \tag{2-16}$$

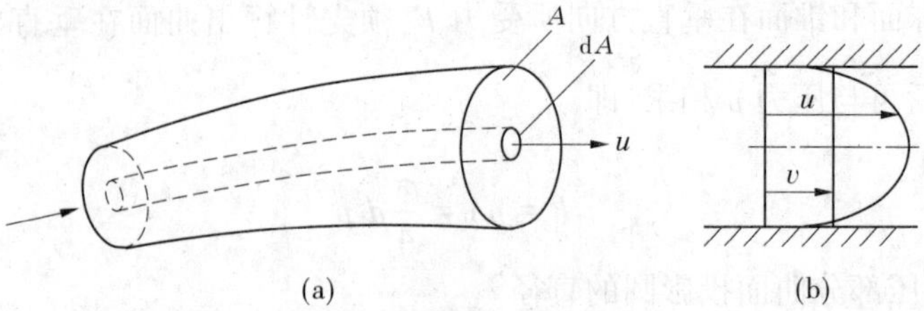

图 2-6　流量和平均流速

3. 平均流速

对于实际液体的流动，流速的分布规律很复杂，按式(2-16)计算流量非常困难。因此，提出一个平均流速的概念，即假设通流截面上各点的流速均匀分布，液体以均匀分布的流速流过通流截面的流量等于以实际流速流过的流量，即

$$q = \int_A u \mathrm{d}A = vA \tag{2-17}$$

由此得出通流截面上的平均流速为

$$v = q/A \tag{2-18}$$

在实际的工程计算中，平均流速才具有应用价值。液压缸工作时活塞的运动速度等于缸内液体的平均流速。

2.3.2　连续性方程

流量连续性方程是质量守恒定律在流体力学中的一种表达形式。

如图 2-7 所示为不等截面管，液体在管内作恒定流动，任取两个通流截面 1、2，设其面积分别为 A_1 和 A_2，两个截面中液体的平均流速和密度分别为 v_1、ρ_1 和 v_2、ρ_2，根据质量守恒定律，在单位时间内流过两个截面的液体质量相等。即

$$\rho_1 v_1 A_1 = \rho_2 v_2 A_2 \tag{2-19}$$

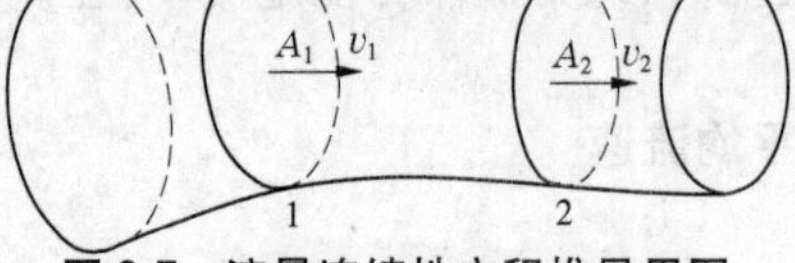

图 2-7　流量连续性方程推导用图

不考虑液体的可压缩性，有 $\rho_1 = \rho_2$，则

$$v_1 A_1 = v_2 A_2 \tag{2-20}$$

或写成

$$q = vA = 常量 \tag{2-21}$$

这就是液流的流量连续性方程，它说明恒定流动中流过各截面的不可压缩流体的流量是不变的，因而流速和通流截面成反比。

2.3.3　伯努利方程

伯努利方程是能量守恒定律在流体力学中的一种表达形式。

2.3.3.1　**理想液体的伯努利方程**

理想液体因无黏性，又不可压缩，因此在管内作稳定流动时没有能量损失。根据能量守恒定律，同一管道每一截面的总能量都是相等的。

如前所述，对于静止液体，单位质量液体的总能量为单位质量液体的压力能$\frac{p}{\rho g}$和势能z之和；而对于流动液体，除以上两项外，还有单位质量液体的动能$\frac{v^2}{2g}$。

在图 2-8 中任取两个截面 A_1 和 A_2，它们距基准水平面的距离分别为 z_1 和 z_2，断面平均流速分别为 v_1 和 v_2，压力分别为 p_1 和 p_2。根据能量守恒定律有

$$p_1 + \rho g z_1 + \frac{1}{2}\rho v_1^2 = p_2 + \rho g z_2 + \frac{1}{2}\rho v_2^2 \tag{2-22}$$

因两个截面是任意取的，因此式(2-22)可改写成

$$\frac{p}{\rho g} + z + \frac{v^2}{2g} = c = 常量 \tag{2-23}$$

以上两式即为理想液体的伯努利方程，其物理意义为：在管内作稳定流动的理想液体具有压力能、势能和动能三种形式的能量，在任一截面上这三种能量可以相互转换，但其总和不变，即能量守恒。

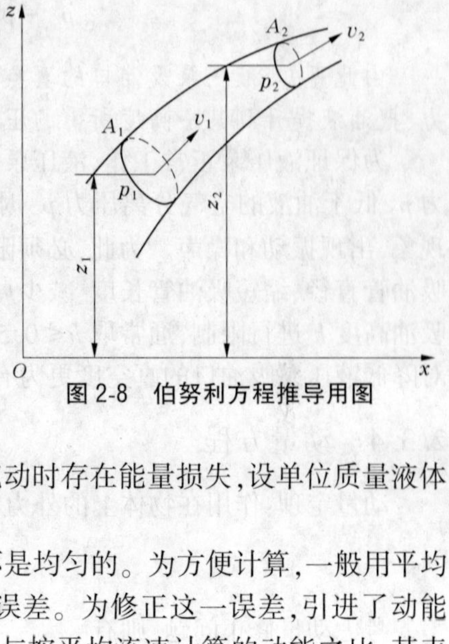

图 2-8　伯努利方程推导用图

2.3.3.2　**实际液体的伯努利方程**

实际液体在管道内流动时，由于存在黏性，液流会产生内摩擦力，消耗能量；由于管道形状和尺寸的变化，液流会产生扰动，消耗能量。因此，实际液体流动时存在能量损失，设单位质量液体在两截面之间流动的能量损失为 h_w。

另外，因实际流速 u 在管道通流截面上的分布不是均匀的。为方便计算，一般用平均流速替代实际流速来计算动能，显然，这将产生计算误差。为修正这一误差，引进了动能修正系数 α，它等于单位时间内某截面处的实际动能与按平均流速计算的动能之比，其表达式为

$$\frac{p_1}{\rho g} + z_1 + \frac{\alpha_1 v_1^2}{2g} = \frac{p_2}{\rho g} + z_2 + \frac{\alpha_2 v_2^2}{2g} + h_w \tag{2-24}$$

动能修正系数在紊流时取 $\alpha = 1.1$，在层流时取 $\alpha = 2$，实际计算时常取 $\alpha = 1$。

利用式(2-24)进行计算时必须注意以下两点：

(1)截面 1、2 应顺流向选取，并且选在流动平稳的通流截面上；

(2)z 和 p 应为通流截面的同一点上的两个参数，为方便起见，一般将这两个参数定在通流截面的轴心处。

【例 2-2】　应用伯努利方程分析液压泵正常吸油的条件，液压泵装置如图 2-9 所示。设液压泵吸油口处的绝对压力为 p_2，油箱液面的压力 p_1 为大气压 p_a，液压泵吸油口至油箱液面高度为 h。求液压泵吸油口的真空度。

解　取油箱液面为基准面，并定为 1—1 截面，泵的吸油口处为 2—2 截面，对两截面

列伯努利方程(动能修正系数取 $\alpha_1=\alpha_2=1$),则

$$\frac{p_1}{\rho g}+z_1+\frac{\alpha_1 v_1^2}{2g}=\frac{p_2}{\rho g}+z_2+\frac{\alpha_2 v_2^2}{2g}+h_w$$

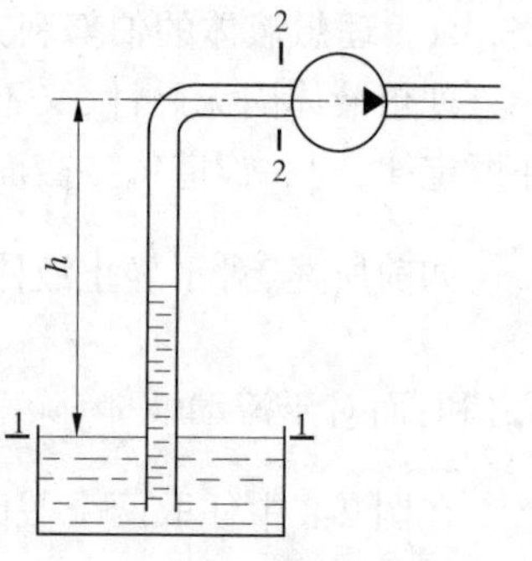

图 2-9　液压泵装置

式中　p_1——大气压;

v_1——油箱液面流速,可视为零;

v_2——吸油管流速;

h_w——吸油管路的能量损失。

代入已知条件,上式可简化为

$$\frac{p_a}{g}=\frac{p_2}{g}+\frac{v_2^2}{2g}+\rho\Delta h+h_w$$

即液压泵吸油口的真空度为

$$p_a-p_2=gh_w+\rho g\Delta h+\frac{1}{2}v_2^2$$

由此可知,液压泵吸油口的真空度由三部分组成:使油液产生一定流速 v_2 所需的压力、把油液提升到某一高度所需的压力和吸油管的压力损失。

为保证液压泵正常工作,液压泵吸油口的真空度不能太大。若真空度太大,在绝对压力 p_2 低于油液的空气分离压力 p_g 时,溶于油液中的空气会分离析出形成气泡,产生气穴现象,出现振动和噪声。为此,必须限制液压泵吸油口的真空度小于 0.3×10^5 Pa。除增大吸油管直径、缩短吸油管长度、减少局部阻力以降低 $\rho v_2^2/2$ 和 Δp 两项外,一般对液压泵的吸油高度 h 进行限制,通常取 $h\leqslant0.5$ m。若将液压泵安装在油箱液面以下,则 h 为负值,对降低液压泵吸油口的真空度更为有利。

2.3.4　动量方程

动量定理:作用在物体上的外力等于物体单位时间内动量的变化量。即

$$\sum F=\frac{\mathrm{d}(mu)}{\mathrm{d}t} \tag{2-25}$$

考虑动量修正问题,则有

$$\sum F=\rho q(\beta_2 v_2-\beta_1 v_1) \tag{2-26}$$

式中　$\sum F$——作用在物体上的外力和;

ρ——流动液体的密度;

q——液体的流量;

v_1、v_2——液流流经截面 1 和 2 的平均流速;

β_1、β_2——相应截面的动量修正系数。

式(2-26)为恒定流动液体的动量方程,为矢量表达式。若要计算外力在某一方向上的分量,需要将该力在给定方向上进行投射,列出该方向上的动量方程,然后再求解。

2.4　管路的压力损失计算

管路的压力损失计算是液压系统设计不可缺少的一项内容,包括沿程(管路)压力损

失和局部压力损失。液压系统的管路主要是金属圆管的压力损失计算。液体在管道中的流动状态将直接影响液流的压力损失,因此要分析液流的压力损失首先要分析液体的流动状态。

2.4.1　液体的两种流态及雷诺数判断

19 世纪末,英国物理学家雷诺通过实验发现液体在管道中流动时,有两种完全不同的流动状态:层流和紊流。流动状态的不同直接影响液流的各种特性。下面介绍液流的两种流态以及判断两种流态的方法。

2.4.1.1　层流和紊流

层流:液体流动时,液体质点间没有横向运动,且不混杂,作线状或层状的流动。

紊流:液体流动时,液体质点间有横向运动或产生小旋涡,作杂乱无章的运动。

层流和紊流两种状态可以通过物理现象观察出来,即雷诺实验。实验装置如图 2-10(a)所示。容器 6 和 3 中分别装满了水和密度与水相同的红色液体,容器 6 由水管 2 供水,并由溢流管 1 保持液面高度不变。打开阀 8 让水从玻璃管 7 中流出,这时打开阀 4,红色液体也经细导管 5 流入水平玻璃管 7 中。当调节阀 8 使管 7 中的流速较小时,红色液体在管 7 中呈一条明显的直线,将管 5 的出口上下移动,则红色直线也上下移动,而且这条红线和清水层次分明、不相混杂,如图 2-10(b)所示。液体的这种流动状态称为层流。当调整阀 8 使玻璃管中的流速逐渐增大至某一值时,可以看到红线开始出现抖动而呈波纹状,如图 2-10(c)所示,这表明层流状态被破坏,液流开始出现紊乱。若管 7 中流速继续增大,红线消失,红色液体便和清水完全混杂在一起,如图 2-10(d)所示,表明管中液流完全紊乱,这时的流动状态称为紊流。如果将阀 8 逐渐关小,当流速减小至一定值时,水流又重新恢复为层流。

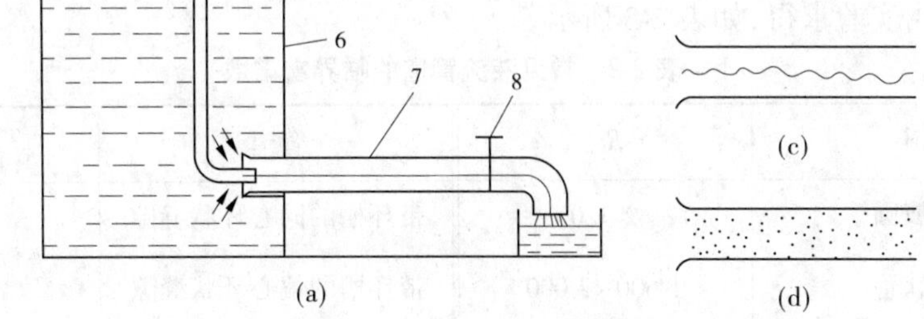

1—溢流管;2—水管;3、6—容器;4、8—阀;5—细导管;7—玻璃管

图 2-10　雷诺实验装置

层流与紊流是两种不同性质的流动状态。层流时液体流速较低,液体质点间的黏力

起主导作用,液体质点受黏性的约束,不能随意流动;紊流时液体流速较高,液体质点间黏性的制约作用减弱,惯性力起主导作用。

2.4.1.2　**雷诺数判断**

液体的流动状态是层流还是紊流,可以通过无量纲值雷诺数 Re 来判断。实验证明,液体在圆管中的流动状态可用式(2-27)来表示:

$$Re=\frac{vd}{\upsilon} \tag{2-27}$$

式中　v——管道的平均速度;

υ——液体的运动黏度;

d——管道内径。

对于非圆截面的管道,雷诺数可用式(2-28)表示:

$$Re=\frac{vd_K}{\upsilon} \tag{2-28}$$

式中　d_K——通流截面的水力直径;

υ、v 意义与式(2-27)中的相同。

水力直径 d_K 可用式(2-29)来表示:

$$d_K=\frac{4A}{\chi} \tag{2-29}$$

式中　A——管道的通流截面的面积;

χ——湿周,即流体与固体壁面相接触的周长。

水力直径的大小直接影响液体在管道中的通流能力。水力直径大,说明液流与管壁接触少,阻力小,通流能力强,即使通流截面小也不易堵塞。一般圆形管道的水力直径比其他相同通流截面的不同形状的管道的水力直径大。

雷诺数的物理意义表示了液体流动时惯性力与黏性力之比。如果液体的雷诺数相同,则流动状态也相同。

液流由层流转变为紊流时的雷诺数和由紊流转变为层流时的雷诺数是不相同的,后者的数值小,所以一般都用后者作为判别液流状态的依据,称为临界雷诺数,记为 Re_c。当液流的实际雷诺数 Re 小于临界雷诺数 Re_c 时,为层流;反之,为紊流。常见液流管道的临界雷诺数由实验求得,如表 2-3 所示。

表 2-3　常见液流管道的临界雷诺数

管道	Re_c	管道	Re_c
光滑金属圆管	2 320	带环槽的同心环状缝隙	700
橡胶软管	1 600~2 000	带环槽的偏心环状缝隙	400
光滑的同心环状缝隙	1 100	圆柱形滑阀阀口	260
光滑的偏心环状缝隙	1 000	锥阀阀口	20~100

2.4.2　沿程压力损失

液体在等直径管中流动时因黏性摩擦而产生的损失,称为沿程压力损失。液体的沿程压力损失因液体的流动状态的不同而有所区别。

2.4.2.1　层流时的沿程压力损失

液流在层流流动时,经理论推导,其沿程压力损失计算公式为

$$\Delta p_{\mathrm{f}} = \Delta p = 32\mu l v / d^2 \tag{2-30}$$

式中　μ——液体的动力黏度;

l——液体流经管长;

其他参数含义同式(2-27)。

由式(2-30)可知,液流在直管中作层流流动时,其沿程压力损失与管长、流速、动力黏度成正比,而与管径的平方成反比。式(2-30)经适当变换可写成如下形式:

$$\Delta p_{\mathrm{f}} = \frac{64\upsilon}{dv}\cdot\frac{l}{d}\cdot\frac{\rho v^2}{2} = \frac{64}{Re}\cdot\frac{l}{d}\cdot\frac{\rho v^2}{2} = \lambda\cdot\frac{l}{d}\cdot\frac{\rho v^2}{2} \tag{2-31}$$

式中,λ 为沿程阻力系数,理论值 $\lambda = 64/Re$。考虑到实际流动中的油温变化不匀等问题,在实际计算时,金属管取 $\lambda = 75/Re$,橡胶软管取 $\lambda = 80/Re$。

2.4.2.2　紊流时的沿程压力损失

紊流时计算沿程压力损失的公式与层流时相同,式中的沿程阻力系数 λ 除与雷诺数有关外,还与管壁的粗糙度有关,$\lambda = f(Re,\ \Delta/d)$。其中,$\Delta$ 为管壁的绝对粗糙度,Δ/d 称为相对粗糙度。紊流时圆管的沿程阻力系数 λ 值可以根据不同的 Re 和 Δ/d 值从表 2-4 中选择公式进行计算。

表 2-4　圆管紊流时的沿程阻力系数 λ 的计算公式

雷诺数 Re		沿程阻力系数 λ 的计算公式
$Re<22\left(\frac{d}{\Delta}\right)^{\frac{8}{7}}$	$3\times10^3<Re<10^5$	$\lambda = 0.316\ 4Re^{-0.25}$
	$10^5 \leqslant Re \leqslant 10^8$	$\lambda = 0.308/(0.842-\lg Re)^2$
$22\left(\frac{d}{\Delta}\right)^{\frac{8}{7}} \leqslant Re \leqslant 597\left(\frac{d}{\Delta}\right)^{\frac{9}{8}}$		$\lambda = \left[1.14-2\lg\left(\frac{\Delta}{d}+\frac{21.25}{Re^{0.9}}\right)\right]^{-2}$
$Re>597\left(\frac{d}{\Delta}\right)^{\frac{9}{8}}$		$\lambda = 0.11\left(\frac{\Delta}{d}\right)^{0.25}$

管壁的表面粗糙度 Δ 值和管道的材料有关,计算时可参考下列数值:钢管时取 0.004 mm,铜管时取 0.001 5~0.01 mm,铝管时取 0.001 5~0.06 mm,橡胶软管时取 0.03 mm。

2.4.3　局部压力损失

液体流经管道的弯头、接头、突然变化的截面以及阀口等处时,液体流速的大小和方向将急剧发生变化,因而会产生旋涡,并发生强烈的紊动现象,于是产生流动阻力,由此造成的压力损失称为局部压力损失。液流流过上述局部装置时的流动状态很复杂,影响的

因素也很多。局部压力损失值除少数情况能从理论上分析和计算外,一般都依靠实验测得各类局部障碍的阻力系数,然后进行计算。局部压力损失 Δp_ξ 的计算公式如下:

$$\Delta p_\xi = \xi \frac{\rho v^2}{2} \tag{2-32}$$

式中 ξ——局部阻力系数(具体数值可查阅有关手册);

ρ——液体密度,kg/m^3;

v——液体的平均流速,m/s。

液体流过各种阀的局部压力损失,因阀芯结构较复杂,故按式(2-32)计算较困难,这时可由产品目录中查出阀在额定流量 q_s 下的压力损失 Δp_s。当流经阀的实际流量不等于额定流量时,通过该阀的压力损失 Δp_ξ 可用式(2-33)计算:

$$\Delta p_\xi = \left(\frac{q}{q_s}\right)^2 \Delta p_s \tag{2-33}$$

式中 q——通过阀的实际流量。

2.4.4 管路系统总压力损失

整个管路系统的总压力损失应为所有沿程压力损失和所有局部压力损失之和,即

$$\sum \Delta p = \sum \Delta p_f + \sum \Delta p_\xi \tag{2-34}$$

在液压传动系统中,绝大多数压力损失转变为热能,造成系统温度增高、泄漏增大,影响系统的工作性能。从计算压力损失的公式可以看出,减小流速、缩短管道长度、减少管道截面突变、提高管道内壁的加工质量等,都可使压力损失减小。其中,流速的影响最大,故液体在管路中的流速不应过高。但流速太低,也会使管路和阀类元件的尺寸加大,并使成本增高,因此要综合考虑,确定液体在管道中的流速。

2.5 液体流经小孔和缝隙的流量

小孔和缝隙在液压与气压传动中的应用非常广泛。许多液压元件都有小孔,如节流阀的节流口、压力阀的阀口等对阀的工作性能影响很大。此外,液压泵、液压缸和液压阀等液压元件中的相对运动表面缝隙,其大小直接影响泄漏的大小。因此,研究液体流经小孔和缝隙的流量,对研究节流调速性能及计算泄漏都很重要。

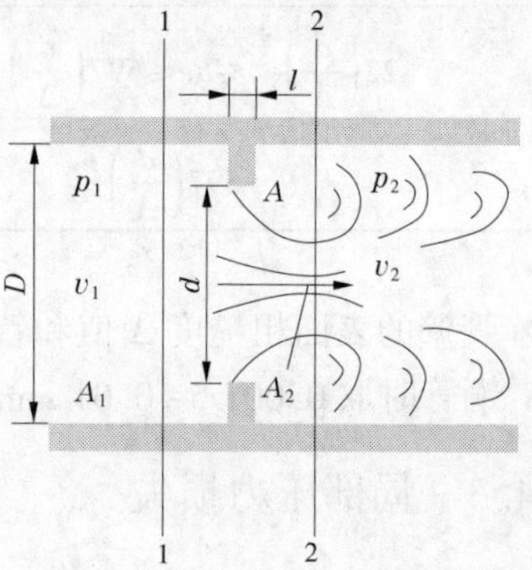

图 2-11 薄壁小孔的流量推导简图

2.5.1 液体流经小孔的流量

2.5.1.1 薄壁小孔的流量

在图 2-11 中,如小孔的长度为 l,小孔直径为 d,当长径之比 $\frac{l}{d} \leqslant 0.5$ 时,这种小孔称为薄壁小孔。一般孔口边缘做成刀刃口形式。各种结构形式的阀口

一般属于薄壁小孔类型。

液体流过小孔时,因 $D \gg d$,相比之下,流过断面1—1时的速度较低。当液体流过小孔时,在流体惯性力作用下,通过小孔后的流体形成一个收缩截面 A_2,然后再扩大,这一收缩和扩大过程便产生了局部能量损失,并以热的形式散发。当管道直径与小孔直径之比 $D/d \geqslant 7$ 时,流体的收缩作用不受孔前管道内壁的影响,这时称流体完全收缩;当 $D/d<7$ 时,孔前管道内壁对流体进入小孔有导向作用,这时称流体不完全收缩。

收缩截面 $A_2=\frac{\pi}{4}d_2^2$ 与孔口截面 $A=\frac{\pi}{4}d^2$ 之比称为截面收缩系数 C_c,即

$$C_c=\frac{A_2}{A}=\frac{d_2^2}{d^2} \tag{2-35}$$

通过相关推导计算可得薄壁小孔的流量为

$$q=A_2v_2=C_v\sqrt{\frac{2}{\rho}\Delta p}\,C_cA=C_dA\sqrt{\frac{2}{\rho}\Delta p} \tag{2-36}$$

式中 C_v——速度影响系数;

C_d——流量系数,$C_d=C_cC_v$;

A——小孔的截面面积。

C_c 的值通常可根据雷诺数的大小查有关手册。

而液体的流量系数 C_d 的值一般由实验测定。在液流完全收缩的情况下,对于常用的液压油,流量系数可取 $C_d=0.62$;在液流不完全收缩时,因管壁离小孔较近,管壁对液流进入小孔起导向作用,流量系数 C_d 可增大至0.7~0.8,具体数值可查有关手册;当小孔不是刃口形式而是带棱边或小倒角的孔时,C_d 值将更大。

2.5.1.2 厚壁小孔和细长孔的流量

1.厚壁小孔的流量

当小孔的长度和直径之比为 $0.5<\frac{l}{d}\leqslant 4$ 时,此小孔称为厚壁小孔,它的孔长 l 影响液体流动情况,出口流体不再收缩,因液体经过厚壁小孔时的沿程压力损失仍然很小,可以略去不计。厚壁小孔的流量计算公式仍然是式(2-36),只是流量系数 C_d 较薄壁小孔的大,它的数值可查有关图表,一般取0.8左右。厚壁小孔加工比薄壁小孔容易得多,因此特别适于用作要求不高的固定节流器。

2.细长孔的流量

当小孔的长度和直径之比 $\frac{l}{d}>4$ 时,此小孔称为细长孔。细长孔的流量公式为

$$q=\frac{\pi d^4}{128\mu l}\Delta p \tag{2-37}$$

由式(2-37)可知,液流流经细长孔的流量和孔前后压差 Δp 的一次方成正比,而流经薄壁小孔的流量和小孔前后的压力差平方根成正比,所以细长孔相对于薄壁小孔,压力差对流量的影响要大些;同时流经细长孔的流量和液体的动力黏度 μ 成反比,当温度升高时,油的动力黏度降低,因此流量受液体温度变化的影响较大,这一点和薄壁小孔、短孔的特性明显不同。它一般局限于用作阻尼器或在流量调节程度要求低的场合。

2.5.1.3　液体流经小孔时流量压力的统一公式

由上述三种小孔的流量公式，可以综合地用以下公式表示液体流经小孔时的流量：

$$q = KA\Delta p^m \tag{2-38}$$

式中　K——由流经小孔的油液性质所决定的系数；

A——小孔的通流截面的面积；

Δp——小孔前后的压差；

m——由小孔形状所决定的指数，薄壁小孔取 $m=0.5$，厚壁小孔取 $0.5<m<1$，细长孔取 $m=1$。

2.5.2　液体流经缝隙的流量

在液压系统中的阀、泵、马达、液压缸等部件中存在着大量的缝隙，这些缝隙构成了泄漏的主要原因，造成了这些液压元件容积效率降低、功率损失加大、系统发热增加。另外，缝隙过小也会造成相对运动表面之间的摩擦阻力增大。因此，适当的间隙是保证液压元件能正常工作的必要条件。

在液压系统中常见的缝隙形式有两种：一种是由两平行平面形成的平面缝隙；另一种是由内、外两个圆柱面形成的环状缝隙。

2.5.2.1　液体在平行平板缝隙间流动的流量压力特性

如图 2-12 所示，有两块平行平板，其间充满了液体，设缝隙高度为 h，平板宽度为 b，长度为 l，且一般有 $h \gg b$ 和 $l \gg h$。若考虑液体通过平行平板缝隙时的一般流动情况，即缝隙两端既存在压差 $\Delta p = p_1 - p_2$ 作用，又受到平行平板间相对运动的作用，其相对运动速度为 u_0。其通过平行平板缝隙的流量为

$$q = \frac{bh^3}{12\mu l}\Delta p \pm \frac{bh}{2}u_0 \tag{2-39}$$

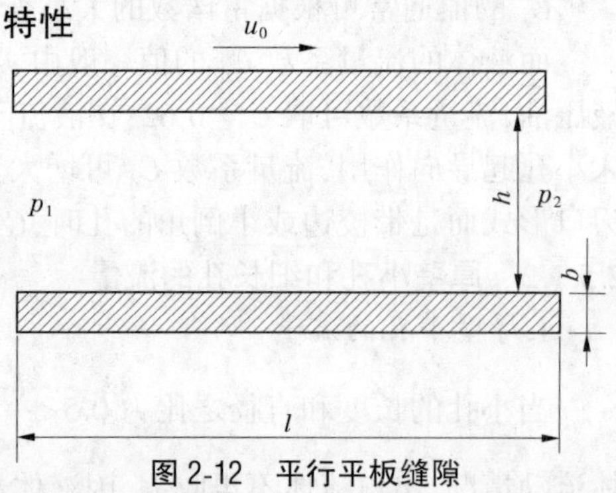

图 2-12　平行平板缝隙

从式(2-39)可知，通过平行平板缝隙的流量与缝隙高度值的三次方成正比，说明元件内缝隙的大小对其泄漏量的影响是很大的。

2.5.2.2　液体流经同心圆环和偏心圆环的流量

液压和气压传动中各零件间的配合间隙大多是圆环间隙，如缸筒和活塞间、滑阀和阀套间等。所有这些情况理想状况下为同心圆环缝隙，但在实际中，可能为偏心圆环缝隙，下面分别讨论。

1.同心圆环缝隙的流量

如图 2-13(a)所示为同心圆环缝隙，当缝隙两端的压差为 Δp、缝隙之间相对速度为 u_0 时的泄漏量为

$$q = \frac{\pi d h_0^3}{12\mu l}\Delta p \pm \frac{\pi d h_0}{2}u_0 \tag{2-40}$$

式中“±”号由压差引起的泄漏量和由运动引起的泄漏量的方向而定，两者同向时取

正，反之取负。

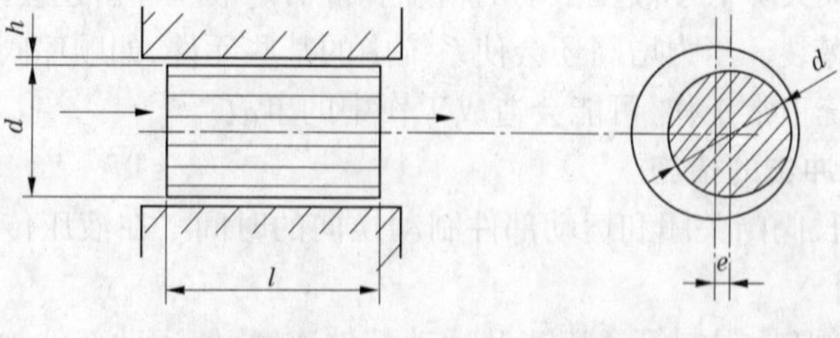

(a)同心圆环缝隙　(b)偏心圆环缝隙

图 2-13　液体流经的缝隙

2. 偏心圆环缝隙的流量

如图 2-13(b)所示，当为偏心圆环缝隙时，其泄漏量为

$$q = \frac{\pi d h_0^3}{12\mu l}\Delta p(1 + 1.5\varepsilon^2) \pm \frac{\pi d h_0}{2}u_0 \tag{2-41}$$

式中　ε——相对偏心率，$\varepsilon = e/h_0$；

h_0——内外圆同心时的半径差；

e——偏心距。

由式(2-41)可看出，当 $\varepsilon=0$ 时，它就是同心圆环缝隙的流量公式。当 $\varepsilon=1$ 时，存在最大偏心，理论上其流量为同心圆环缝隙的流量的 2.5 倍。所以，在液压元件的制造装配中，为了减少流经缝隙的泄漏量，应尽量使配合件处于同心状态。

2.6　液压冲击和空穴现象

2.6.1　液压冲击

在液压系统中，由于某种原因引起油液的压力在某一瞬间突然急剧升高，形成较大的压力峰值，这种现象叫作液压冲击。

2.6.1.1　液压冲击产生的原因及危害

产生液压冲击的原因主要有以下几个方面：

(1)液压冲击多发生在液流突然停止运动的时候。如当迅速关闭阀门时，液体的流动速度突然降为零，液体受到挤压，使液体的动能转换为液体的压力能，造成液体的压力急剧升高，从而引起液压冲击。

(2)在液压系统中，高速运动的工作部件的惯性力也会引起压力冲击。如当工作部件换向或制动时，液压缸的排油管路上常有一个控制阀关闭油路，油液不能从油缸中排出，但此时运动部件因惯性力的作用还不能立即停止运动，这样也会引起液压缸和管路中局部油压急剧升高而产生液压冲击。

(3)由于液压系统中某些元件反应动作不够灵敏，也会造成液压冲击。例如，溢流阀在超压时不能迅速打开，形成压力的超调；限压式变量液压泵在油压升高时不能及时减少输油量等，都会造成液压冲击。

危害：产生液压冲击时，系统的瞬时压力峰值有时比正常工作压力高好几倍，会引起设备振动和噪声，大大降低了液压传动的精度和寿命。液压冲击还会损坏液压元件、密封装置，甚至使管路爆裂。压力增高还会使系统中的某些元件，如顺序阀和压力继电器等产生误动作，影响系统正常工作，可能会造成工作中的事故。

2.6.1.2 减小液压冲击的措施

(1)尽可能延长阀门关闭和运动部件制动换向的时间。在液压传动系统中采用换向时间可调的换向阀。

(2)正确设计阀口、限制管道流速及运动部件速度，使运动部件制动时速度变化比较均匀。例如，在机床液压传动系统中，通常将管道流速限制在 4.5 m/s 以下，液压缸驱动的运动部件速度一般不宜超过 10 m/min 等。

(3)在某些精度要求不高的工作机械上，使液压缸两腔油路在换向阀回到中位时瞬时互通。

(4)适当加大管道直径，尽量缩短管道长度。必要时，还可在冲击区附近设置卸荷阀和安装蓄能器等缓冲装置来达到此目的。

(5)采用软管，增加系统的弹性，以减少液压冲击。

2.6.2 空穴现象

2.6.2.1 空穴、气蚀的概念及其危害

1.空穴

在液压系统的工作介质中，不可避免地混有一定量的空气，当流动液体某处的压力低于空气分离压时，正常溶解于液体中的空气就会处于过饱和状态，从而会从油液中迅速分离出来，使液体产生大量气泡。此外，当油液中某一点处的压力低于当时温度下的蒸气压时，油液将沸腾汽化，也在油液中形成气泡。以上两种情况都会使气泡混杂在液体中，使原来充满在管道或元件中的液体成为不连续状态，这种现象一般称为空穴。

2.气蚀

当气泡随着液流进入高压区时，在高压作用下其会迅速破裂或急剧缩小，又凝结成液体，原来气泡所占据的空间形成了局部真空，周围液体质点以极高速度来填补这一空间，质点间相互碰撞而产生局部高压，形成液压冲击。这个局部液压冲击作用在零件的金属表面上，使金属表面腐蚀。这种因空穴产生的腐蚀则称为气蚀。

3.空穴、气蚀的危害

如果在液流中产生了空穴现象，系统中的局部会产生非常高的温度和冲击压力，引起噪声和振动，再加上气泡中有氧气，在高温、高压和氧化的作用下会使工作介质变质、零件表面疲劳，还对金属产生气蚀作用，从而使液压元件表面产生腐蚀、剥落，出现海绵状的小洞穴，甚至造成元件失灵。尤其是当液压泵发生空穴现象时，除会产生噪声和振动外，还会由于液体的连续性被破坏，降低吸油能力，以致造成流量和压力的波动，使液压泵零件承受冲击载荷，缩短液压泵的使用寿命。

2.6.2.2 减少空穴的措施

在液压系统中，只要液体压力低于空气分离压，就会产生空穴现象。如要想完全消除

空穴现象是十分困难的,但可尽力加以防止。必须从设计、结构、材料的选用上来考虑,具体措施有:

(1)保持液压系统中的油压高于空气分离的压力。对于管道来说,油管要有足够的管径,并尽量避免有狭窄处或急剧转弯处;对于阀来说,正确设计阀口,减少液体通过阀孔前后的压差;对于液压泵来说,离油面的高度不得过高,以保证液压泵吸油管路中各处的油压都不低于空气分离压。

(2)降低液体中气体的含量。例如管路的密封要好,不要漏气,以防空气侵入。

(3)对液压元件,应选用抗腐蚀能力较强的金属材料,并进行合理的结构设计,适当提高零件的机械强度、减小表面粗糙度,以提高液压元件的抗气蚀能力。

习　题

1.液压油主要有哪些品种?液压油的牌号和黏度有什么关系?如何选用液压油?

2.液压系统中的油液污染有何危害?如何控制液压油的污染?

3.伯努利方程的物理意义是什么?该方程的理论式和实际式有什么区别?

4.液体在金属圆管中的流速 $v=4$ m/s,管道内径 $d=60$ mm,油液的运动黏度 $\upsilon=30\times10^{-6}\text{m}^2/\text{s}$,试确定液体的流态。若要保证其为层流,其速度应为多少?

5.液压系统中为什么会有压力损失?压力损失有哪几种?其与哪些因素有关?

6.如图 2-14 所示,已知水深 $H=10$ m,截面 $A_1=0.02$ m^2,截面 $A_2=0.04$ m^2,求孔口的出流流量以及点 2 处的表压力(取 $\alpha=1$,不计损失)。

7.如图 2-15 所示,一抽吸设备水平放置,其出口和大气相通,细管处管道截面面积 $A_1=3.2\times10^{-4}$ m^2,出口处管道截面面积 $A_2=4A_1$,$H=1$ m,求开始抽吸时,水平管中所必须通过的流量 q(液体为理想液体,不计损失)。

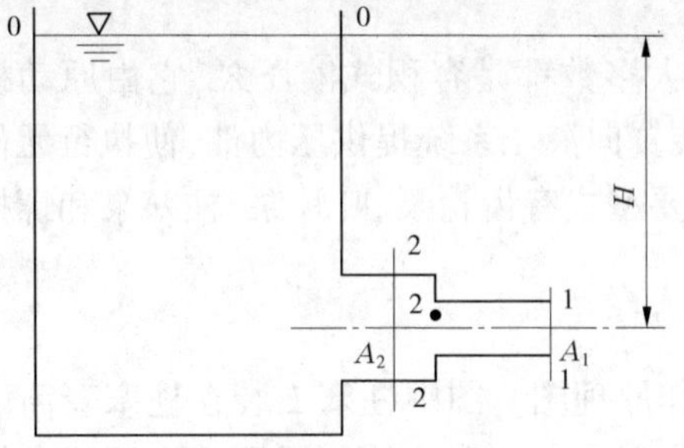

图 2-14

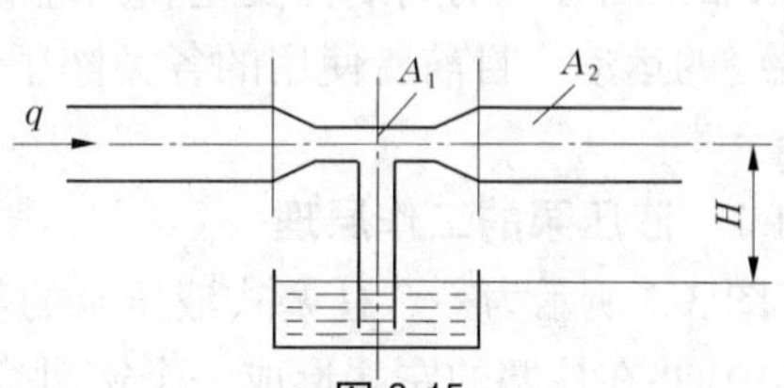

图 2-15

8.液压冲击和空穴现象是怎样产生的?有何危害?如何防止?

第 3 章　液压泵

【学习目标】

1.知识目标

◇掌握液压泵的工作压力、排量和流量的概念；

◇掌握液压泵的结构和工作原理；

◇理解液压泵的机械效率和容积效率的物理意义；

◇掌握限压式变量叶片泵的工作原理。

2.能力目标

◇能对齿轮泵、叶片泵进行拆装，分析其结构及特点；

◇能根据工作要求，选用合适的液压泵。

3.1　液压泵概述

液压泵作为液压系统的动力元件，将原动机（电动机、柴油机等）输入的机械能（转矩 T 和角速度 ω）转换为压力能（压力 p 和流量 q）输出，为执行元件提供压力油。液压泵性能的好坏直接影响到液压系统的工作性能和可靠性，在液压传动中占有极其重要的地位。

3.1.1　液压泵的工作原理及组成条件

目前的液压传动系统中使用的动力元件绝大多数都是容积式液压泵，它由原动机带动，依靠密闭容积的周期性变化和相应的配流装置向液压系统提供压力油，使执行元件完成最终的运动。目前所使用的各类液压泵的主要型式有齿轮泵、叶片泵、柱塞泵和螺杆泵四个大类。

3.1.1.1　液压泵的工作原理

图 3-1 所示为一个柱塞式液压泵的基本工作原理图。图中柱塞 2 装在柱塞套筒 3 的腔体中，并在柱塞的左端形成一个密封容积 a，柱塞 2 在弹簧 4 的作用下始终压紧在偏心凸轮 1 上。当偏心凸轮 1 在电动机的带动下连续回转时，其回转中心至凸轮与柱塞的接触点间的距离将不断变化，造成柱塞 2 沿着柱塞套筒 3 的内腔左右滑动，柱塞左端的这部分密封容积的大小将发生周期性的变化。当密封容积由小变大（柱塞 2 向右移动）时，该密封腔体内的油液压力会因为柱塞不再挤压油液而不断减小，并且形成负压（低于大气压力）。在系统油液压力的作用下，单向阀 5 会关闭，避免了系统油液的倒流，而最底部油箱中的油液在大气压力的作用下，会经吸油管顶开单向阀 6 进入密封腔而实现了吸油。当柱塞 2 向左移动时，密封容积将不断减小，腔体内的油液由于受到柱塞的挤压，压力要

升高而向腔体外挤压。此时,单向阀6将由于上端压力大于其下端压力而关闭,而单向阀5将被顶开,具有较高压力的油液将流入液压系统,实现了向系统压油。这样,通过液压泵就可以将电动机输入的回转机械能转换成为液压系统液体的压力能,电动机(原动机)驱动偏心凸轮不断地旋转,液压泵就会不断地完成吸油和压油的动作,而向液压系统输出压力油。上述液压泵的基本工作原理是利用油液的不可压缩性和密封容积的周期性变化来实现的,因此这类液压泵又称为容积泵。

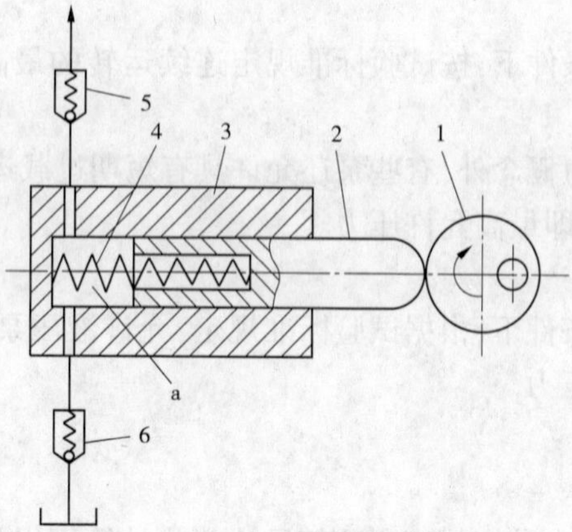

1—偏心凸轮;2—柱塞;3—柱塞套筒;4—弹簧;5、6—单向阀

图3-1 柱塞式液压泵工作原理图

3.1.1.2 形成容积泵的基本条件

由上述容积泵工作原理可以知道,要形成一个容积泵,需要具备以下几个基本条件。

1.周期性变化的密封容积

(1)密封容积是形成容积泵最为基本的条件,必须要有一个与外界相隔绝的密封空间,才有形成吸油和压油的可能。

(2)密封容积要能够周期性地变化,才能利用油液的不可压缩性,形成密封腔内油液压力的变化,完成吸油和压油。

2.要有配流装置

配流装置要保证吸油行程中,密封容积与系统的压力油液断开,以防止系统的压力油倒流,并要保证与油箱相通,以便把油箱中的油液吸入油泵。而在压油行程时,要保证密封容积与油箱断开,以避免将油泵中的压力油压回油箱而向系统输送。

在图3-1中,单向阀5和6就起到了配流的作用。

3.油箱的油液要与大气相通或形成充压油箱

油箱中的油液必须与大气相通,才能在吸油行程时,利用大气的压力将油箱中的油液压入油泵的密封容积内,完成吸油。

如果要采用与外界相隔离的封闭式油箱,为保证顺利吸入油液,必须采用充压油箱。

3.1.2 液压泵的主要性能参数

3.1.2.1 工作压力与额定压力

1.工作压力 p

液压泵实际工作时的输出压力称为工作压力。工作压力的大小取决于外负载的大小和排油管路上压力损失的大小。

2.额定压力 p_n

液压泵在正常工作条件下,按试验标准规定连续运转的最高压力称为液压泵的额定压力。

除上述泵的两个压力概念外,有些泵还允许具有短期过载运行能力,所以同时规定了最高允许的短期高压值,即最高允许压力。

3.最高允许压力 p_{max}

在超过额定压力的条件下,根据试验标准规定,允许液压泵短暂运行的最高压力值,称为液压泵的最高允许压力。

3.1.2.2 排量和流量

1.排量 V

液压泵轴每转一周,由其密封容积几何尺寸变化计算而得的排出液体的体积叫液压泵的排量。

排量可调节的液压泵称为变量泵,排量不可以调节的液压泵则称为定量泵。

2.流量 q

流量是指单位时间内泵所输出的油液的体积量。泵流量有理论流量、实际流量和额定流量等几种不同的参数。

(1)理论流量 q_t。

理论流量是指在不考虑液压泵的泄漏流量的情况下,在单位时间内所排出的液体体积的平均值。显然,如果液压泵的排量为 V,其主轴转速为 n,则该液压泵的理论流量q_t 为

$$q_t = nV \tag{3-1}$$

式中 V——液压泵的排量,mL/r;

n——主轴转速,r/s。

(2)实际流量 q。

液压泵在某一具体工况下,单位时间内所排出的液体体积称为实际流量,它等于理论流量 q_t 减去泄漏和压缩损失后的流量 q_1,即

$$q = q_t - q_1 \tag{3-2}$$

(3)额定流量 q_n。

液压泵在正常工作条件下,按试验标准规定(如在额定压力和额定转速下)必须保证的流量。

3.1.2.3 泵的功率和效率

1.液压泵的功率损失

泵的输出功率要小于它的输入功率,称为泵的功率损失。泵的功率损失是在能量由

机械能转换为液体的压力能的过程中产生的，引起液压泵功率损失的原因主要有容积损失和机械损失两大因素。

2.容积损失

容积损失是指液压泵流量上的损失。液压泵的实际输出流量总是小于其理论上应该排出的流量。其最主要的原因往往是液压泵内部的泄露，即液体在高压下由高压腔漏进低压腔；其次是油液在负压条件下的空穴和在高压条件下的体积压缩；另外就是在吸油过程中由于吸油阻力太大、油液黏度大以及液压泵转速过高等原因而导致油液不能全部充满密封工作腔。

3.泵的容积效率 η_v

液压泵的容积损失用容积效率 η_v 来表示，它等于液压泵的实际输出流量 q 与其理论流量 q_t 之比，即

$$\eta_v = \frac{q}{q_t} = 1 - \frac{q_1}{q_t} \tag{3-3}$$

因此，液压泵的实际输出流量 q 为

$$q = q_t \eta_v = Vn\eta_v \tag{3-4}$$

式中 V——液压泵的排量，mL/r；

n——液压泵的转速，r/min。

由于液体的内泄露与液体的压力有很大关系，所以系统的工作压力越大，液压泵的容积效率越低。由于容积损失的客观存在，液压泵的容积效率恒小于1。

4.机械损失

机械损失是指液压泵在转矩上的损失。液压泵的实际输入转矩 T_0，总是大于理论上所需要的转矩 T_t，其主要原因是液压泵体内相对运动部件之间因机械摩擦而引起的摩擦转矩损失以及由液体的黏性而引起的内摩擦损失。

5.机械效率 η_m

液压泵的机械损失用机械效率 η_m 表示，它等于液压泵的理论转矩 T_t 与实际输入转矩 T_0 之比，则液压泵的机械效率为

$$\eta_m = \frac{T_t}{T_0} \tag{3-5}$$

6.液压泵的功率

1）输入功率 P_i

液压泵的输入功率是指作用在液压泵主轴上的机械功率，当输入转矩为 T_0、角速度为 ω 时，有

$$P_i = T_0\omega \tag{3-6}$$

2）输出功率 P

液压泵的输出功率是指液压泵在工作过程中的实际吸、压油口间的压差 Δp 和输出流量 q 的乘积，即

$$P = \Delta pq \tag{3-7}$$

在工程实际中，若液压泵吸、压油口间的压差 Δp 的计算单位用MPa表示，输出流量 q

用 L/min 表示，则液压泵的输出功率 P 可表示为

$$P = \Delta pq/60 \tag{3-8}$$

式中　P——输出功率，kW。

在实际的计算中，若油箱通大气，液压泵吸、压油口间的压差 Δp 往往用液压泵出口压力 p 代入，即

$$P = pq \tag{3-9}$$

7.液压泵的总效率

液压泵的总效率是指液压泵的实际输出功率与其输入功率的比值，即

$$\eta = \frac{P}{P_i} = \frac{\Delta pq}{T_0\omega} = \frac{\Delta pq_t\eta_v}{\dfrac{T_t\omega}{\eta_m}} = \eta_v\eta_m \tag{3-10}$$

其中，$\Delta pq_t/\omega$ 为理论输入转矩 T_t。

由式(3-10)可知，液压泵的总效率等于其容积效率与机械效率的乘积，所以液压泵的输入功率也可写成

$$P_i = \frac{\Delta pq}{\eta} \tag{3-11}$$

3.1.3　常用液压泵的分类

在不同的行业中，广泛使用的液压泵有许多类型，一般比较常用的液压泵的分类情况如下所示：

- 液压泵
  - 变量泵
    - 轴向柱塞泵
      - 斜盘式
      - 斜轴式
    - 径向柱塞泵
      - 阀配流
      - 轴配流
    - 单作用叶片泵
  - 定量泵
    - 齿轮泵
      - 外啮合式
      - 内啮合式
        - 摆线
        - 渐开线
        - 楔块垫隙式
    - 叶片泵
      - 双作用式
      - 单作用式
    - 柱塞泵
      - 轴向式
        - 斜盘式
        - 斜轴式
      - 径向式
    - 螺杆泵
      - 三螺杆
      - 双螺杆

按照泵的基本结构，一般可以分为齿轮泵、叶片泵、柱塞泵和螺杆泵四大类。而按照液压泵在单位时间内所能输出的油液的体积是否可调节，又可将泵分为定量泵和变量泵两类，一般变量泵多为叶片泵和柱塞泵。

3.1.4 液压泵的图形符号

液压泵的图形符号如图3-2所示。

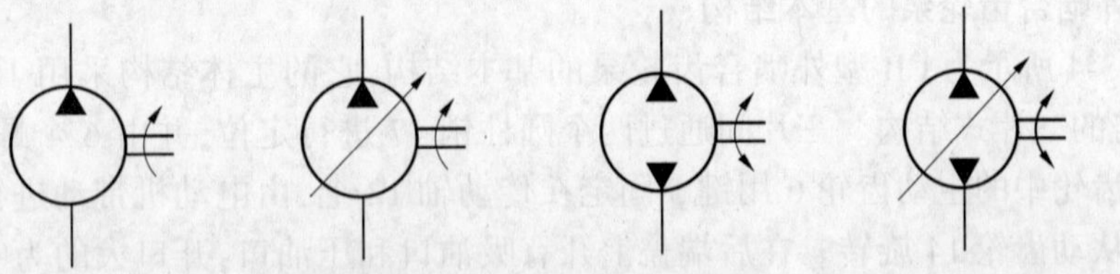

(a)单向定量液压泵 (b)单向变量液压泵 (c)双向定量液压泵 (d)双向变量液压泵

图3-2 液压泵的图形符号

3.2 齿轮泵

齿轮泵是液压系统中广泛采用的一种液压泵，一般做成定量泵。按其齿轮啮合方式的不同，齿轮泵可分为外啮合齿轮泵和内啮合齿轮泵两类，而外啮合齿轮泵由于其结构简单、制造方便，所以应用广泛。

3.2.1 外啮合齿轮泵

3.2.1.1 外啮合齿轮泵的工作原理

如图3-3所示为外啮合齿轮泵的工作原理。在泵的壳体内有一对外啮合齿轮，齿轮

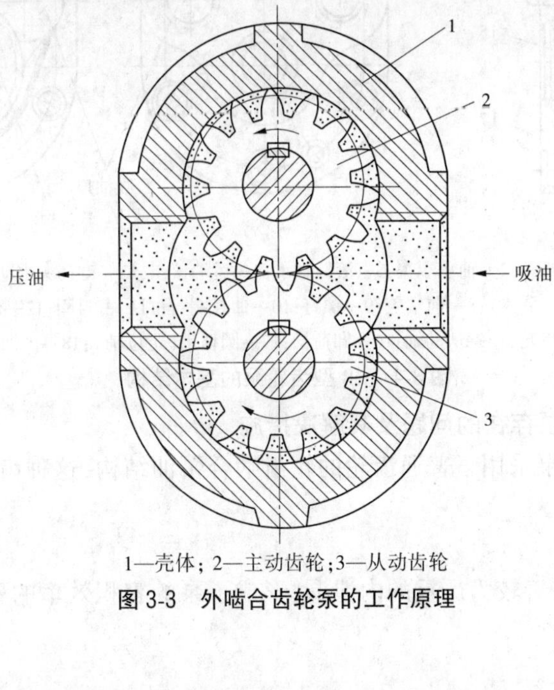

1—壳体；2—主动齿轮；3—从动齿轮

图3-3 外啮合齿轮泵的工作原理

两侧有端盖罩住(图 3-3 中未示出)。壳体、端盖和齿轮的各个齿槽组成了许多密闭工作腔。当齿轮按图 3-3 所示方向旋转时,右侧吸油腔由于相互啮合的轮齿逐渐脱开,密闭工作腔容积逐渐增大,形成局部真空,油箱中的油液被吸进来,将齿槽充满,并随着齿轮旋转,把油液带到左侧压油腔去。在压油区一侧,由于轮齿在这里逐渐进入啮合,密闭工作腔容积不断减小,油液被挤出去。吸油区和压油区是由相互啮合的轮齿以及泵体分隔开的。

3.2.1.2 外啮合齿轮泵的基本结构

如图 3-4 所示为 CB 型外啮合齿轮泵的基本结构,它的主体结构采用了主壳体 7 和前、后端盖的三片式结构。三片间通过两个圆柱销 17 进行定位,并由 6 个螺钉 9 加以紧固。两个齿轮中的主动齿轮 6 用键 5 固定在传动轴 12 上,由电动机带动进行连续转动,从而带动从动齿轮 14 旋转。在后端盖上开有吸油口和压油口,开口大的为吸油口,与进油管相连接,保证了吸油腔始终与油箱的油液相通;另一个开口小的为压油口,通过压力油管与系统保持相通。为使齿轮转动灵活,同时保证内泄漏量尽量小,在齿轮端面与两个端盖之间留有极小的轴向间隙;为减小泵体与端面之间的油压作用,减小螺钉紧固力,并防止油泄漏到泵外,在泵体的两端面开有卸荷槽 16,把两齿轮端部的压力油液引回吸油腔进行了卸压。

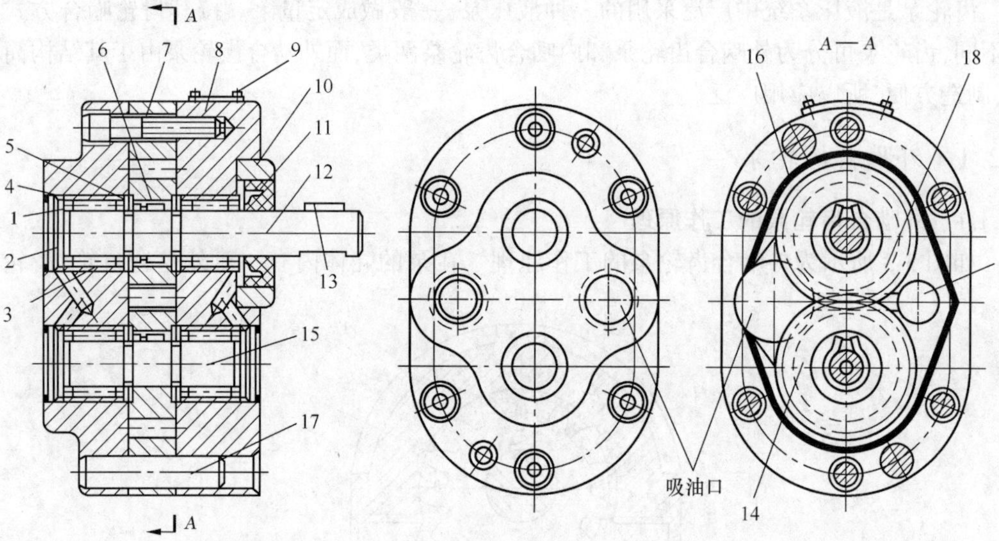

1—弹簧挡圈;2—轴承端盖;3—滚针轴承;4—后端盖;5、13—键;6—主动齿轮;
7—主壳体(泵体);8—前端盖;9—螺钉;10—油封端盖;11—密封圈;12—传动轴;
14—从动齿轮;15—从动轴;16—卸荷槽;17—圆柱销(定位销);18—困油卸荷槽

图 3-4 CB 型齿轮泵的基本结构

3.2.1.3 外啮合齿轮泵存在的问题及其解决措施

由于外啮合齿轮泵采用了普通齿轮的轮齿啮合泵油结构,这种齿轮泵存在如下几个问题。

1. 内泄漏较严重

CB 型齿轮泵存在着较为严重的内泄漏,形成了泵的容积效率的下降。概括起来看,其内泄漏主要出现在以下三个部位:齿轮的端面、齿轮的径向和齿轮的啮合区。其中,内泄漏量最大的部位是齿轮的端面间隙。据实验统计,经齿轮的两端面所造成的泄漏量可占泵的总内泄漏量的75%~80%,其根本原因是这部分泄漏的面积大,泄漏途径短。齿轮与端盖间的间隙越大,内泄漏量就越大,而过小的端部间隙又容易造成齿轮工作受热膨胀后挤死在两端盖之间,所以齿轮的轴向间隙与内泄漏是一对不可避免的结构矛盾。

齿轮的径向泄漏是由齿轮的齿顶与壳体内腔之间留有较大的径向间隙造成的,它也是为防止齿体受热膨胀而预留出的膨胀空间。这一间隙的存在降低了各齿间密封容积的相互密封的程度,但由于从最左边的压力腔到最右边的吸油腔,压力是逐渐递减的,泄漏的油液要经过多个密封的齿间才能到达吸油腔,再加上齿轮高速旋转的带动,能够泄漏到吸油腔的径向泄漏量所剩无几,这一部分泄漏一般只占泵总泄漏量的15%左右。

齿轮的啮合区泄漏是指高压的油液通过齿的啮合面强行窜入到低压区,这往往是由齿形误差和牙齿啮合的偏载所致,这部分泄漏量一般占到泵的总泄漏量的5%左右。

解决以上泄漏问题的基本思路是:严格控制齿轮泵各部分的配合间隙,保证齿轮和轴承的制造和装配精度,防止过大的间隙与偏载。但是,采用较严格的小间隙只能够解决新泵的端面泄漏,随着泵的使用和磨损,其端面间隙仍会很快增大。为提高齿轮泵的工作压力、减小端面的泄漏,有些泵采用了齿轮端面间隙自动补偿的方法,利用压力油或者弹簧力来减小或消除两齿轮的端面间隙。如图3-5所示为采用浮动轴套消除端面间隙。

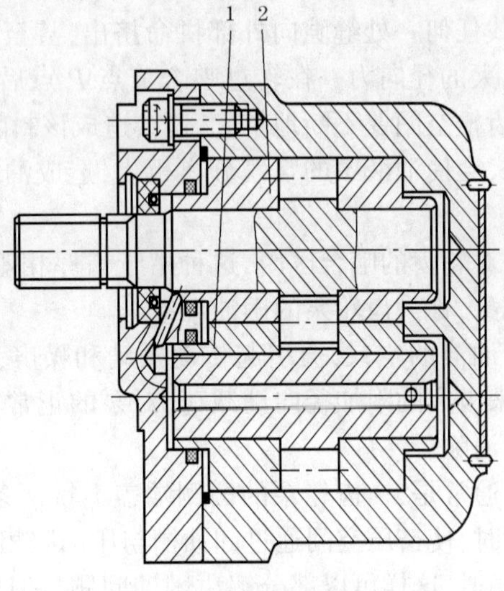

1、2—浮动轴套

图3-5 采用浮动轴套消除端面间隙

如图3-5所示,在两齿轮的左、右两端分别设置了浮动轴套1和2,并利用特制的通道把泵内压油腔的压力油引导到浮动轴套1和2的外侧,借助于液压作用力,使两轴套压向齿轮端面。也有部分齿轮泵采用弹簧力来压紧浮动轴套,如图3-6(a)所示,使轴套始终自动贴紧齿轮端面,如图3-6(b)、(c)所示,从而减小了泵内齿轮端面的泄漏,达到减少泄漏、提高压力的目的。

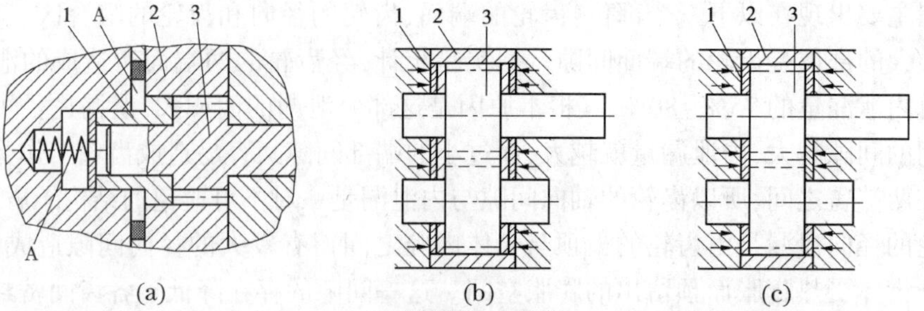

1—轴套；2—泵体；3—齿轮
1—浮动侧板；2—泵体；3—齿轮
1—浮动侧板；2—泵体；3—齿轮

图 3-6　齿轮的端面间隙补偿装置

2. 齿轮啮合区的困油现象

齿轮泵要平稳工作，齿轮啮合的重叠系数必须大于 1。也就是说，在一对轮齿即将脱开啮合之前，后面的一对轮齿要进入啮合，这样，在两对轮齿同时啮合的这一部分区域内，会有一部分油液滞留在两齿的重叠区之间，如图 3-7(a)、(b)所示。随着齿轮的不断回转，后一对轮齿要不断地进入啮合，这就意味着刚进入啮合的齿要与对面的齿槽发生对挤，而此时被啮合齿槽由于两齿的齿厚相等，基本上是处于封闭状态，如图 3-7(b)所示。所以，这部分被困在齿槽中的油液将由于齿的不断啮入运动和齿槽密封空间的不断减小而受到强烈的挤压，如图 3-7(c)所示。由于油液的可压缩性极小，被困油液的压力会急剧上升，这部分油液会寻找任何一处缝隙向外部拼命挤出，甚至阻碍齿轮的继续转动，挤压的油液给齿轮带来了极大的径向力。在转过啮合节点 P 点后，如图 3-7(d)所示，齿轮要逐渐脱出啮合，封闭的齿槽空间要不断地扩大，这会造成该封闭空间的真空负压。如果没有油液及时地补充进来，会使油液中的空气分离析出，造成油液产生空穴，引起振动和噪声。

以上现象发生在每一对轮齿的啮合区内，这种由于齿厚相等而使被封闭在齿间的油液先挤压后真空负压的现象，称为齿轮泵的困油现象。

齿轮泵的困油造成了油液的空穴，会引起传动振动和噪声，破坏了液压传动的稳定性，同时又给泵的回转带来极大的附加径向动载荷，对泵的正常工作造成极大的危害，所以泵的困油现象需要设法消除。

目前消除困油的方法通常是，在齿轮泵的两侧端盖上铣两条卸油槽，如图 3-7(e)所示。当困油受到强烈挤压时，使挤压空间通过卸油槽与压油腔相连通；而当困油区形成真空负压时，使其与吸油腔相通，这样可以部分解决困油问题。但要注意，两个卸油槽的存在会增加端面泄漏，同时，两个卸油槽之间的距离不可过近，以免吸、压油腔相互串通。一般齿轮泵的两卸油槽是非对称开设的，位置往往向吸油腔偏移，但无论怎样，两槽间的距离 a 必须保证在任何时候都不能使吸油腔和压油腔相互串通。对于分度圆压力角 $\alpha=20°$、模数为 m 的标准渐开线齿轮，$a=2.78\ m$。当卸油槽为非对称时，在压油腔一侧必须保证 $b=0.8\ m$，另一方面为保证卸油槽畅通，应满足槽宽 $c>2.5\ m$、槽深 $h\geq0.8\ m$ 的要求。

3. 齿轮的径向力不平衡

齿轮泵中的两个齿轮在工作时，作用在齿轮上的径向压力是不均衡的。如图 3-8 所

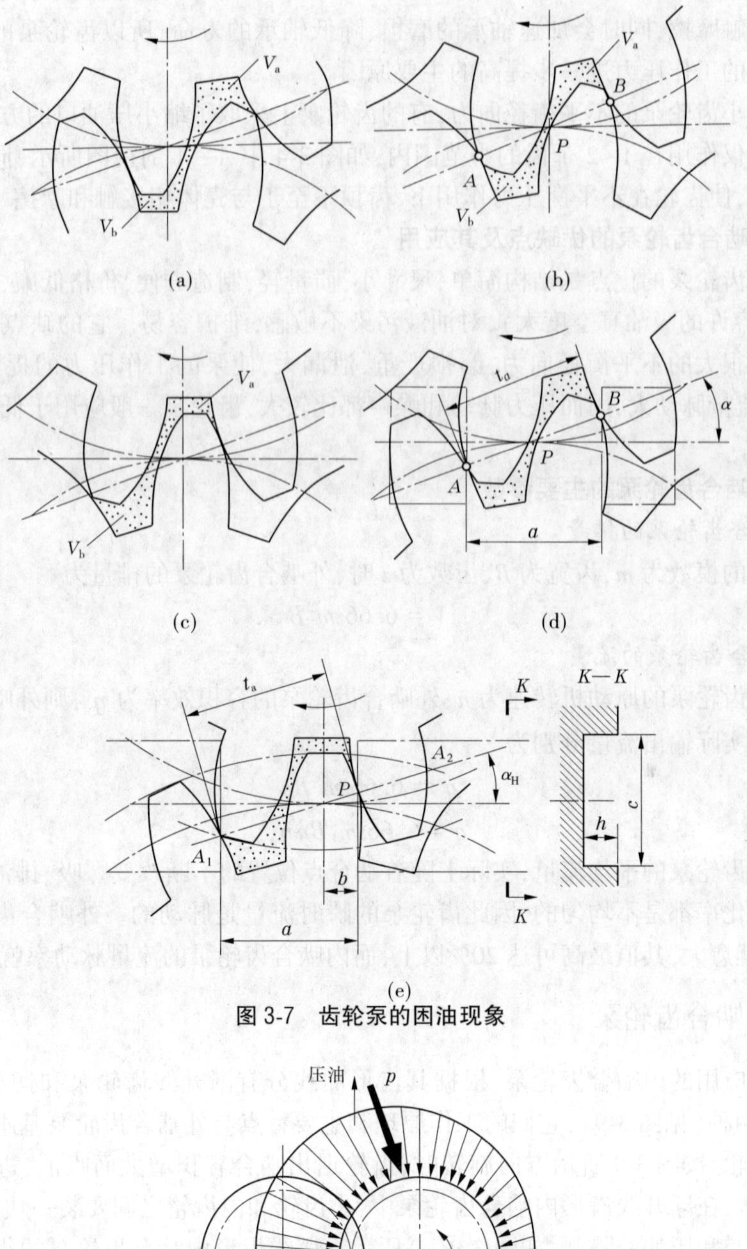

图 3-7　齿轮泵的困油现象

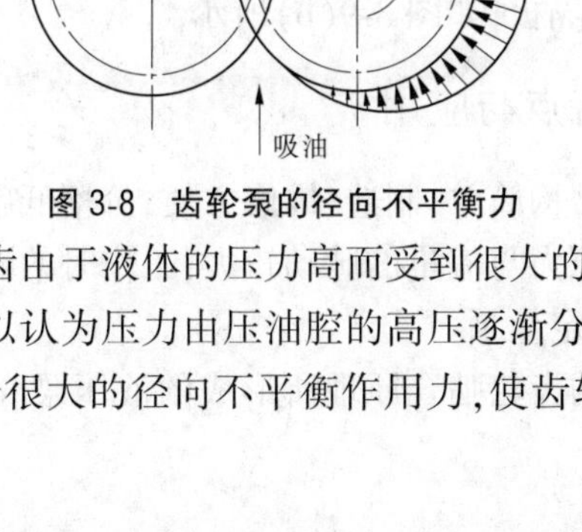

图 3-8　齿轮泵的径向不平衡力

示，齿轮在压油腔位置的轮齿由于液体的压力高而受到很大的径向力，而处于吸油区的轮齿所受的径向力就较小，可以认为压力由压油腔的高压逐渐分级下降到吸油腔压力，这相当于油液作用在齿轮上一个很大的径向不平衡作用力，使齿轮和轴承承受很大的偏载。

油液的工作压力越大,径向不平衡力也越大。径向不平衡力会使轴发生弯曲,导致齿顶与壳体产生接触摩擦,同时会加速轴承的磨损、降低轴承的寿命,所以齿轮泵的不平衡径向力是阻碍泵的工作压力进一步提高的主要原因。

为了减小齿轮泵的不平衡径向力,有的齿轮泵上采取了缩小压油口的方法,使压力油的径向压力仅作用在1~2个齿的小范围内,如图3-4中*A—A*剖视图所示,同时可适当增大径向间隙,使齿轮在不平衡压力作用下,齿顶不至于与壳体相接触和摩擦。

3.2.1.4 外啮合齿轮泵的优缺点及其应用

外啮合齿轮泵的优点是结构简单,尺寸小,质量轻,制造方便,价格低廉,工作可靠,自吸能力强(容许的吸油真空度大),对油液污染不敏感,维护容易。它的缺点是齿轮、轴承和轴会承受很大的不平衡径向力,磨损严重,泄漏大,使泵的工作压力的提高受到限制。此外,它的流量脉动大,因而压力脉动和噪声都比较大,齿轮泵一般应用于低压、小流量的场合。

3.2.1.5 外啮合齿轮泵的主要参数

1.外啮合齿轮泵的排量

当齿轮的模数为m,齿宽为B,齿数为z时,外啮合齿轮泵的排量为

$$V = 6.66zm^2B \tag{3-12}$$

2.外啮合齿轮泵的流量

设驱动齿轮泵的原动机转速为n,外啮合齿轮泵的容积效率为η_v,则外啮合齿轮泵的理论流量和实际输出流量分别为

$$q_t = 6.66zm^2Bn \tag{3-13}$$

$$q = 6.66zm^2Bn\eta_v \tag{3-14}$$

外啮合齿轮泵的平均流量,实际上随着啮合点位置的不断改变。吸、排油腔的每一瞬时的容积变化率都是不均匀的,因此齿轮泵的瞬时流量是脉动的。外啮合齿轮泵齿数愈小,脉动率就愈大,其值最高可达20%以上,而内啮合齿轮泵的流量脉动率就要小很多。

3.2.2 内啮合齿轮泵

目前常应用的内啮合齿轮泵,根据其齿形曲线分有渐开线齿轮泵和摆线齿轮泵(又名转子泵)两种(见图3-9),它们的工作原理和主要特点与外啮合齿轮泵基本相同。小齿轮为主动齿轮,按图3-9所示方向旋转时,齿轮退出啮合容积增大而吸油,进入啮合容积减小而压油。在渐开线齿形内啮合齿轮泵中,小齿轮和内齿轮之间要装一块月牙形隔板,以便把吸油腔和压油腔隔开,如图3-9(a)所示。摆线齿形内啮合齿轮泵的小齿轮和内齿轮相差一齿,因而不需设置隔板,如图3-9(b)所示。

3.2.3 齿轮泵的结构特点与应用

齿轮泵的主要特点是结构简单,制造、维修方便,价格低廉,而且它对油液的污染程度不敏感。它的主要缺点是压力与流量的脉动较大,工作时的噪声较大,并且它的输出排量是不可调节的,只能够做成定量泵。

齿轮泵是一种由传统的齿轮啮合原理所形成的液压泵。受其结构原理的限制,其空

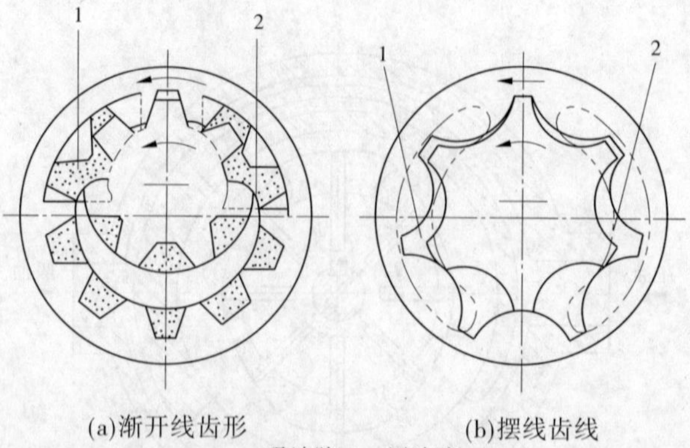

(a)渐开线齿形 (b)摆线齿线

1—吸油腔;2—压油腔

图 3-9 内啮合齿轮泵

间效率较低,密封容积的变化幅度不大,有效排量较小,加上其内部泄漏较大,容积效率较低,以及径向不平衡力的作用,影响了泵供油压力的提高,因此一般齿轮泵应用在低压、小流量的场合,其工作压力一般在 8 MPa 以下。

3.3 叶片泵

在工作压力超过 10 MPa 的应用场合,一般都优先考虑采用叶片泵。叶片泵根据其排量是否可调整分为定量叶片泵与变量叶片泵两类,定量叶片泵一般采用双作用式对称结构,而变量叶片泵需要采用单作用式偏心结构。

3.3.1 双作用式叶片泵

3.3.1.1 双作用式叶片泵的基本工作原理

双作用式叶片泵的基本工作原理如图 3-10 所示,它是由定子 1、转子 2、叶片 3 和配油盘(图中未画出)等组成的。双作用式叶片泵的转子轴线与定子的几何中心保持同轴;定子的内表面曲线由 2 段长半径、2 段短半径和 4 段过渡曲线所组成,形成了大致呈椭圆形的内腔型面,以便形成密封容积的变化;转子的径向槽内装有可以沿着槽作径向滑动的叶片。借助于叶片的重力,当转子在驱动轴的带动下高速回转工作时,叶片在离心力和根部压力油的作用下,沿转子槽作径向移动而压向定子内表面,这样两片相邻的叶片和定子的内表面、转子的外表面和两侧配油盘就形成了一个个独立的密封空间。当转子按图 3-10所示方向旋转时,在处在小圆弧上的密封空间经过渡曲线而运动到大圆弧的过程中,由于定子曲线的变化,密封空间的容积不断增大,而此时的密封容积正处于吸油腔的区域范围,要吸入油液;再向前运动,在密封空间从大圆弧经过渡曲线运动到小圆弧的过程中,叶片被定子内壁逐渐压进槽内,密封空间容积变小,将油液从压油口压出,完成了一次吸油和压油的泵油过程,而同样的动作在转子的上下两侧同时发生。

这种叶片泵具有对称的两个吸油腔和两个压油腔,因而,在转子每转一周的过程中,每个密封空间要完成两次吸油和压油,所以称之为双作用式叶片泵。

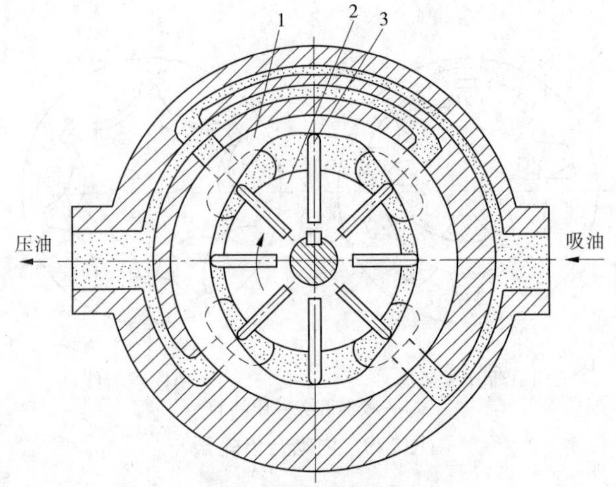

1—定子;2—转子;3—叶片

图 3-10　双作用式叶片泵的工作原理

双作用式叶片泵采用了两侧对称的吸油腔和压油腔结构,所以作用在转子上的径向压力是相互平衡的,不会给高速转动的转子造成径向的偏载。因此,双作用式叶片泵又称为卸荷式叶片泵。

为了使径向力完全平衡,密封空间数(即叶片数)应当保持双数,而且定子曲线要对称。

3.3.1.2　双作用式叶片泵的基本结构

图 3-11 所示为 YB 型双作用式叶片泵的基本结构,整个泵采用分离结构,泵体由前泵体 7 和后泵体 1 及前端盖 8 组成,转子 3、定子 4 和叶片 5 为泵的主要结构,它的两侧配置有配油盘 2 和 6。由图 3-11 可以看出,吸油口和压油口分别设置在后泵体 1 和前泵体 7 上,具有较远的距离,可以解决隔离与密封问题。整个转子由花键轴两端的滚动轴承 11、12 支承在泵体内,密封圈 10 可以防止油液的外泄,同时防止了外部灰尘和污物的侵入。

3.3.1.3　双作用式叶片泵的特点与应用

双作用式叶片泵的结构较齿轮泵复杂,但其工作压力较齿轮泵高,且流量脉动小(双作用式叶片泵的叶片数一般为 12 或 16),工作平稳,噪声较小,寿命较长。因此,它被广泛应用于机械制造中的专用机床、自动线等中低压液压系统中,一般工作压力在 16 MPa 左右,但其结构复杂,吸油特性不太好,对油液的污染也比较敏感。

3. 3. 2　单作用式叶片泵

3.3.2.1　单作用式叶片泵的工作原理

单作用式叶片泵的工作原理如图 3-12 所示。与双作用式叶片泵相类似,单作用式叶片泵的主要结构也由转子 1、定子 2、叶片 3 和端盖等组成。但其定子的工作表面为圆柱形内表面,且定子和转子间设置有偏心距。当转子回转时,由于叶片的离心力作用,叶片紧靠在定子内壁,这样,在定子、转子、叶片和两侧配油盘间就形成若干个密封的工作空间。当转子按图 3-12 所示的方向(逆时针)回转时,在定子腔体的右部,叶片要逐渐伸出,叶片间的工作空间将逐渐增大,形成了吸油条件;而当它转动到油腔的左边时,叶片被定

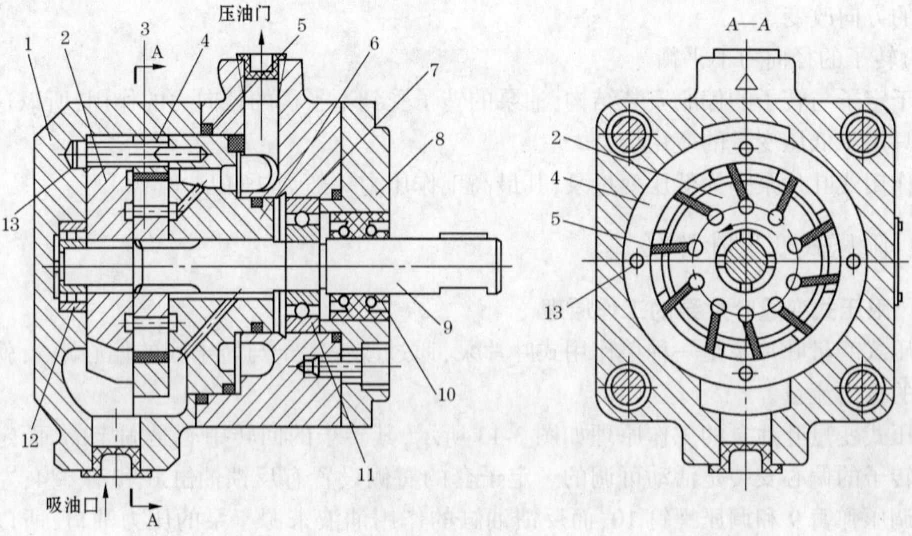

1—后泵体；2、6—配油盘；3—转子；4—定子；5—叶片；7—前泵体；
8—前端盖；9—传动轴；10—密封圈；11、12—滚动轴承；13—定位销

图3-11 YB型双作用式叶片泵的基本结构

子内壁逐渐压进槽内，密封空间逐渐缩小，形成了压油条件，将油液从压油口压出。在吸油腔和压油腔之间，有一段封油区把吸油腔和压油腔隔开。这种叶片泵的转子每转一周，每个密封空间只完成一次吸油和压油，因此称其为单作用式叶片泵。转子不停地旋转，泵就不断地进行吸油和压油的工作循环。

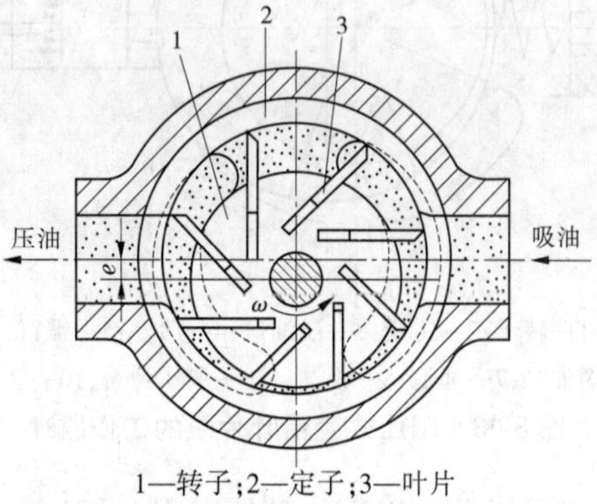

1—转子；2—定子；3—叶片

图3-12 单作用式叶片泵的工作原理

3.3.2.2 单作用式叶片泵的特点与应用

与双作用式叶片泵相比较，单作用式叶片泵具有以下特点：

(1)泵流量可以调节。

改变定子和转子之间的偏心距大小便可以改变各个密封容积的变化幅度，从而达到改变泵的排量和流量。

(2)吸、压油路可以反向。

当转子与定子的偏心方向反向时，外部油路的吸、压油方向也相反，所以可以实现吸、

压油路的方向改变。

(3)转子的径向力不平衡。

由于定子与转子的偏心安装结构，油泵的转子受到不平衡的径向力的作用，所以这种泵一般只用于低压变量的应用场合。

单作用式叶片泵多为低压变量泵，其最高工作压力一般为 7 MPa。

3.3.3　限压式变量叶片泵

3.3.3.1　限压式变量叶片泵的工作原理

限压式变量叶片泵是一种单作用式叶片泵，通过改变定子与转子间的偏心距 e，就能改变泵的输出流量。

限压式变量叶片泵的工作原理如图 3-13 所示，其转子的回转中心是固定的，而定子套相对转子的偏心安装是活动可调的。定子套的右侧设置有反馈油缸 6 和活塞 4，左侧设置有调压弹簧 9 和调压螺钉 10，而反馈油缸的作用油液来源于泵的压力油口，所以泵在正常工作时，定子是在出口油液的反馈压力和调压弹簧 9 的相互作用下，处于一个相对平衡的位置。

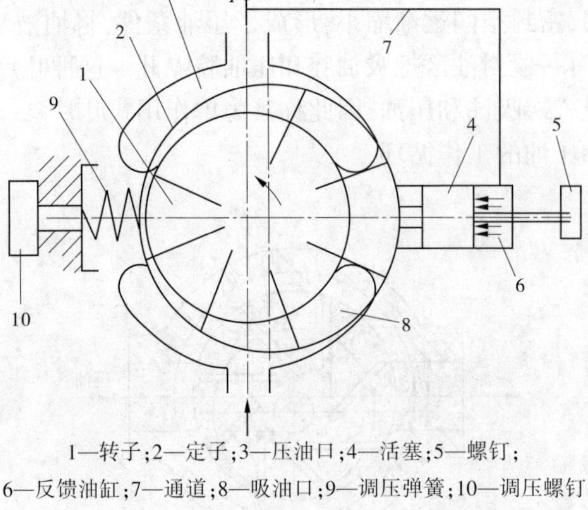

1—转子；2—定子；3—压油口；4—活塞；5—螺钉；
6—反馈油缸；7—通道；8—吸油口；9—调压弹簧；10—调压螺钉

图 3-13　限压式变量叶片泵的工作原理

这种泵的工作原理大致可以分为以下 4 种情况来分析：

(1)当泵刚刚开始工作，而泵的出口压力尚未建立起来时，或者当外部载荷较小而系统的油压很低，活塞 4 上的作用力还不足以克服调压弹簧 9 的作用力时，定子 2 在调压弹簧 9 的作用下处于最右边的位置，即泵处于最大偏心和最大输出流量的状态。

(2)当泵的出口压力达到工作压力 p 时，在系统压力作用下，活塞 4 克服了调压弹簧 9 的作用力向左推动定子套，使定子 2 在活塞 4 和调压弹簧 9 的共同作用下处于某一个相对平衡的工作位置，定子的偏心距及输出流量都处于一个相对平衡的状态。

(3)当外部载荷有变化时，引起的系统压力变化会导致泵的供油量作相应的变化调整：当外载增大引起系统压力升高时，定子 2 会在活塞 4 的作用下向左移动，导致了偏心距减小、流量减小，液压执行元件的移动速度会相应地减慢；当外载减小时，定子会向右移动，移动速度将相应加快。

(4)当泵的出口压力由于系统的超载或过载而超过调压弹簧9和调压螺钉10所调定的最高限定压力p_B时，调压弹簧9将处于最大压缩状态，活塞4将定子2压到最左位置，此时的定子偏心距为零(或接近于零)，泵将停止向外供油，从而防止了出口压力的继续升高，起到了安全保护的作用。

由于这种泵的最高输出压力可以通过调压弹簧9和调压螺钉10来加以控制，所以称之为限压式泵。又因为这种泵的反馈控制是作用到定子套的外部的，所以也称之为外反馈式限压泵。

3.3.3.2 限压式变量叶片泵的工作特性

限压式变量叶片泵的工作特性曲线如图3-14所示。当工作压力p小于预先调定的最小限定压力时，液压作用力不能克服弹簧9的作用力，这时定子的偏心距保持最大，泵的输出流量q_A将保持最大值。又因供油压力的增大将使泵的泄漏流量也增加，所以泵的实际输出流量q略有减少，如图3-14中工作曲线的AB段。

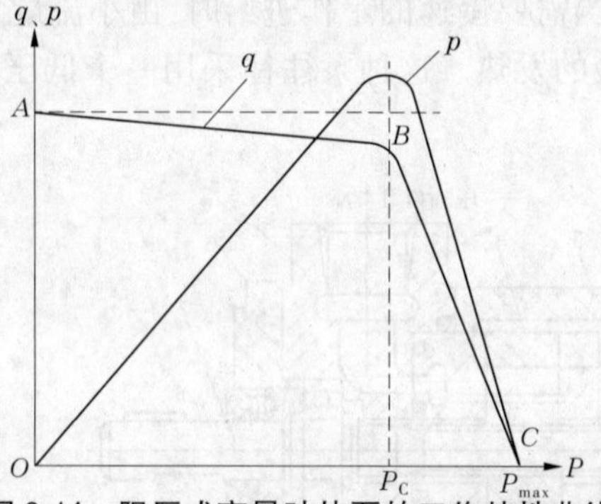

图3-14 限压式变量叶片泵的工作特性曲线

当工作压力p超过最小限定压力时，液压作用力大于弹簧9的作用力，此时弹簧9开始压缩，定子向偏心量减小的方向移动，使泵的输出流量减小。压力愈高，弹簧压缩量愈大，偏心距愈小，输出流量愈小。在弹簧9的有效弹性变形范围内，流量与系统工作压力的关系基本呈特性曲线BC段所示的变化规律。

调节调压螺钉10，可以改变最高调定压力p_B的大小，这时特性曲线的BC段将左右平移；而改变调压弹簧的刚度，可以改变BC段的斜率，弹簧越“软”，BC段越陡。

调节流量调节螺钉5，可以调节最大偏心距(初始偏心量)的大小，从而改变泵的最大输出流量q_A，使特性曲线AB段上下平移。

3.3.3.3 限压式变量叶片泵的应用

限压式变量叶片泵结构复杂，轮廓尺寸大，相对运动的机件多，泄漏较大。同时，转子轴上承受较大的不平衡径向液压力，噪声也较大，容积效率和机械效率都没有定量叶片泵高。而从另外一方面看，在泵的工作压力条件下，它能按外载和压力的波动来自动调节流量，节省了能源，减少了油液的发热，对机械动作和变化的外载具有一定的自适应调整性。

限压式变量叶片泵对那些要实现空行程快速移动和工作行程慢速进给(慢速移动)

的液压驱动是一种较合适的动力源。一般快速行程需要快的移动速度和大的工作流量，而负载压力较低，这正好对应了特性曲线的 *AB* 起始段；而工作进给时需要较高压力，同时移动速度较低，所需流量减少，对应了特性曲线的 *BC* 段。因此，这种泵特别适用于那些要求执行元件有快速、慢速和保压阶段的中低压系统，有利于节能和简化回路。

3.3.4　双联叶片泵和双级叶片泵

3.3.4.1　双联叶片泵

双联叶片泵是由两个相互独立的叶片泵装在同一根驱动轴上所组成的。两个泵的外部油路互相独立。两个泵可以共用同一个进油口，但它们的出油口是各自独立的。两个泵可以装在同一个壳体里，也可以各自单独设置外壳。如图 3-15(a)所示的是两个泵共用同一个壳体，但出油口各自独立的双联泵，它们由驱动轴 7 共同带动。图 3-15(b)所示的是它的符号。

这种双联叶片泵常应用于有快速移动和慢速工作进给要求的机械传动中，这时的双联泵常由一个小流量泵和一个大流量泵组成。当需要快速移动时，可以利用大流量泵供油，或者两个泵同时供油；当需要慢速的工作进给时，由小流量泵供油，同时使大流量泵卸荷，以节省动力并防止油液的发热。这种泵往往采用一个低压大流量泵和一个高压小流量泵的双联结构。

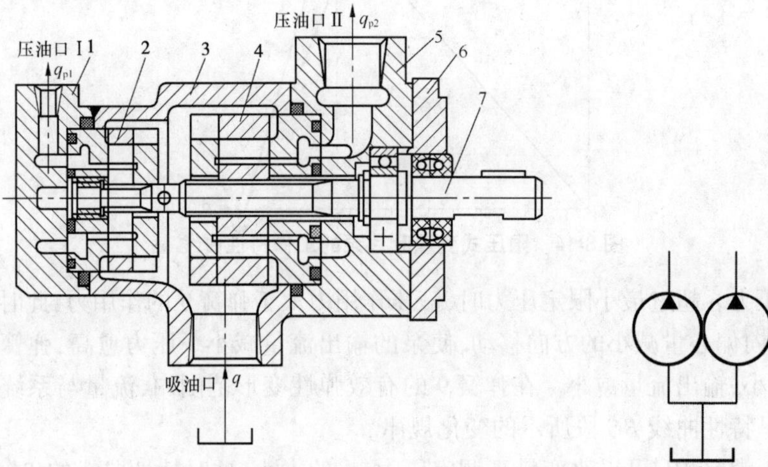

(a)　(b)

1,5—前、后泵体；2,4—配油盘；3—泵体；6—泵盖；7—驱动轴

图 3-15　双联叶片泵

3.3.4.2　双级叶片泵

双级叶片泵是指同一根驱动轴上安装的两个泵串联成为前、后两级的油路关系，即前一个泵的出油口就是后一个泵的进油口，两个叶片泵装在一个壳体内并在油路上相互串接。

双级叶片泵的工作原理如图 3-16 所示。两个单级叶片泵的转子装在同一根传动轴上，当传动轴回转时就带动两个转子一起转动。第一级泵经吸油管从油箱吸油，输出的油液直接送入第二级泵的吸油口，第二级泵的输出油液经管路送往工作系统，从而形成了

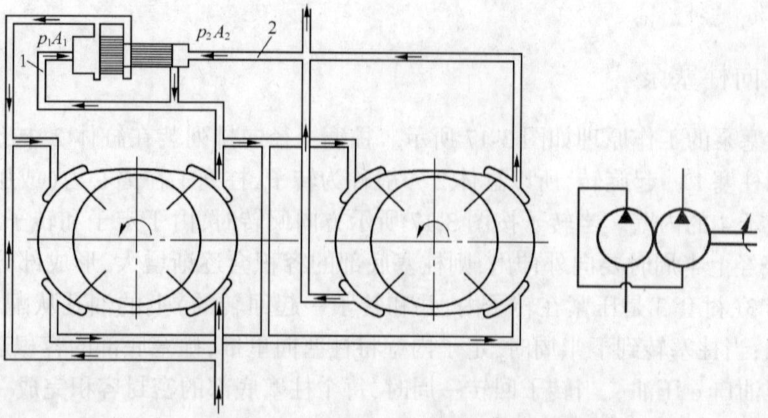

图 3-16 双级叶片泵的工作原理

前、后两级的供油关系。

设第一级泵输出压力为 p_1，第二级泵输出压力为 p_2，则该泵的最终输出压力为 p_1+p_2。但这需要一个基本条件：第一级泵的输出流量应该正好满足第二级泵的输入流量的需要，否则会造成油液的空穴现象，引起噪声，并降低泵的效率。由于两个泵的定子内壁曲线和宽度等不可能做得完全一样，两个单级泵每转一周的容量变化不可能完全相等。为了平衡两个泵的流量与载荷关系，如图 3-16 所示，在泵体内设有一个载荷平衡阀，使第一级泵的输出油路与平衡阀的大端 1 相通，使第二级泵的输出油路与平衡阀的小端 2 相通。这样，当第一级泵的输出流量大于第二级泵的输入流量时，多余的油液经平衡阀的大端顶开平衡阀，并由泄油口流回它的进油口，使两个泵的流量与载荷获得平衡；如果第一级泵的输出流量小于第二级泵的需要时，油压 p_1 要降低，使平衡阀被推向左端，平衡阀的一级泄油口会关闭，而处于阀右侧的平衡油口会打开，第二级泵输出的部分油液经该阀口流回第二级泵的进油口而获得流量的补充和平衡。

这种泵的单级压力可达 7.0 MPa，双级泵的工作压力就可达 14.0 MPa。

3.4 柱塞泵

柱塞泵是靠柱塞在缸体中作往复运动造成密封容积的变化来实现吸油与压油的液压泵。与齿轮泵和叶片泵相比，这种泵有许多优点：第一，构成密封容积的零件为圆柱形的柱塞和缸孔，加工方便，可得到较高的配合精度，密封性能好，泵的内泄漏很小，在高压条件下工作具有较高的容积效率，柱塞泵所容许的工作压力高，这是柱塞泵的最大特点；第二，只需改变柱塞的工作行程就能改变流量，易于实现变量；第三，柱塞泵中的主要零件均受压应力作用，材料强度性能可得到充分利用。

由于柱塞泵的结构紧凑，工作压力高、效率高，流量调节方便，故在需要高压、大流量、大功率的系统中和流量需要调节的场合，如在龙门刨床、拉床、液压机、工程机械、矿山冶金机械、船舶等设备中得到应用。

柱塞泵按柱塞相对于驱动轴位置的排列方向的不同，可分为径向柱塞泵和轴向柱塞泵两大类。

3.4.1　径向柱塞泵

径向柱塞泵的工作原理如图 3-17 所示。柱塞 1 径向排列装在缸体 2 中,缸体由原动机带动连同柱塞 1 一起旋转,所以缸体 2 一般称为转子,柱塞 1 在离心力(或压力油)的作用下抵紧定子 4 的内壁。当转子按图 3-17 所示方向回转时,由于定子和转子之间有偏心距 e,柱塞绕经上半周时要向外伸出,则柱塞底部的容积会逐渐增大,形成部分真空,因此便经过衬套 3(衬套 3 是压紧在转子内,并和转子一起回转的)上的油孔从配油轴 5 的吸油口 b 吸油;当柱塞转到下半周时,定子内壁将柱塞向里推,柱塞底部的容积逐渐减小,向配油轴的压油口 c 压油。当转子回转一周时,每个柱塞底部的密封容积完成一次吸压油,转子连续运转,即完成压吸油工作。

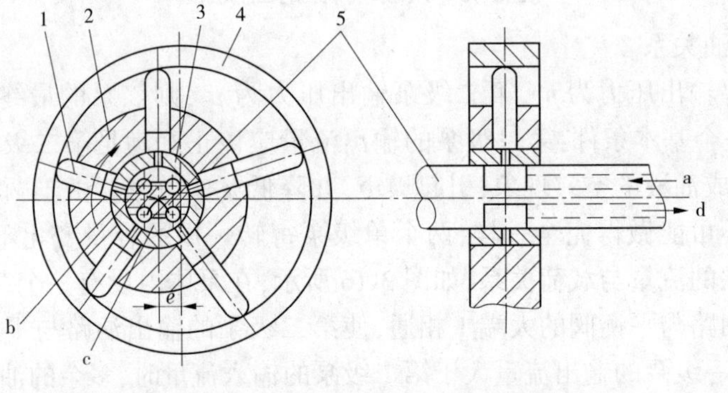

1—柱塞;2—缸体;3—衬套;4—定子;5—配油轴

图 3-17　径向柱塞泵的工作原理

配油轴 5 是固定不动的,油液从配油轴上半部的两个吸油孔 a 流入,从下半部两个压油孔 d 压出。为了实现配油,配油轴在与衬套 3 相接触的部位开有上下两个缺口,从而形成吸油口 b 和压油口 c,而留下的部分则形成封油区。封油区的宽度能封住衬套上的吸压油孔,以防吸油口和压油口相连通。

径向柱塞泵的输出流量受偏心距 e 大小的控制,若偏心距 e 做成可调的(一般使定子作水平移动,以调节偏心距),泵就成为变量泵。随着偏心的方向改变,进油口和压油口也随之互相变换,这就形成了双向变量泵。

径向柱塞泵的柱塞是沿转子的径向分布的,所以泵的外形结构尺寸大。且由于配油结构较复杂,自吸能力较差,配油轴的径向作用力不平衡,易单向弯曲并加剧磨损,因此限制了径向柱塞泵的转速和压力的提高,目前径向柱塞泵的应用较少。

3.4.2　轴向柱塞泵

轴向柱塞泵是将多个柱塞配置在一个转子(缸体)的圆周上,并使柱塞轴线与转子轴线相互平行的一种泵。它避免了由于柱塞径向分布所带来的泵的径向尺寸大的缺点,并且其配流结构简单,没有径向力不平衡的问题,所允许的压力和转速都较高,所以得到了较广泛的应用。

3.4.2.1 **轴向柱塞泵的工作原理**

为了构成柱塞的往复运动条件，轴向柱塞泵都具有倾斜结构，所以轴向柱塞泵根据其倾斜结构的不同分为斜盘式（直轴式）和斜轴式（摆缸式）两种形式。图3-18所示为轴向柱塞泵的工作原理，这种泵主体由缸体1、配油盘2、柱塞3和斜盘4组成。几个柱塞沿圆周均匀分布在缸体内。斜盘轴线与缸体轴线相交并成一定角度，柱塞靠机械装置或在低压油（图中为弹簧）作用下压紧在斜盘上，配油盘2和斜盘4固定不转。当原动机通过传动轴使缸体转动时，由于斜盘的作用，迫使柱塞在缸体内作往复运动，并通过配油盘的配油窗口进行吸油和压油。

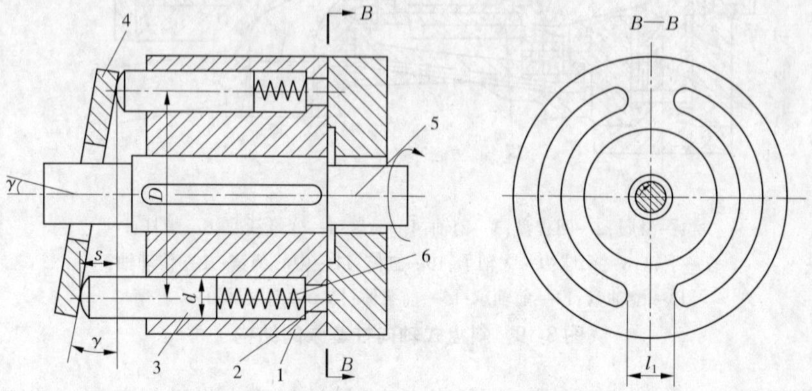

1—缸体；2—配油盘；3—柱塞；4—斜盘；5—传动轴；6—弹簧

图3-18 轴向柱塞泵的工作原理

如图3-18中所示，当柱塞运动到下半圆范围（π~2π）内时，柱塞将逐渐向缸套外伸出，柱塞底部的密封容积将增大，通过配油盘的吸油窗口进行吸油；而在0~π范围内时，柱塞被斜盘推入缸体，使密封容积逐渐减小，通过配油盘的压油窗口压油。缸体每转一周，每个柱塞各完成吸油、压油一次。

改变斜盘倾角，就能改变柱塞行程的长度，即改变液压泵的排量；改变斜盘倾斜的方向，就能改变吸油和压油的方向，从而使泵成为双向变量泵。

配油盘上吸油窗口和压油窗口之间的密封区宽度应稍大于柱塞缸体底部通油孔宽度，但不能相差太大，否则会发生困油现象。一般在两配油窗口的两端部开有小三角槽，以减小冲击和噪声。

3.4.2.2 **斜盘式轴向柱塞泵的一般结构**

图3-19所示为一种斜盘式轴向柱塞泵的结构图，它由右边的主体结构和左边的变量调整机构所组成。

其主体部分由装在中间泵体16内的缸体10、柱塞17、斜盘4和配油盘13组成，缸体10由传动轴12带动进行旋转。在缸体的各个轴向柱塞孔内各装有柱塞17，柱塞头部与滑履1采用球面配合，而外面加以铆合，使柱塞和滑履既不会脱落，又使配合球面间能相

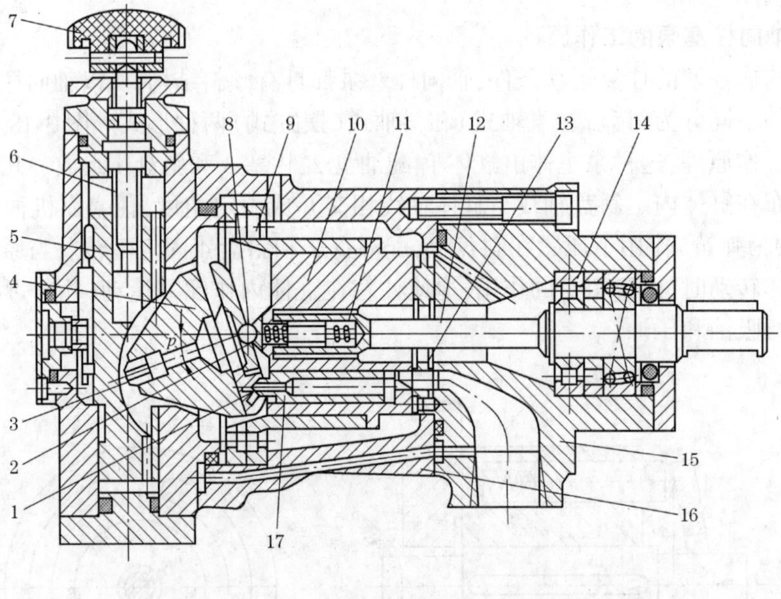

1—滑履;2—回程盘;3—销轴;4—斜盘;5—变量活塞;6—螺杆;
7—手轮;8—钢球;9—大轴承;10—缸体;11—中心弹簧;12—传动轴;
13—配油盘;14—前轴承;15—前泵体;16—中间泵体;17—柱塞

图 3-19　斜盘式轴向柱塞泵的结构

对运动。当回程盘 2 与柱塞、滑履一同转动时,在排油过程中借助斜盘 4 推动柱塞作轴向运动。弹簧 11 通过钢球 8 推压回程盘 2,以便在吸油时依靠由回程盘、钢球和弹簧组成的回程装置将滑履 1 紧紧压在斜盘 4 的表面上滑动,这样就可以使泵具有自吸能力。在滑履 1 与斜盘 4 相接触的部位有一油室,它通过柱塞 17 中间的小孔与缸体 10 中的工作腔相连,以便使压力油进入油室后在滑履与斜盘的接触面间形成一层油膜,起到静压支承的作用,使滑履作用在斜盘上的力大大减小,磨损也减小。传动轴 12 通过其左端的花键来带动缸体 10 进行旋转,柱塞在随缸体旋转的同时在缸体中作往复运动。缸体中柱塞底部的密封容积是通过配油盘 13 与泵的进出口相通的。随着传动轴的转动,液压泵就连续地吸油和排油。

缸体 10 通过大轴承 9 支承在中间泵体上,这样斜盘 4 通过柱塞作用在缸体上的径向分力可以由大轴承承受,使传动轴 12 不承受弯矩,并改善了缸体的受力状态,从而保证缸体端面与配油盘更好地接触。

左边的变量调整机构用来进行输出流量的调节。在变量轴向柱塞泵中都设置有专门的变量调整机构,可以用来改变斜盘倾角的大小,以调节泵的流量。

轴向柱塞泵的变量控制形式一般有手动控制和液压伺服控制两种。图 3-19 所示为手动变量控制机构,其工作原理为:转动手轮 7 使螺杆 6 转动,可以使变量活塞 5 作上下移动,从而带动插入变量活塞 5 下端的斜盘 4 绕着外壳上的圆弧面进行摆动,使斜盘 4 的倾斜角度发生改变,达到手动控制输出流量的目的。

3.4.2.3 **通轴式轴向柱塞泵的基本结构**

图3-19所示的柱塞泵也称为非通轴式轴向柱塞泵,其主要缺点是要采用大型滚柱轴承来承受斜盘4施加给缸体的巨大径向分力,轴承的寿命较低,且转速不高,噪声大,成本高。为此,近年来发展了一种通轴式轴向柱塞泵,图3-20所示为它的典型结构。其工作原理和非通轴式轴向柱塞泵基本相同。不同之处主要在于:通轴泵的主轴直接采用了如图3-20所示的两端支承,使斜盘通过柱塞作用在缸体上的径向分力可以直接由主轴来承受,因而取消了缸体外缘的大轴承,使通轴泵的转速得以提高。

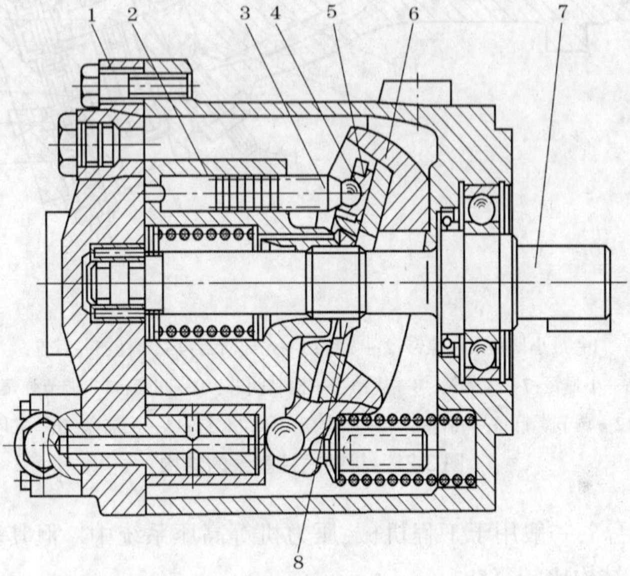

1—后盖;2—缸体;3—柱塞;4—滑履;5—回程盘;6—斜盘;7—传动轴;8—球铰

图3-20 通轴式轴向柱塞泵的结构

3.4.2.4 **斜轴式轴向柱塞泵的基本结构**

图3-21所示为斜轴式轴向柱塞泵的一种典型结构,它由主轴、泵壳、轴承、带连杆的柱塞、中心轴、缸体、配油盘和变量机构等主要部分组成。主轴由原动机带动旋转,并通过连杆、柱塞带动缸体旋转。由于缸体轴线与转动轴线相交并成一定角度,当缸体旋转时,柱塞在缸体内作往复运动,并通过配油盘吸油和压油。配油盘与变量壳体的接触面做成弧形,通过一个拨销将配油盘与变量机构连接起来。

与斜盘式泵相比较,这类泵的最大特点是变量范围大。这种斜轴式泵由于柱塞和缸体所受的径向作用力较小、泵的强度较高、允许的倾角较大,所以变量范围较大。一般斜盘式泵的最大倾角为20°左右,而斜轴式泵的最大倾角可达40°。另外,由于其结构较复杂、外形尺寸和质量均较大,且靠摆动缸体来改变流量,故其体积和变量机构的惯量较大,变量机构动作的响应速度较低。

3.4.2.5 **轴向柱塞泵的结构特点**

轴向柱塞泵的优点是:结构紧凑,径向尺寸小,惯性小,容积效率高,目前最高压力可

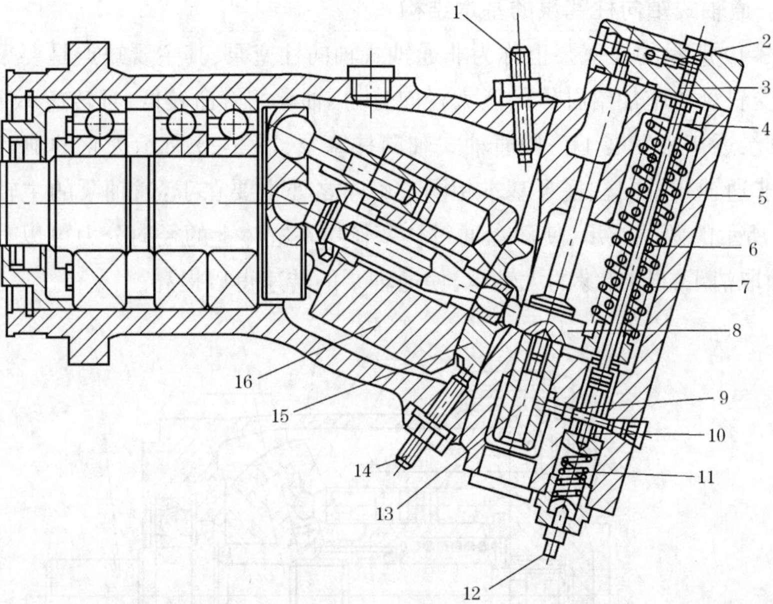

1—最小摆角限位螺钉;2—喷嘴;3—先导活塞;4—导杆;5—后盖;
6—小弹簧;7—大弹簧; 8—拨销;9—控制阀芯;10—阀套;11—调节弹簧;
12—调节螺钉;13—活塞;14—最大摆角限位螺钉;15—配油盘;16—缸体

图 3-21 斜轴式柱塞泵的结构

达 40 MPa,甚至更高,一般用于工程机械、压力机等高压系统中。但其轴向尺寸较大,轴向作用力也较大,结构比较复杂。

3.5 液压泵的选用

液压泵是液压系统中提供一定流量和压力的油液动力元件,它是每个液压系统中不可缺少的核心元件。合理地选择液压泵对降低液压系统的能耗、提高系统的效率、降低噪声、改善工作性能和保证系统的可靠工作都十分重要。

选择液压泵的原则是:根据液压系统的工作需要、载荷性质、功率大小和对工作性能的其他要求,先确定液压泵的类型,然后按系统所要求的压力、流量大小确定其规格型号。

表 3-1 列出了液压系统中常用液压泵的主要性能。

一般来说,由于各类液压泵各自突出的特点,其结构、功用和运转方式各不相同,因此应根据不同的使用场合选择合适的液压泵。一般在机床液压系统中,往往选用双作用式叶片泵和限压式变量叶片泵;而在筑路机械、港口机械以及小型工程机械中,往往选择抗污染能力较强的齿轮泵;在负载大、功率大的场合往往选择柱塞泵。

表3-1 液压系统中常用液压泵的性能比较

性能	外啮合齿轮泵	双作用式叶片泵	限压式变量叶片泵	径向柱塞泵	轴向柱塞泵	螺杆泵
输出压力	低	中	中	高	高	低
流量调节	不能	不能	能	能	能	不能
效率	低	较高	较高	高	高	较高
输出流量脉动	很大	很小	一般	一般	一般	最小
自吸特性	好	较差	较差	差	差	好
对油的污染敏感性	不敏感	较敏感	较敏感	很敏感	很敏感	不敏感
噪声	大	小	较大	大	大	最小

习 题

1.液压泵要完成吸油和压油必须具备什么条件?

2.试述容积泵的工作原理。

3.何谓液压泵的排量、理论流量、实际流量?它们的关系怎样?

4.什么是齿轮泵的困油现象?有什么危害?怎样消除?

5.某液压泵的输出压力为5 MPa,排量为10 mL/r,机械效率为0.95,容积效率为0.9,当转速为1 200 r/min时,泵的输出功率和驱动泵的电动机驱动功率各为多少?

6.某液压泵的转速为950 r/min,排量为$V_p=168$ mL/r,在额定压力29.5 MPa作用下,测得的实际流量为150 L/min,额定工况下的总效率为0.87,求:

(1)泵的理论流量q_t;

(2)泵的容积效率η_v和机械效率η_m;

(3)泵在额定工况下所需电动机驱动功率P_i;

(4)驱动泵的转矩T_i。

第 4 章　液压执行元件

【学习目标】

1.知识目标

◇掌握液压马达和液压缸的性能参数、结构特点；

◇掌握液压马达的工作原理、类型、应用特点及图形符号；

◇掌握液压缸的功用、类型、原理及图形符号；

◇掌握液压缸的推力和运动速度的计算方法；

◇掌握液压泵的结构和工作原理。

2.能力目标

◇能正确拆装液压缸、分析其结构及特点；

◇能根据工作要求，选用合适的液压马达和液压缸的类型。

4.1　液压马达

4.1.1　液压马达的工作原理及分类

液压马达和液压泵在结构原理上基本相同，也是靠工作腔密封容积的变化而工作的。按转速、转矩范围分，有高速液压马达和低速液压马达。一般认为，额定转速在 500 r/min 以上的为高速液压马达，额定转速在 500 r/min 以下的为低速液压马达。高速液压马达有齿轮液压马达、叶片液压马达、轴向柱塞马达、螺杆马达等。低速液压马达有曲柄连杆式马达、静力平衡马达和多作用内曲线马达等。与液压泵类似，液压马达按排量能否改变可分为定量马达和变量马达。液压马达一般为双向旋转，也可以单向旋转。液压马达的图形符号如图 4-1 所示。

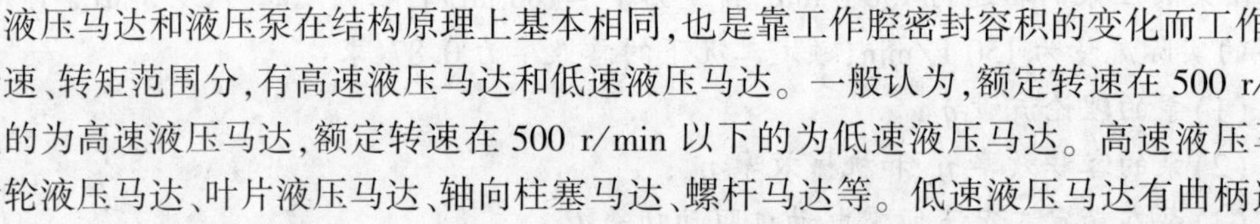

(a)单向定量液压马达　(b)双向定量液压马达　(c)单向变量液压马达　(d)双向变量液压马达

图 4-1　液压马达的图形符号

液压马达和液压泵在工作原理上是互逆的，当向泵输入压力油时，其轴输出转速和转矩就成为马达。但由于两者的任务和要求有所不同,故在实际结构上只有少数泵能作马达使用。

4.1.2 液压马达的性能参数

4.1.2.1 工作压力和额定压力

马达入口油液的实际压力称为马达的工作压力,其大小取决于马达的负载。马达入口压力和出口压力的差值称为马达的压差。在马达出口直接接油箱的情况下,为便于定性分析问题,通常近似认为马达的工作压力等于工作压差。

马达在正常工作条件下,按试验标准规定连续正常运转的最高压力称为马达的额定压力。

4.1.2.2 流量和排量

马达入口处的流量称为马达的实际流量 q_M。马达密封腔容积变化所需要的流量称为马达的理论流量 q_{Mt}。实际流量和理论流量之差即为马达的泄漏量 Δq_{Ml},则 $\Delta q_{Ml}=q_M-q_{Mt}$。

马达的排量 V 是指在没有泄漏的情况下,马达轴每转一周,由其密封腔几何尺寸变化所计算得到的排出液体的体积。

4.1.2.3 容积效率和转速

液压马达的理论流量 q_{Mt} 与实际流量 q_M 之比为马达的容积效率 η_{Mv},即

$$\eta_{Mv}=\frac{q_{Mt}}{q_M}=1-\frac{q_{Ml}}{q_M} \tag{4-1}$$

马达的输出转速等于理论流量 q_{Mt} 与排量 V 的比值,即

$$n=\frac{q_{Mt}}{V}=\frac{q_M}{V}\eta_{Mv} \tag{4-2}$$

4.1.2.4 转矩和机械效率

马达的输出转矩称为实际输出转矩 T_M。由于马达中存在机械摩擦,马达的实际输出转矩 T_M 小于理论输出转矩 T_{Mt}。若液压马达的转矩损失为 T_{Mf},则 $T_{Mf}-T_{Mt}-T_M$。

马达的实际输出转矩 T_M 与理论输出转矩 T_{Mt} 之比称为马达的机械效率 η_{Mm},即

$$\eta_{Mm}=\frac{T_M}{T_{Mt}}=1-\frac{T_{Mf}}{T_{Mt}} \tag{4-3}$$

设马达进出口的压差为 Δp,排量为 V,则马达的理论输出转矩的表达形式与泵的相同,即

$$T_{Mt}=\frac{\Delta pV}{2\pi} \tag{4-4}$$

马达的实际输出转矩为

$$T_M=\frac{\Delta pV}{2\pi}\eta_{Mm} \tag{4-5}$$

4.1.2.5 功率和总效率

马达的输入功率 P_{Mi} 为

$$P_{Mi} = \Delta p q_M \tag{4-6}$$

马达的输出功率 P_{Mo} 为

$$P_{Mo} = 2\pi n T_M \tag{4-7}$$

马达的总效率等于马达的输出功率 P_{Mo} 与输入功率 P_{Mi} 之比,即

$$\eta_M = \frac{P_{Mo}}{P_{Mi}} = \frac{2\pi n T_M}{\Delta p q_M} = \eta_{Mv}\eta_{Mm} \tag{4-8}$$

由式(4-8)可见,液压马达的总效率在形式上等同于液压泵的总效率,都等于机械效率与容积效率的乘积。

4.1.3　高速液压马达

4.1.3.1　齿轮液压马达

外啮合齿轮液压马达的工作原理如图 4-2 所示,图中Ⅰ为转矩输出齿轮,Ⅱ为空转齿轮,啮合点 C 至两齿轮中心的距离分别为 R_{C1} 和 R_{C2}。当高压油 p_g 进入马达的高压腔时,处于高压腔内的所有轮齿都受到压力油的作用,由于 $R_{e1}>R_{C1}$,$R_{e2}>R_{C2}$,所以相互啮合的两个齿面只有一部分处于高压腔。这样两个齿轮处于高压腔的两个齿面所受到的切向液压力,对各齿轮轴的力矩是不平衡的。两个齿轮各自受到不平衡的切向液压力,分别形成了力矩 T_1'、T_2';同理,处于低压腔的各齿面所受到的低压液压力也是不平衡的,对两齿轮轴分别形成了反方向的力矩 T_1''、T_2''。此时齿轮Ⅰ上的不平衡力矩 $T_1=T_1'-T_1''$,齿轮Ⅱ上的不平衡力矩 $T_2=T_2'-T_2''$。所以,在马达输出轴上产生了总转矩 $T=T_1+T_2\dfrac{R_1}{R_2}$($R_1$、$R_2$ 为齿轮Ⅰ和Ⅱ的节圆直径),从而克服负载力矩而按图 4-2 中箭头所示方向旋转。随着齿轮的旋转,高压腔油液被带到低压腔排出。齿轮液压马达的排量公式同齿轮泵。

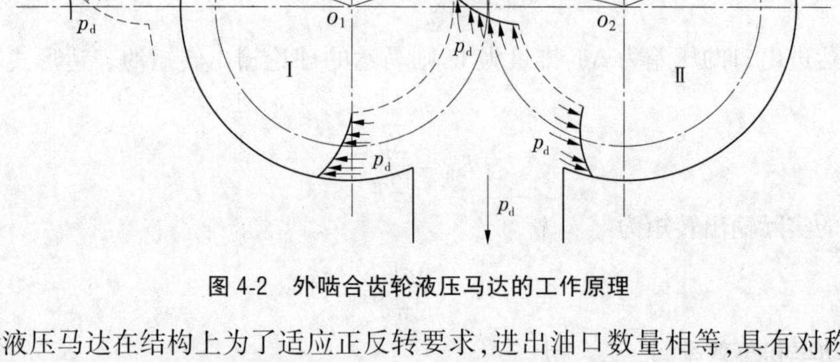

图 4-2　外啮合齿轮液压马达的工作原理

齿轮液压马达在结构上为了适应正反转要求,进出油口数量相等,具有对称性,有单独外泄口将轴承部分的泄漏油引出壳体外;为了减少启动摩擦力矩,采用滚动轴承;为了

减少转矩脉动,齿轮液压马达的齿数比泵的齿数要多。

齿轮液压马达由于密封性差,容积效率较低,输入油压力不能过高,不能产生较大的转矩,并且瞬间转速和转矩随着啮合点位置的变化而变化,因此齿轮液压马达仅适合高速小转矩的场合。一般用于工程机械、农业机械以及对转矩均匀性要求不高的机械设备上。

4.1.3.2 叶片液压马达

如图 4-3 所示为双作用式叶片液压马达的工作原理。当压力油通入压油腔后,在叶片 1、3 或 5、7 上,一面作用有压力油,另一面则无压力油,由于叶片 1、5 受力面积大于叶片 3、7,叶片受力不平衡使转子产生转矩。叶片液压马达的输出转矩与液压马达的排量和液压马达进、出油口之间的压差有关,其转速由输入液压马达的流量大小来决定。如果改变压力油的输出方向,马达便反向旋转。

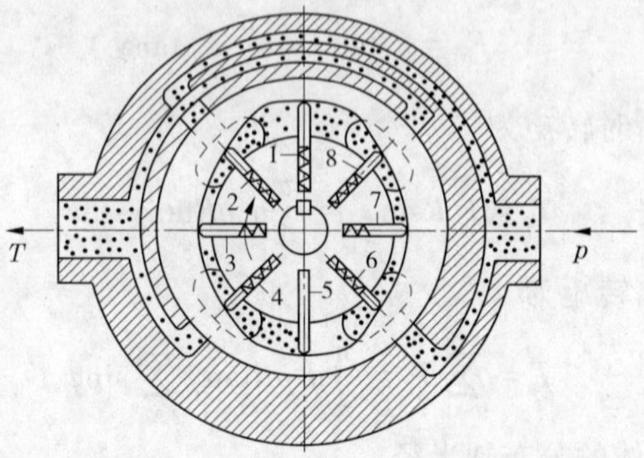

1、2、3、4、5、6、7、8—叶片

图 4-3 双作用式叶片液压马达的工作原理

为了适应马达正反转要求,叶片液压马达的叶片应径向放置。为了使叶片底部始终通入高压油,在高、低压腔通入叶片底部的通路上装有梭阀。为了保证叶片液压马达在压力油通入后高、低压不致串通并能正常启动,在叶片底部设置了预紧弹簧——燕式弹簧。

叶片液压马达结构紧凑,转动惯量小,反应灵敏,能适应较高频率的换向,但泄漏较大,低速时不够稳定。它适用于转动惯量小、转速高、机械性能要求不严格的场合。

4.1.3.3 轴向柱塞马达

轴向柱塞马达的工作原理如图 4-4 所示。当压力油输入液压马达时,处于压力腔的柱塞 2 被顶出,压在斜盘 1 上。设斜盘 1 作用在柱塞 2 上的反力为 F_N,F_N 可分解为轴向分力 F_a 和垂直于轴向的分力 F_r。其中,轴向分力 F_a 和作用在柱塞后端的液压力相平衡,垂直于轴向的分力 F_r 使缸体 3 产生转矩。当液压马达的进、出油口互换时,马达将反向转动。当改变马达斜盘的倾角时,马达的排量便随之改变,从而可以调节输出转速或转矩。

从图 4-4 可以看出,当压力油输入液压马达后,所产生的轴向分力 F_a 为

$$F_a = \frac{\pi}{4}d^2 p \tag{4-9}$$

使缸体 3 产生转矩的垂直分力为

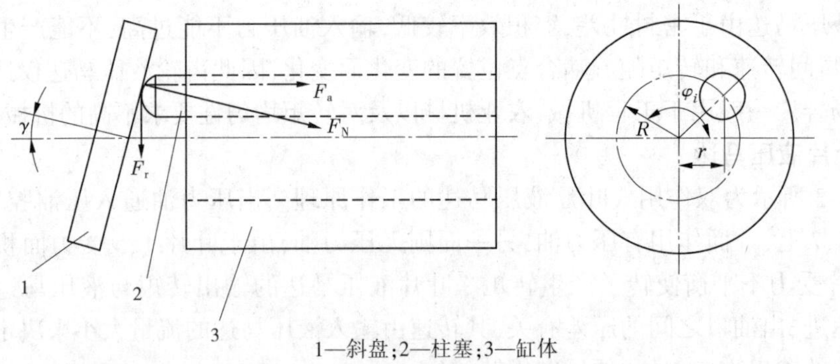

1—斜盘;2—柱塞;3—缸体

图 4-4　轴向柱塞马达的工作原理

$$F_r = F_a \tan\gamma = \frac{\pi}{4} d^2 p \tan\gamma \tag{4-10}$$

单个柱塞产生的瞬时转矩为

$$T_i = F_r R \sin\varphi_i = \frac{\pi}{4} d^2 p R \tan\gamma \sin\varphi_i \tag{4-11}$$

液压马达总的输出转矩为

$$T = \sum_{i=1}^{N} T_i = \frac{\pi}{4} d^2 p R \tan\gamma \sum_{i=1}^{N} \sin\varphi_i \tag{4-12}$$

式中　R——柱塞在缸体的分布圆半径;

d——柱塞直径;

φ_i——柱塞的方位角;

N——压力腔半圆内的柱塞数。

可以看出,液压马达总的输出转矩等于处在马达压力腔半圆内各柱塞瞬时转矩的总和。由于柱塞的瞬时方位角呈周期性变化,液压马达总的输出转矩也呈周期性变化,所以液压马达输出的转矩是脉动的,通常只计算马达的平均转矩。

轴向柱塞马达与轴向柱塞泵在原理上是互逆的。但也有一部分轴向柱塞泵为防止柱塞腔在高低压转换时产生压力冲击而采用非对称配油盘,以及为提高泵的吸油能力而使泵的吸油口尺寸大于排油口尺寸。这些结构形式的泵就不适合用作液压马达。因为液压马达经常要求正、反向旋转,内部结构要求对称。

4.1.4　低速液压马达

低速液压马达通常是径向柱塞式,其特点是排量大、体积大、低速稳定性好(一般可在 10 r/min 以下平稳运转,有的可低到 0.5 r/min 以下),因此可以直接与工作机构连接,不需要减速装置,使传动结构大为简化。低速液压马达输出扭矩大,可达几千牛 · 米到几万牛 · 米,所以又称为低速大扭矩液压马达。由于上述特点,低速大扭矩液压马达广泛用于起重、运输、建筑、矿山和船舶等机械上。

低速液压马达按每转作用次数,可分单作用式和多作用式。若马达每旋转一周,柱塞作一次往复运动,称为单作用式;若马达每旋转一周,柱塞作多次往复运动,称为多作用式。低速液压马达的基本形式有三种，分别是曲柄连杆式马达、静力平衡马达和多作用内曲线马达。

4.1.5　各类液压马达的性能比较及其选用

选择液压马达时，应根据液压系统所确定的压力、排量、设备结构尺寸、使用要求、工作环境等合理选定马达的具体类型和规格。

若工作机构速度高、负载小，宜选用齿轮液压马达或叶片液压马达；当速度平稳性要求高时，选用双作用叶片马达；当负载较大时，则宜选用轴向柱塞马达。若工作机构速度低、负载大，则有两种方案可供选择：一种是用高速小扭矩马达，配合减速装置来驱动工作机构；另一种是选用低速大扭矩马达，直接驱动工作机构。到底选用哪种方案，要经过技术经济比较才能确定。常用液压马达的性能比较见表 4-1，供选用时参考。

表 4-1　常用液压马达的性能比较

类型	压力	排量	转速	扭矩	性能及适用工况
齿轮液压马达	中低	小	高	小	结构简单，价格低，抗污染性好，效率低，用于负载扭矩不大、速度平稳性要求不高、噪声限制不大及环境粉尘较大的场合
叶片液压马达	中	小	高	小	结构简单，噪声和流量脉动小，适于负载扭矩不大、速度平稳性和噪声要求较高的场合
轴向柱塞马达	高	小	高	较大	结构复杂，价格高，抗污染性差，效率高，可变量，用于高速运转、负载较大、速度平稳性要求较高的场合
曲柄连杆式径向柱塞马达	高	大	低	大	结构复杂，价格高，低速稳定性和启动性能较差，适用于负载扭矩大、速度低（5～10 r/min）、对运动平稳性要求不高的场合
静力平衡马达	高	大	低	大	结构复杂，价格高，尺寸比曲柄连杆式径向柱塞马达小，适用于负载扭矩大、速度低（5 ～10 r/min）、对运动平稳性要求不高的场合
内曲线径向柱塞马达	高	大	低	大	结构复杂，价格高，径向尺寸较大，低速稳定性和启动性能好，适用于负载扭矩大、速度低（0～40 r/min）、对运动平稳性要求高的场合，用于直接驱动工作机构

4.2　液压缸

液压缸既是液压传动系统中常用的执行元件，也是一种实现能量转换的元件，它可以将油液的压力能转换为机械能，从而实现执行机构的往复直线运动或摆动，输出力或扭矩。

4.2.1 液压缸的分类

液压缸按其结构形式,分为直线运动液压缸(如活塞缸、柱塞缸等)和摆动缸。直线运动液压缸可实现往复直线运动,输出推力(或拉力)和线速度。摆动缸可实现小于360°的往复摆动,输出转矩和角速度。按照作用方式不同,液压缸可分为单作用式和双作用式。

下面分别介绍几种常用的液压缸。

4.2.1.1 活塞缸

活塞缸根据其使用要求不同可分为双杆式和单杆式两种。

1.双杆式活塞缸

双杆式活塞缸中活塞两端都有一根直径相等的活塞杆伸出。根据安装方式不同,双杆式活塞缸可分为缸筒固定式和活塞杆固定式两种。图4-5(a)所示为缸筒固定式的双杆式活塞缸。它的进、出油口布置在缸筒两端,活塞通过活塞杆带动工作台移动。当活塞的有效行程为 L 时,整个工作台的运动范围为 $3L$,所以机床占地面积大,一般适用于小型机床。当工作台行程要求较长时,可采用图4-5(b)所示的活塞杆固定式的双杆式活塞缸,缸体与工作台相连,活塞杆通过支架固定在机床上,动力由缸体传出,工作台的移动范围只等于液压缸有效行程 L 的2倍,因此占地面积小。进、出油口可以设置在固定不动的空心活塞杆的两端,但必须使用软管连接。

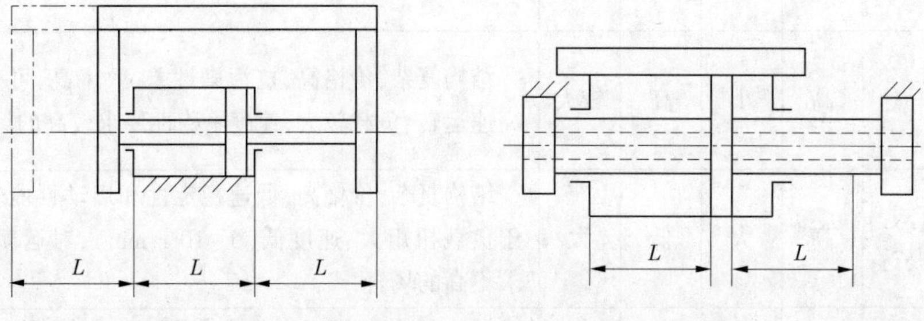

图4-5 双杆式活塞缸

由于双杆式活塞缸两端的活塞杆直径通常是相等的,因此其左、右两腔的有效面积也相等。当分别向左、右两腔输入相同压力和相同流量的油液时,液压缸左、右两个方向的推力和速度相等。设活塞的直径为 D,活塞杆的直径为 d,液压缸进、出油腔的工作压力为 p_1 和 p_2,输入流量为 q,则双杆式活塞缸的推力 F 和速度 v 为

$$F = A(p_1 - p_2) = \pi(D^2 - d^2)(p_1 - p_2)/4 \tag{4-13}$$

$$v = q/A = 4q/[\pi(D^2 - d^2)] \tag{4-14}$$

式中 d——活塞杆直径;

D——活塞直径;

p_1、p_2——液压缸进、出油腔的工作压力;

q——输入液压缸的流量。

双杆式活塞缸在工作时,设计成一个活塞杆受拉,而另一个活塞杆不受力,因此这种液压缸的活塞杆可以做得细些。

2.单杆式活塞缸

如图 4-6 所示,活塞只有一端带活塞杆,单杆式活塞缸也有缸体固定式和活塞杆固定式两种,但它们的工作台移动范围都是活塞有效行程的 2 倍。

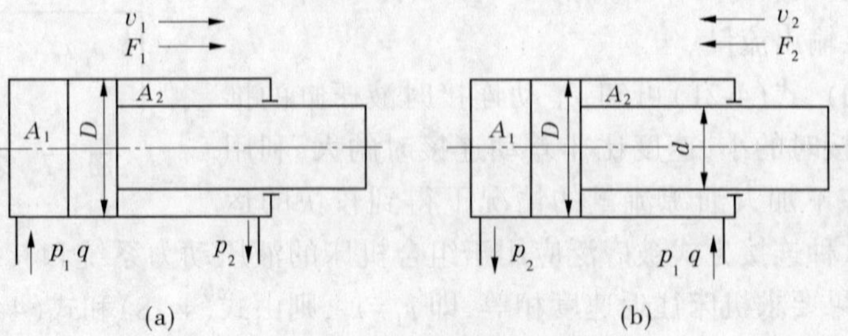

图 4-6 单杆式活塞缸

由于液压缸两腔的有效工作面积不等,因此它在两个方向上的输出推力和速度也不等,其值分别为

$$F_1 = p_1A_1 - p_2A_2 = \pi[(p_1 - p_2)D^2 + p_2d^2]/4 \tag{4-15}$$

$$v_1 = q/A_1 = 4q/(\pi D^2) \tag{4-16}$$

$$F_2 = p_1A_1 - p_2A_2 = \pi[(p_1 - p_2)D^2 - p_2d^2]/4 \tag{4-17}$$

$$v_2 = q/A_2 = 4q/[\pi(D^2 - d^2)] \tag{4-18}$$

式中 d——活塞杆直径;

D——活塞直径;

p_1——液压缸的工作压力;

q——输入液压缸的流量。

由式(4-15)~式(4-18)可知,由于 $A_1>A_2$,所以 $F_1>F_2$,$v_1<v_2$。如果把两个方向上的输出速度 v_2 和 v_1 之比称为速度比,记作 λ,则

$$\lambda = v_2/v_1 = 1/(1 - d^2/D^2) \tag{4-19}$$

因此,活塞杆直径越小,λ 越接近于 1,活塞两个方向上的速度差值也就越小。如果活塞杆较粗,活塞沿两个方向运动的速度差值就较大,可用于快速退回运动。在已知 D 和 λ 的情况下,可以较方便地确定 d。

3.差动液压缸

如果将单杆式活塞缸的左、右两腔用油管连通并同时通入高压油,即成差动连接,如图 4-7 所示。作差动连接的单杆式液压缸称为差动液压缸。开始工作时差动液压缸左、右两腔的油液压力相同,但是由于左腔(无杆腔)的有效面积大于右腔(有杆腔)的有效面积,故活塞向右运动,同时右腔中排出的油液(流量为 q')也进入左腔,加大了流入左腔的流量($q+q'$),从而也加快了活塞移动的速度。实际上活塞在运动时,由于差动连接时两腔之间的管路中有压力损失,所以右腔中油液的压力稍大于左腔中油液的压力,而这个差值一般都较小,可以忽略不计,则差动连接时活塞推力 F_3 和运动速度 v_3 为

$$F_3 = p_1(A_1 - A_2) = \pi d^2 p_1/4 \quad (4\text{-}20)$$

$$v_3 = \frac{q + q'}{A_1} = \frac{4q}{\pi d^2} \quad (4\text{-}21)$$

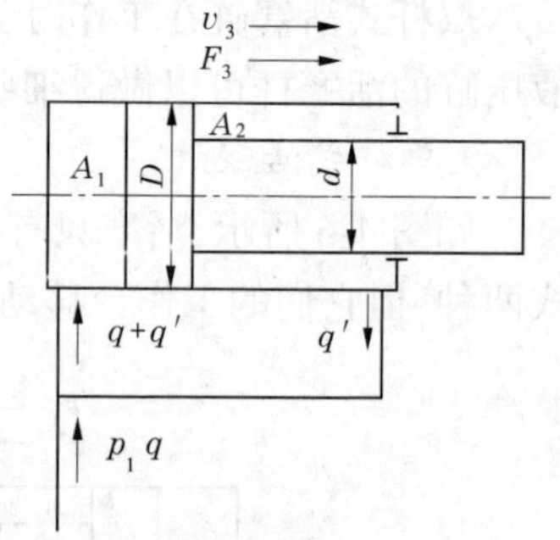

图 4-7　差动液压缸

式中　d——活塞杆直径；

D——活塞直径；

p_1——液压缸的工作压力；

q——泵输出流量。

由式(4-20)、式(4-21)可知,差动连接时液压缸的推力比非差动连接时的小,速度比非差动连接时的大,利用这一点,可使在不加大油源流量的情况下得到较快的运动速度,因此这种连接方式被广泛应用于组合机床的液压动力系统和其他机械设备的快速运动中。如果要求机床往返速度相等,即 $v_1 = v_3$,则由式(4-18)和式(4-21)可得

$$D = \sqrt{2}\,d \quad (4\text{-}22)$$

4.2.1.2　**柱塞缸**

图 4-8(a)所示为柱塞缸,它只能实现一个方向的液压传动,反向运动要靠外力。若需要实现双向运动,则必须成对使用,如图 4-8(b)所示。这种液压缸中的柱塞和缸筒互不接触,运动时由缸盖上的导向套来导向,因此缸筒的内壁不需精加工,它特别适用于行程较长的场合。

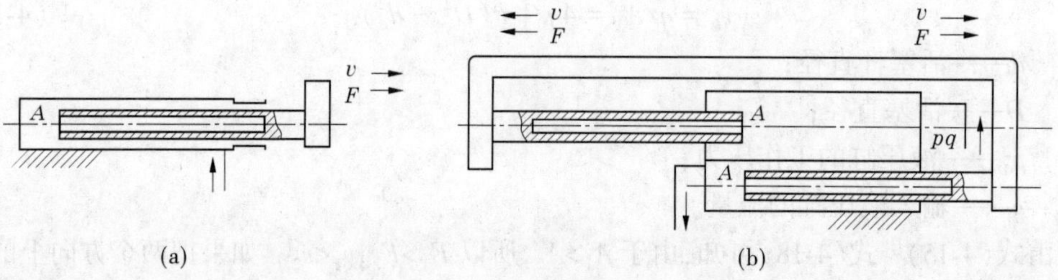

图 4-8　柱塞缸

柱塞缸输出的推力和速度各为

$$F = pA = \pi d^2 p/4 \quad (4\text{-}23)$$

$$v = \frac{q}{A} = \frac{4q}{\pi d^2} \quad (4\text{-}24)$$

式中　d——柱塞直径；

p——输入柱塞缸的压力；

q——输入柱塞缸的流量。

4.2.1.3　**其他液压缸**

1.增压液压缸

增压液压缸又称增压器,它利用活塞和柱塞有效面积的不同使液压系统中的局部区域获得高压。它有单作用和双作用两种形式,单作用式增压缸的工作原理如图 4-9(a)所

示。输入活塞缸的液体压力为 p_1,活塞直径为 D,柱塞直径为 d,柱塞缸中输出的液体压力为高压,其值为

$$p_2 = p_1\left(\frac{D}{d}\right)^2 = Kp_1 \tag{4-25}$$

式中,$K=D^2/d^2$,称为增压比,它代表增压程度。

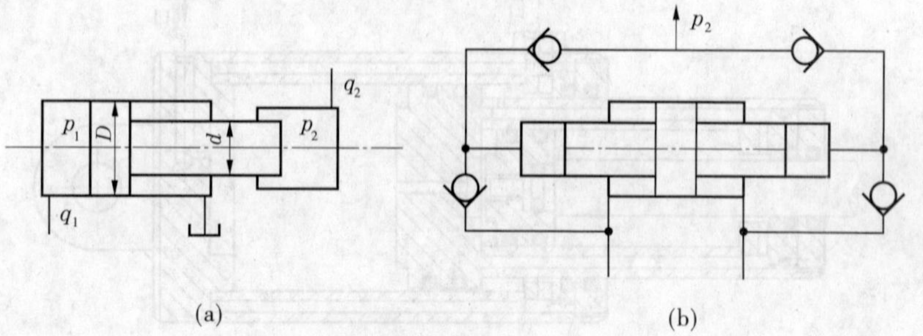

图 4-9 增压缸

显然增压能力是在降低有效能量的基础上得到的,也就是说,增压缸仅仅是增大输出的压力,并不能增大输出的能量。

单作用式增压缸在柱塞运动到终点时,不能再输出高压液体,只有将活塞退回到左端位置,再向右行时才能输出高压液体。为了克服这一缺点,可采用双作用式增压缸,如图 4-9(b)所示,由两个高压端连续向系统供油。

在液压系统中,若整个系统需要低压,而局部需要高压,为节省一个高压泵,则可使用增压缸。

2.伸缩缸

伸缩缸由两个或多个活塞缸套装而成,前一级活塞缸的活塞杆内孔是后一级活塞缸的缸筒,伸出时可获得很长的工作行程,缩回时可保持很小的结构尺寸。典型伸缩缸叠合后的长度在其伸出长度的 20%~40%内变化。所以,当安装空间受限制而应用场合又需要长行程时,伸缩缸是最佳的解决方案。

伸缩缸可以是如图 4-10(a)所示的单作用式,也可以是如图 4-10(b)所示的双作用式,前者靠外力回程,后者靠液压回程。图 4-10(c)所示是双作用式伸缩缸结构示意图。

伸缩缸的外伸动作是逐级进行的。先是最大直径的缸筒以最低的油液压力开始外伸,当到达行程终点后,稍小直径的缸筒开始外伸,直径最小的末级最后伸出。随着工作级数变大,外伸缸筒直径越来越小,输出推力逐渐减小,工作速度逐渐加大。

3.齿轮缸

齿轮缸由两个柱塞缸和一套齿条传动装置组成,如图 4-11 所示。压力油推动柱塞作直线运动,经齿轮齿条传动装置将直线运动变成齿轮的转动,用于实现工作部件的往复摆动或间歇进给运动。

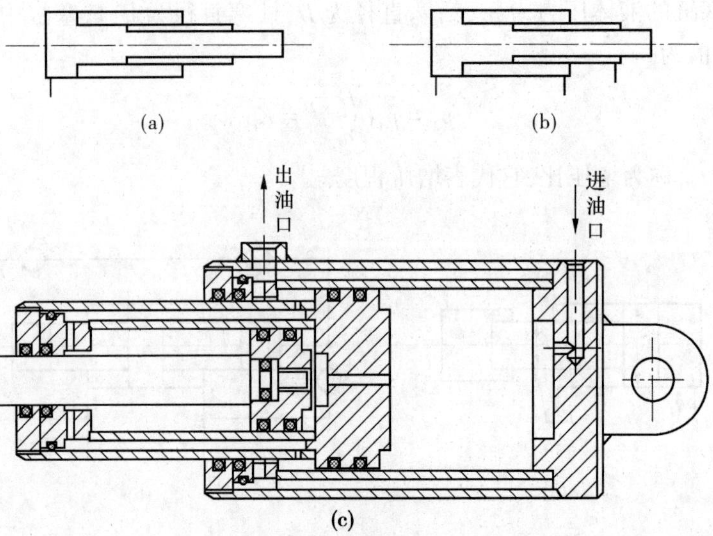

图 4-10　伸缩缸

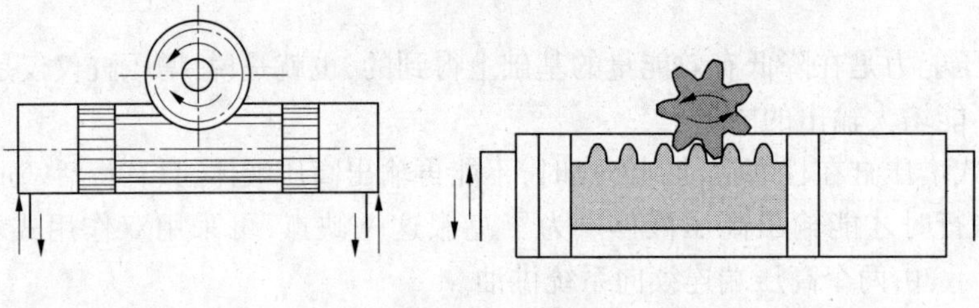

图 4-11　齿轮缸

4.2.2　液压缸的结构

4.2.2.1　液压缸的典型结构举例

图 4-12 所示的是一个较常用的双作用式单活塞杆液压缸。它是由缸底 1、缸筒 11、缸盖 15、活塞 8、活塞杆 12、导向套 13 和密封装置等零件组成的。缸筒一端与缸底焊接，另一端与缸筒用螺钉连接，以便拆装检修，两端设有油口 A 和 B。活塞 8 与活塞杆 12 利用半环 5、挡环 4 和弹簧卡圈 3 组成的半环式结构连接在一起。活塞与缸孔的密封采用的是一对 Y 形聚氨酯密封圈 6。由于活塞与缸孔有一定间隙，采用由尼龙 1010 制成的耐磨环（又叫支承环）9 定心导向。活塞杆 12 和活塞 8 的内孔用 O 形密封圈 10 密封。较长的导向套 13 则可保证活塞杆不偏离中心，导向套外径用 O 形密封圈 14 密封，而其内孔则由 Y 形密封圈 16 和防尘圈 19 分别防止油外漏和将灰尘带入缸内。缸通过杆端销孔与外界连接，销孔内有尼龙衬套抗磨。

4.2.2.2　液压缸的组成

从上面所述的液压缸典型结构中可以看到，液压缸基本上由缸筒和缸盖、活塞与活塞杆、密封装置、缓冲装置和排气装置五部分组成，分述如下。

1.缸筒和缸盖

一般来说，缸筒和缸盖的结构形式和其使用的材料有关。工作压力 $p<10$ MPa 时，使

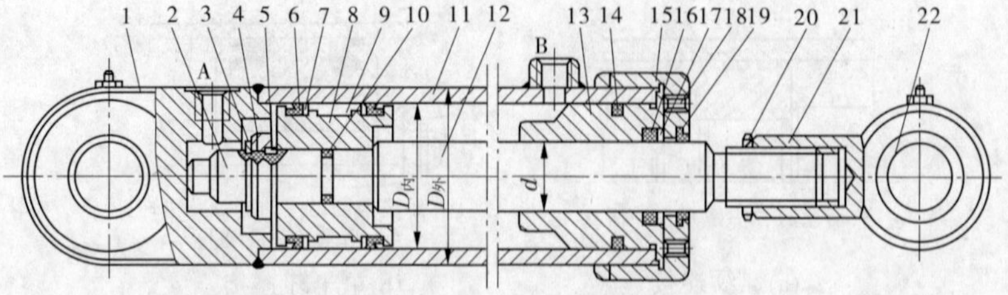

1—缸底;2—缓冲柱塞;3—弹簧卡圈;4—挡环;5—半环;6、10、14、16—密封圈;
7—挡圈;8—活塞;9—支承环;11—缸筒;12—活塞杆;13—导向套;15—缸盖;
17—挡圈;18—锁紧螺钉;19—防尘圈;20—锁紧螺母;21—耳环;22—耳环衬套圈

图 4-12　双作用式单活塞杆液压缸

用铸铁;10 MPa≤p≤20 MPa 时,使用无缝钢管;p>20 MPa 时,使用铸钢或锻钢。

图 4-13 所示为缸筒和缸盖的常见结构形式。图 4-13(a)所示为法兰连接式,结构简单,容易加工,也容易装拆,但外形尺寸和质量都较大,常用于铸铁制的缸筒上。图 4-13(b)所示为半环连接式,它的缸筒外壁因开了环形槽而削弱了强度,为此有时要加厚缸壁。它容易加工和装拆,质量较轻,常用于无缝钢管或锻钢制的缸筒上。图 4-13(c)所示为螺纹连接式,它的缸筒端部结构复杂,外径加工时要求保证内外径同心,装拆要使用专用工具。它的外形尺寸和质量都较小,常用于无缝钢管或铸钢制的缸筒上。图 4-13(d)所示为拉杆连接式,结构的通用性大,容易加工和装拆,但外形尺寸较大,且较重。图 4-13(e)所示为焊接连接式,结构简单,尺寸小,但缸底处内径不易加工,且可能引起变形。

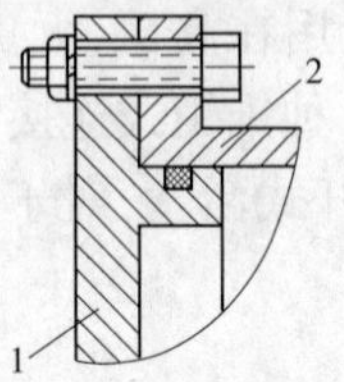

(a)法兰连接式

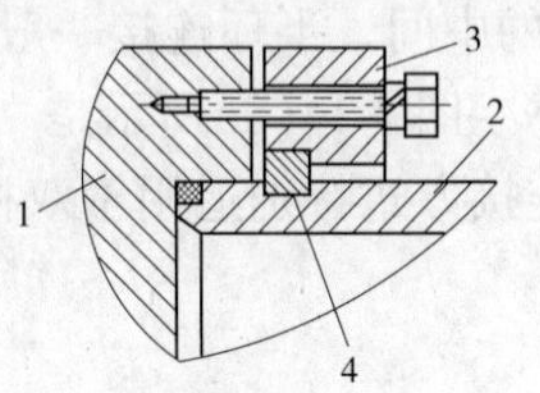

(b)半环连接式

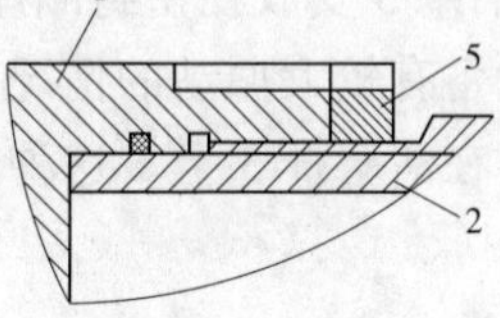

(c)螺纹连接式

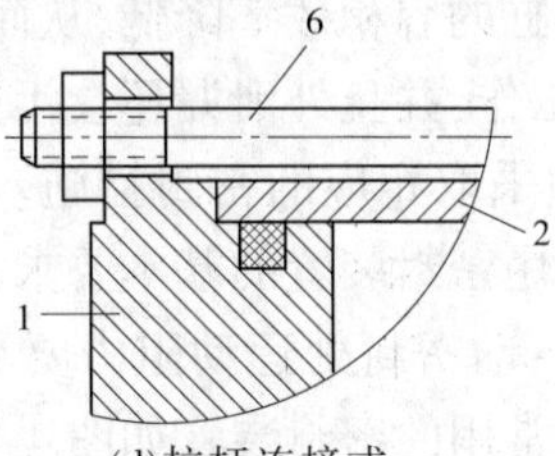

(d)拉杆连接式

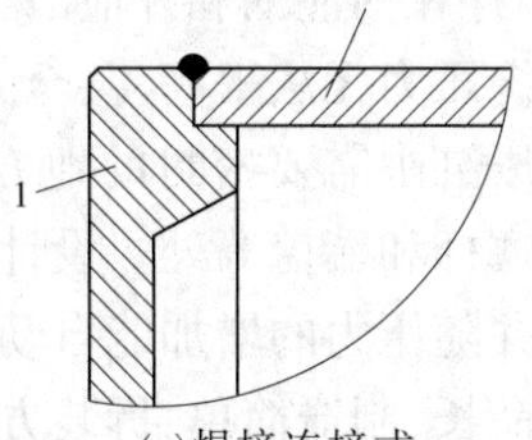

(e)焊接连接式

1—缸盖;2—缸筒;3—压板;4—半环;5—防松螺帽;6—拉杆

图 4-13　缸筒和缸盖的常见结构形式

2.活塞与活塞杆

可以把短行程的液压缸的活塞杆与活塞做成一体,这是最简单的形式。但当行程较长时,这种整体式活塞组件的加工较复杂,所以常把活塞与活塞杆分开制造,然后连接成一体。图 4-14 所示为几种常见的活塞与活塞杆的连接形式。

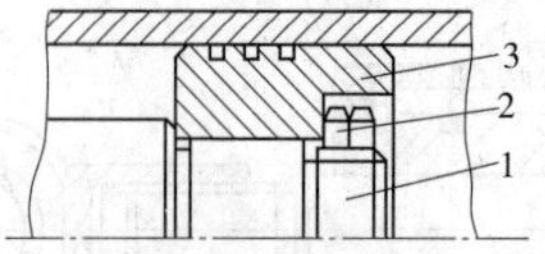

1—活塞杆;2—螺母;3—活塞

(a)螺纹连接

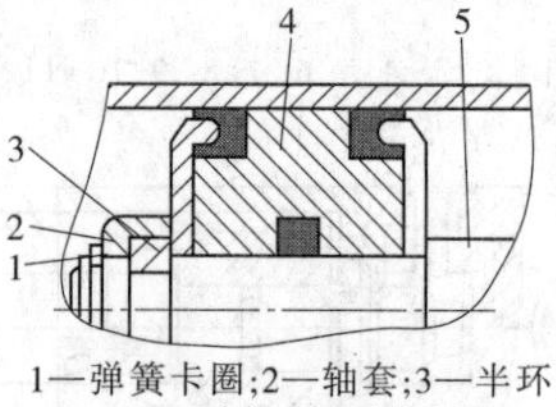

1—弹簧卡圈;2—轴套;3—半环;
4—活塞;5—活塞杆

(b)单半环连接

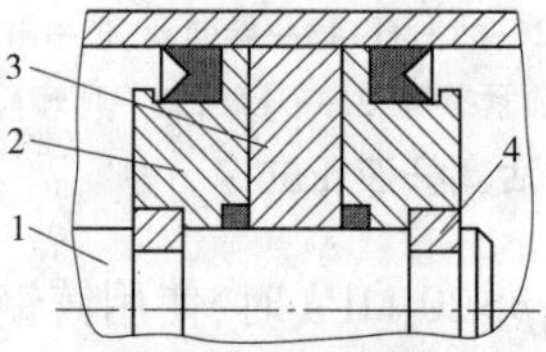

1—活塞杆;2—密封圈座;
3—活塞;4—半环

(c)双半环连接

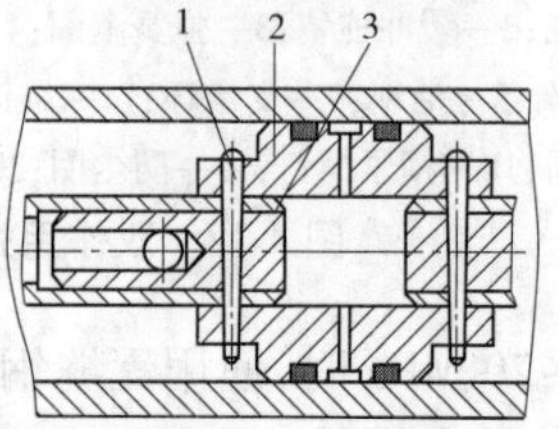

1—锥销;2—活塞;3—活塞杆

(d)锥销连接

图 4-14　常见的活塞与活塞杆的连接形式

如图 4-14(a)所示,活塞与活塞杆之间采用螺纹连接,它适用于负载较小、受力无冲击的液压缸中。螺纹连接虽然结构简单,安装方便可靠,但在活塞杆上车螺纹将削弱其强度。图 4-14(b)、(c)所示为半环式连接方式。图 4-14(b)中活塞杆 5 上开有一个环形槽,槽内装有两个半环 3,以夹紧活塞 4,半环 3 用轴套 2 套住,而轴套 2 的轴向位置用弹簧卡圈 1 来固定。图 4-14(c)中的活塞杆使用了两个半环 4,它们分别用两个密封圈座 2 套住,半圆形的活塞 3 安放在密封圈座的中间。半环连接一般用在高压、大负荷的场合,特别是在工作设备有较大振动的情况下。图 4-14(d)所示是一种锥销式连接结构,用锥销 1 把活塞 2 固连在活塞杆 3 上。这种连接方式特别适用于双杆式活塞,对于轻载的磨床更为适宜。

3.密封装置

液压缸高压腔中的油液向低压腔泄漏称为内泄漏,液压缸中的油液向外部泄漏称为外泄漏。由于液压缸存在内泄漏和外泄漏,液压缸的容积效率降低,从而影响液压缸的工作性能,严重时使系统压力无法提高,甚至无法工作,并且外泄漏还会污染环境,因此为了防止泄漏的产生,液压缸中需要密封的地方必须采取相应的密封措施。液压缸中需要密封的部位有活塞、活塞杆和端盖等处。设计和选用密封装置的基本要求是:密封装置应具有良好的密封性能,并随压力的增加能自动提高;动密封处运动阻力要小;密封装置要耐油、抗腐蚀、耐磨、寿命长、制造简单、拆装方便。常用的密封装置如图 4-15 所示。

1)间隙密封

如图 4-15(a)所示,它是依靠两运动件配合面间保持一很小的间隙,使其产生液体摩擦阻力来防止泄漏的一种密封方法。它的结构简单,摩擦阻力小,可耐高温,但泄漏大,加工要求高,磨损后无法恢复原有能力,只有在尺寸较小、压力较低、相对运动速度较高的缸筒和活塞间使用。

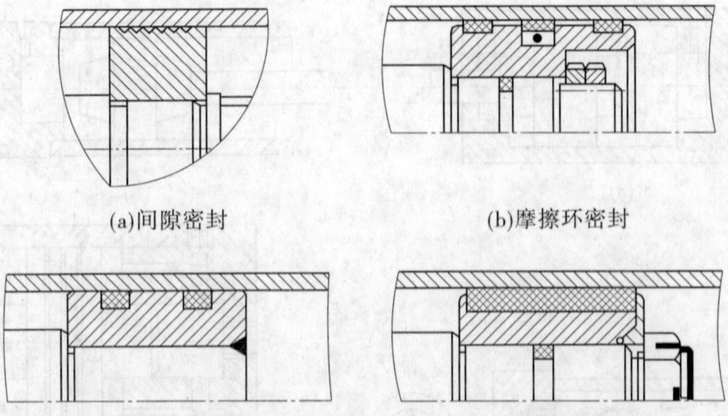

(a)间隙密封 (b)摩擦环密封

(c)密封圈密封1 (d)密封圈密封2

图 4-15 常用的密封装置

2)摩擦环密封

如图 4-15(b)所示,它依靠套在活塞上的摩擦环(尼龙或其他高分子材料制成)在 O 形密封圈弹力作用下贴紧缸壁而防止泄漏。这种材料效果较好,摩擦阻力较小且稳定,可耐高温,磨损后有自动补偿能力,但加工要求高,装拆较不便,适用于缸筒和活塞之间的密封。

3)密封圈(O 形圈、Y 形圈、V 形圈等)密封

图 4-15(c)、(d)所示为密封圈密封,它利用橡胶或塑料的弹性使各种截面的环形圈贴紧在静、动配合面之间来防止泄漏。它结构简单,制造方便,磨损后有自动补偿能力,性能可靠,在缸筒和活塞之间、缸盖和活塞杆之间、活塞和活塞杆之间、缸筒和缸盖之间都能使用。

4)防尘圈

由于活塞杆外伸部分很容易把脏物带入液压缸,使油液受污染、密封件磨损,因此常需在活塞杆密封处增添防尘圈,并放在向着活塞杆外伸的一端,如图 4-12 所示。

4.缓冲装置

液压缸一般都设置缓冲装置,特别是对大型、高速或要求高的液压缸。为了防止活塞在行程终点时和缸盖相互撞击,引起噪声、冲击,则必须设置缓冲装置。缓冲装置的工作原理是:利用活塞和缸筒在其走向行程终端时封住活塞和缸盖之间的部分油液,强迫它从小孔或细缝中挤出,以产生很大的阻力,使工作部件受到制动,逐渐减慢运动速度,达到避免活塞和缸盖相互撞击的目的。常见缓冲装置的结构有环状间隙式、节流口面积可变式和节流口面积可调式等,如图 4-16 所示。

1)环状间隙式缓冲装置

如图 4-16(a)所示,当缓冲柱塞进入与其相配的缸盖上的内孔时,孔中的液压油只能通过间隙 δ 排出,使活塞速度降低。图 4-16(b)中活塞设计成锥形,使间隙逐渐减小,从而使阻力逐渐增大,缓冲效果更好。

2)节流口面积可变式缓冲装置

如图 4-16(c)所示,在缓冲柱塞上开有三角槽,随着柱塞逐渐进入配合孔中,其节流面积越来越小,使活塞运动速度逐渐减慢,从而实现制动缓冲。

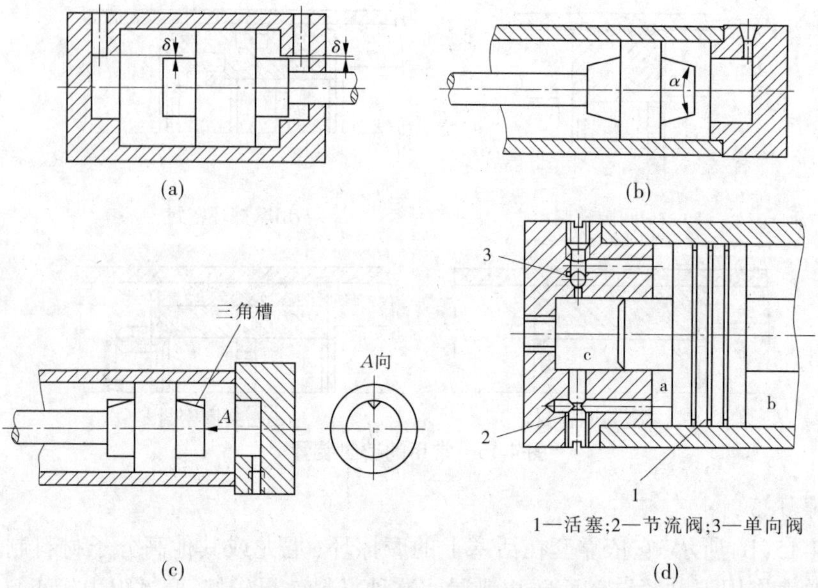

图 4-16　液压缸的缓冲装置

3)节流口面积可调式缓冲装置

如图 4-16(d)所示,在端盖上装有节流阀,当缓冲凸台进入凹腔 c 后,活塞与端盖(a 腔)间的油液经节流阀 2 的开口流入 c 腔而排出,于是回油阻力增大,形成缓冲液压阻力,使活塞运动速度减慢,从而实现制动缓冲。节流阀 2 的开口可根据负载情况调节,从而改变缓冲的速度。当活塞 1 反向运动时,压力油由 c 腔经单向阀 3 进入 a 腔,使活塞迅速启动。

5.排气装置

液压缸在安装过程中或长时间停放重新工作时,液压缸和管道系统中会渗入空气。为了防止执行元件出现爬行、噪声和发热等不正常现象,需把液压缸和管道系统中的空气排出。一般可在液压缸的最高处设置进、出油口把气带走,也可在最高处设置如图 4-17(a)所示的排气孔或如图 4-17(b)、(c)所示的排气阀。

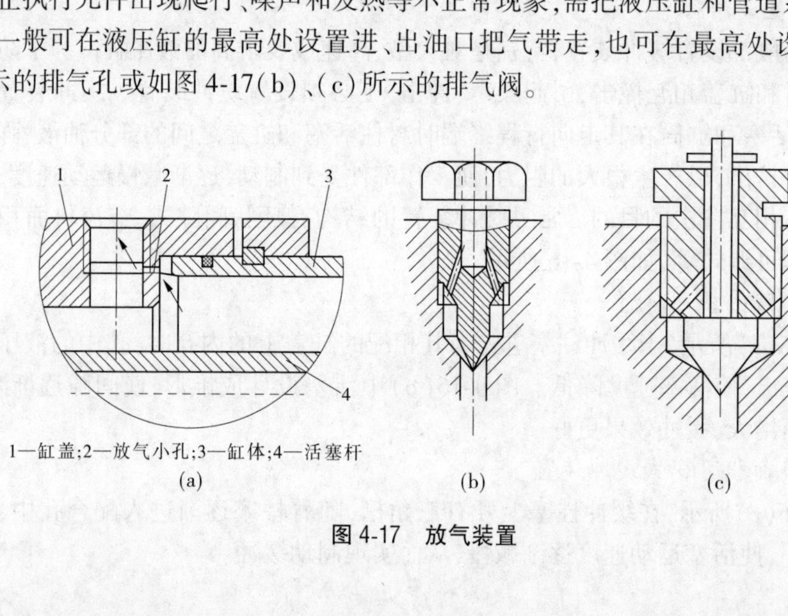

图 4-17　放气装置

习　题

1.液压缸有何功用？按其结构不同主要分为哪几类？

2.已知某液压马达的排量 $V=250$ mL/r，液压马达入口压力 $P_1=10.5$ MPa，出口压力 $P_2=1.0$ MPa，其总效率 $\eta_m=0.9$，容积效率 $\eta_v=0.92$。当输入流量 $q=22$ L/min 时，试求液压马达的实际转速 n 和液压马达的输出转矩 T。

3.如图 4-18 所示，各液压缸的供油压力 $p=2$ MPa，供油流量 $q=30$ L/min，图中面积 $A_1=100\ \text{cm}^2$，$A_2=50\ \text{cm}^2$，不计容积损失和机械损失，试确定各液压缸的运动方向、运动速度和推力。

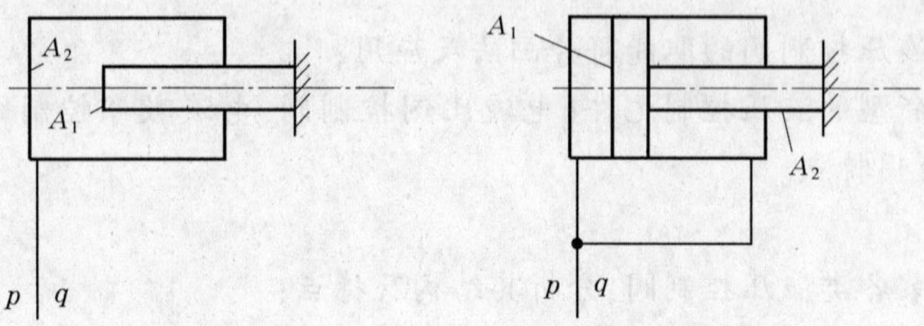

(a)柱塞缸　　(b)差动液压缸

图 4-18

4.某一差动液压缸，要求：①$v_{快进}=v_{快退}$；②$v_{快进}=2v_{快退}$，求活塞面积 A_1 和活塞杆面积 A_2 之比。

5.图 4-19 所示为两结构尺寸相同的液压缸，其有效作用面积 $A_1=100\ \text{cm}^2$，$A_2=80\ \text{cm}^2$，$p_1=1$ MPa，液压泵的流量 $q_1=12$ L/min，若不计摩擦损失和泄漏，试求：

(1)两缸负载相同时，两缸的负载和速度各为多少？

(2)缸 1 不受负载时，缸 2 能承受多少负载？

(3)缸 2 不受负载时，缸 1 能承受多少负载？

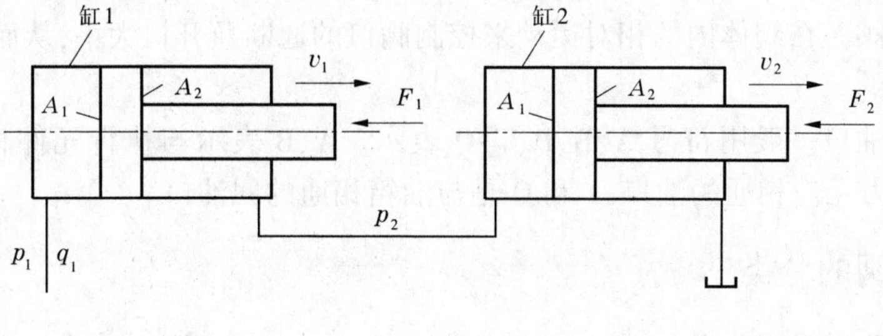

图 4-19

第5章　液压控制阀

【学习目标】

1.知识目标

◇掌握各类普通压力阀、流量阀、方向阀的工作原理、性能、特性及其在液压系统中的应用；

◇熟悉各类液压控制阀的职能符号画法及应用；

◇了解各类新型的液压控制元件(电液比例控制阀、电液数字控制阀、插装阀)的结构、工作原理和应用特点。

2.能力目标

◇能正确拆装各类液压控制阀,分析其结构及特点；

◇能画出各类液压控制阀的职能符号；

◇能根据工作要求,选用合适的液压控制阀。

5.1　液压控制阀概述

液压控制阀(可简称液压阀)在液压系统中被用来控制液流的压力、流量和方向,从而对执行元件的启动、停止、运动方向、速度、动作顺序和克服负载的能力进行调节与控制。

5.1.1　液压阀的基本结构与原理

液压阀的基本机构主要包括阀芯、阀体和驱动阀芯在阀体内作相对运动的装置。阀芯的主要形式有滑阀、锥阀和球阀;阀体上除有与阀芯配合的阀体孔外,还有外界油管的进出油口;驱动装置可以是手调机构,也可以是弹簧或电磁铁,有时还作用有液压力。液压阀正是利用阀芯在阀体内的相对运动来控制阀口的通断及开口大小,从而实现压力、流量和方向控制的。

阀的进出油口一般用符号A、B、P、T、O表示。A、B表示与执行元件相通的进出油口。P是与动力元件相通的油口,T和O是与油箱相通的回油口。

5.1.2　液压阀的分类

5.1.2.1　根据结构形式分类

(1)滑阀。如图5-1(a)所示,阀芯为圆柱形,阀芯台肩的直径分别为D和d,与进出油口对应的阀体上开有沉割槽,一般为全圆周。阀芯在阀体孔内作相对运动,以开启或关闭阀口。

(2)锥阀。如图 5-1(b)所示,锥阀阀芯半锥角 α 一般为 12°~20°,有时为 45°。阀口关闭时为线密封,不仅密封性能好,而且开启阀口时无“死区”,阀芯稍有位移即开启,动作灵敏。

(3)球阀。如图 5-1(c)所示,球阀的性能与锥阀相同。

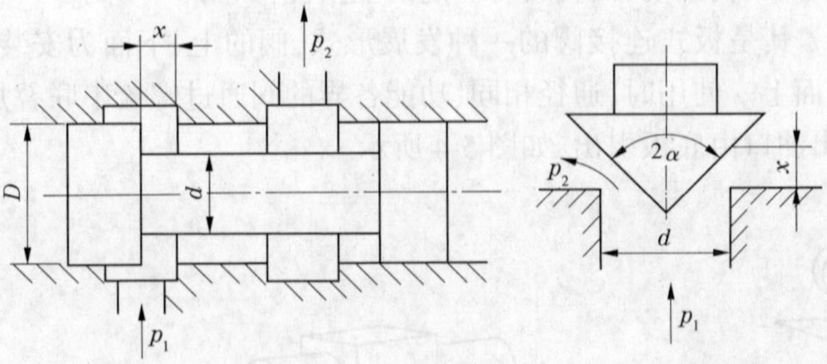

图 5-1　液压阀的结构形式

5.1.2.2　根据用途不同分类

(1)方向控制阀:用来控制或改变液压系统中液流方向的阀类,如单向阀、液控单向阀、换向阀等。

(2)压力控制阀:用来控制或调节液压系统中液流压力以及利用压力实现控制的阀类,如溢流阀、减压阀、顺序阀等。

(3)流量控制阀:用来控制或调节液压系统中液流流量的阀类,如节流阀、调速阀、二通比例流量阀、溢流节流阀、三通比例流量阀等。

本章各阀的结构、原理就是按这种分类方法介绍的。

5.1.2.3　根据控制方式不同分类

(1)定值或开关控制阀:被控制量为定值或通过阀口启闭来控制液流通路的阀类,包括普通控制阀、插装阀和叠加阀。

(2)电液比例控制阀:被控制量与输入电信号成比例连续变化的阀类,包括普通比例阀和带内反馈的电液比例阀。

(3)伺服控制阀:被控制量与输入信号及反馈量成比例连续变化的阀类,包括机液伺服阀和电液伺服阀。

(4)数字控制阀:用数字信息直接控制阀口的启闭来控制液流的压力、流量、方向的阀类。

5.1.2.4　根据安装连接形式不同分类

(1)管式连接。阀体进出油口由螺纹或法兰直接与油管连接,安装方式简单,但元件分散布置,装卸维修不大方便。

(2)板式连接。如图 5-2 所示,阀体进出

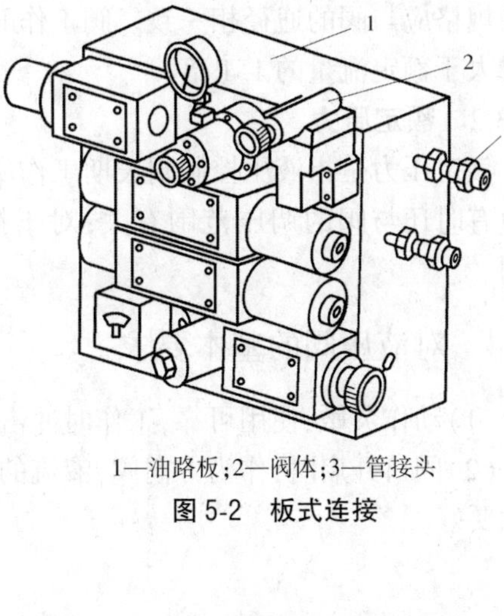

1—油路板;2—阀体;3—管接头

图 5-2　板式连接

油口通过连接板与油管连接,或安装在集成块侧面由集成块连通阀与阀之间的油路,并外接液压泵、液压缸、油箱。这种连接形式,元件集中布置,操纵、调整、维修都比较方便。如实验室里的液压实验台一般是板式连接。

(3)插装阀(集成连接)。根据不同功能将阀芯和阀套单独做成组件(插入件),插入专门设计的阀块组成回路,不仅结构紧凑,而且具有一定的互换性,如图5-3所示。

(4)叠加阀(叠加连接)。其是板式连接阀的一种发展形式,阀的上、下面为安装面,阀的进出油口分别在这两个面上。使用时,通径相同、功能各异的阀通过螺栓串联叠加安装在底板上,对外连接的进出油口由底板引出,如图5-4所示。

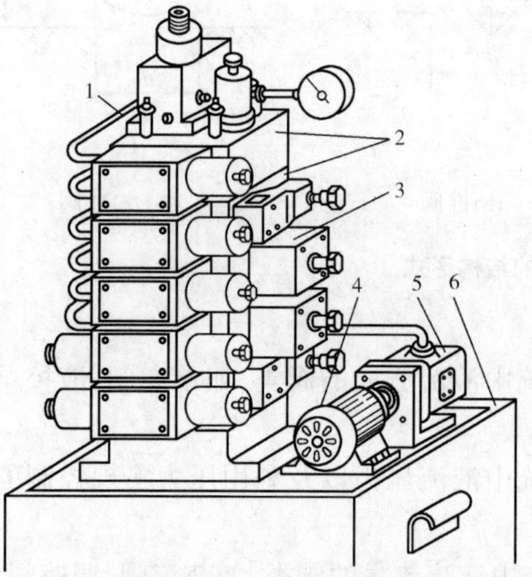

1—油管;2—集成块;3—阀;
4—电动机;5—液压泵;6—油箱

图 5-3 集成连接

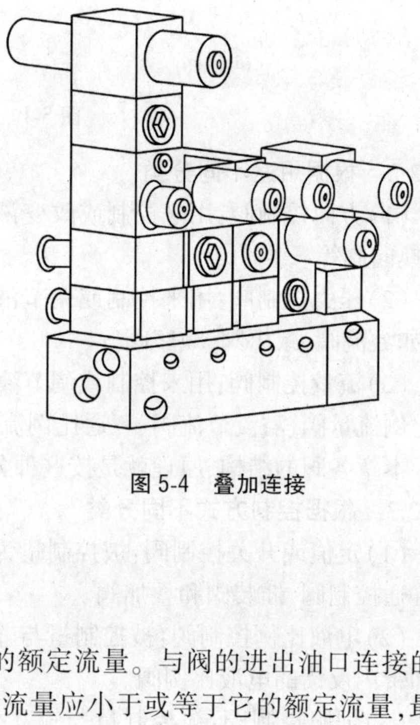

图 5-4 叠加连接

5.1.3 液压阀的性能参数

5.1.3.1 公称通径

公称通径代表阀的通流能力大小,对应于阀的额定流量。与阀的进出油口连接的油管的规格应与阀的通径相一致。阀工作时的实际流量应小于或等于它的额定流量,最大不得大于额定流量的1.1倍。

5.1.3.2 额定压力

额定压力是指液压控制阀长期工作所允许的最高压力。对于压力控制阀,实际最高压力有时还与阀的调压范围有关;对于换向阀,实际最高压力还可能受其功率极限的限制。

5.1.4 对液压阀的基本要求

(1)动作灵敏,使用可靠,工作时冲击和振动要小,噪声要低。

(2)阀口开启时,作为方向阀,液流的压力损失要小;作为压力控制阀,阀芯工作的稳定性要好。

(3)所控制的参量(压力或流量)稳定,受外干扰时变化量要小。

(4)结构紧凑,安装、调试、维护方便,通用性好。

5.2　方向控制阀

方向控制阀是控制液压系统中油液流动方向或液流的接通与断开,以实现执行元件的启动、停止,进行压力和速度变换的元件,分为单向阀和换向阀两类。

5.2.1　单向阀

单向阀有普通单向阀和液控单向阀两种。

5.2.1.1　普通单向阀

普通单向阀简称单向阀,是一种只允许油液正向流动,不允许油液逆向倒流的阀。按进出油液流向的不同分为直通式(见图5-5(a))和直角式(见图5-5(b))两种结构。它由阀体、阀芯和弹簧等组成。当液流从进油口 P_1 流入时,油液压力克服弹簧阻力和阀体1与阀芯2之间的摩擦力,顶开带有锥端的阀芯(在流量较小时,为简化制造,也可用钢球作为阀芯),从出油口 P_2 流出。当油液反向从 P_2 流入时,油液压力使阀芯紧密地压在阀座上,故不能逆流。图5-5(c)所示是单向阀的符号。

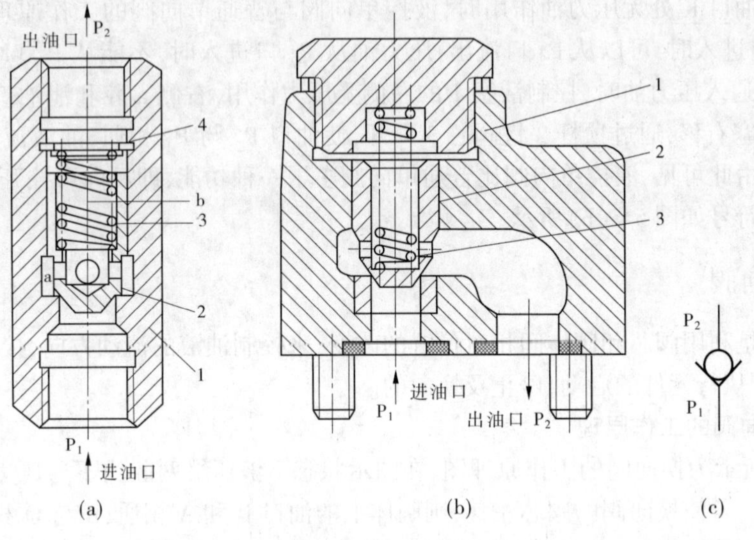

1—阀体;2—阀芯;3—弹簧;4—挡圈

图5-5　普通单向阀

单向阀的开启压力是指正向导通时进油口 P_1 和出油口 P_2 的压力差。为使单向阀灵敏可靠、压力损失较小,并具有可靠的密封性能,开启压力大小要合适,一般在0.04 MPa左右。当利用单向阀作背压阀时,应换刚度较大的弹簧,使其正向导通时开启压力较大,造成一定的背压,一般背压力为0.2~0.6 MPa。

5.2.1.2 **液控单向阀**

如图 5-6 所示为液控单向阀。由图可知,液控单向阀在结构上比普通单向阀多一个控制油口 K、控制活塞 1 和顶杆 2。

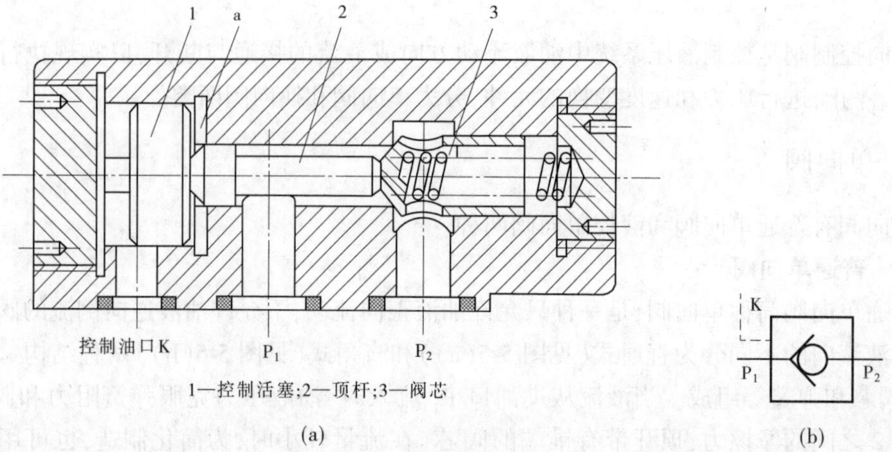

图 5-6 液控单向阀

当控制油口 K 处无压力油作用时,液控单向阀与普通单向阀的工作原理相同,即压力油从 P_1 口进入时,可以从 P_2 口流出;压力油从 P_2 口进入时,不能从 P_1 口流出。当控制油口 K 处通入压力油时,控制活塞 1 的左侧受压力作用,右侧 a 腔和泄油口(图中未示出)相通,活塞右移,通过顶杆 2 将阀芯 3 顶开,使油口 P_2 与 P_1 相通,油液流动方向可以自由改变。由此可见,液控单向阀比普通单向阀多了一种功能,即反向可控开启。液控单向阀的图形符号如图 5-6(b)所示。

5.2.2 换向阀

换向阀是利用阀芯和阀体间相对位置的改变,来控制油液的流动方向、接通或关闭油路,从而控制执行元件的启动、停止及换向的。

5.2.2.1 **换向阀的工作原理**

图 5-7 所示为换向阀的工作原理图,在图示状态下液压缸两腔均不通压力油,活塞处于停止状态。若使换向阀的阀芯左移,则阀体上的油口 P 和 A 相通,B 与 O 相通,压力油经 P、A 进入液压缸左腔,活塞右移,液压缸右腔油液经 B 回油箱。反之,若使阀芯右移,则 P 和 B 相通,A 与 O 相通,压力油经 P、B 进入液压缸右腔,液压缸左腔油液回油箱,活塞左移。

5.2.2.2 **换向阀的分类**

根据阀芯的运动形式、结构特点和控制方式不同,换向阀可分成不同的类型,如表 5-1 所示。

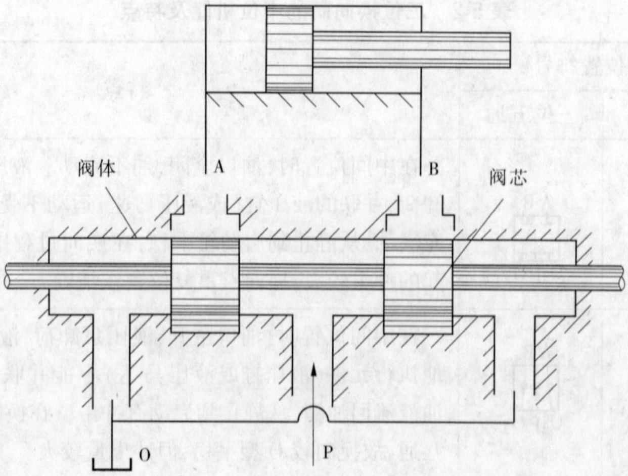

图 5-7 换向阀的工作原理

表 5-1 换向阀的分类

分类方法	形式
按阀芯的运动方式	滑阀、转阀
按阀的工作位数和通数	二位三通、二位四通、三位四通
按阀的操纵方式	手动、机动、电动、液动、电液动
按阀的安装方式	管式、板式、法兰式等
按阀的机能	O 型、H 型、Y 型、M 型等

5.2.2.3 换向阀的工作位数、通数及机能

工作位数是指阀芯在阀体中可停留的位置数目。在图 5-7 中,阀芯在阀体中有左、中、右三个停留位置,即是三位阀。图形符号上以一个方框表示一个工作位置(见图 5-8、图 5-9)。

通数是指换向阀上油口的数目。在图 5-7 中有 A、B、P、O(O 通油箱,只算一个油口)四个油口即称四通阀,见表 5-2 中的图形符号。图形符号上一个方框内的箭头或堵塞符号“⊥”与方框的相交点数,即为油口的通数。箭头表示两油口连通,但不表示油液的流向,“⊥”表示该油口不通。

换向阀的机能是换向阀处于中间位置或原始位置时阀中各油口的连通方式。中位机能不同,阀对系统的控制性能也不同。表 5-2 所示为常用三位换向阀的中位机能及特点。

表 5-2　三位换向阀的中位机能及特点

机能形式	中间位置符号		特点
	三位四通	三位五通	
O	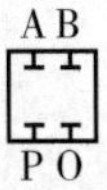	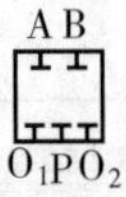	在中间位置时,油口全闭,油不流动。液压缸锁紧,液压泵不卸荷,并联的液压缸(或液压马达)运动不受影响。由于液压缸充满油,从静止到启动较平稳;在换向过程中,由于运动惯性引起的冲击较大,换向点重复位置较精确
H	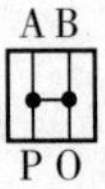		在中间位置时,油口全开,液压泵卸荷,液压缸成浮动式。其他执行元件(液压缸或液压马达)不能并联使用。由于液压缸油液流回油箱,从静止到启动有冲击。在换向过程中,由于油口互通,故换向较 O 型平稳,但冲出量较大
Y	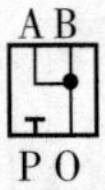		在中间位置时,进油口关闭,液压缸浮动,液压泵不卸荷。可并联其他执行元件,其运动不受影响。由于液压缸油液流回油箱,从静止到启动有冲击。换向过程的性能处于 O 型与 H 型之间
P	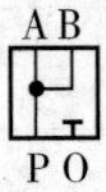		在中间位置时,回油口关闭,泵口和两液压缸口连通,液压泵不卸荷,可并联其他执行元件。从静止到启动较平稳。在换向过程中,液压缸两腔均通压力油,换向时最平稳,冲出量比 H 型小,应用较广
K	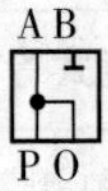		在中间位置时,关闭一个液压缸口,用于液压泵卸荷。不能并联其他执行元件。从静止到启动较平稳。换向过程有冲击(比 O 型好),换向点重复精度高
J	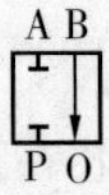		在中间位置时,泵口与液压缸相应接口不通,液压缸的一个接口与回油口相通,液压泵不卸荷,可与其他执行元件并联使用。从静止到启动有冲击,换向过程也有冲击
M	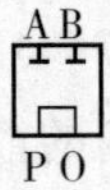	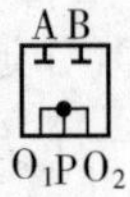	在中间位置时,液压泵卸荷,不能并联其他执行元件,从静止到启动较平稳。换向时,与 O 型性能相同。可用于立式或锁紧的系统中

5.2.2.4　几种常用的换向阀

1.机动换向阀

机动换向阀又称行程阀。它必须安装在液压缸附近,由运动部件上安装的挡块或凸轮压下阀芯使阀换位。图 5-8 所示为二位四通机动换向阀的结构原理及符号。机动换向阀通常是弹簧复位式的二位阀。其结构简单,动作可靠,换向位置精度高,通过改变挡块

的迎角 α 和凸轮外形，可使阀芯获得合适的换位速度，以减少换向冲击。

机动换向阀的规格型号参见有关产品样本。

2. 电磁换向阀

电磁换向阀是利用电磁铁吸力操纵阀芯换位的换向阀。图 5-9 所示为三位四通电磁换向阀的结构原理图及其符号。阀的两端各有一个电磁铁和一个对中弹簧，阀芯在常态时处于中位。当右端电磁铁通电吸合时，衔铁通过推杆将阀芯推至左端，换向阀在右位工作；当左端电磁铁通电吸合时，换向阀在左位工作。

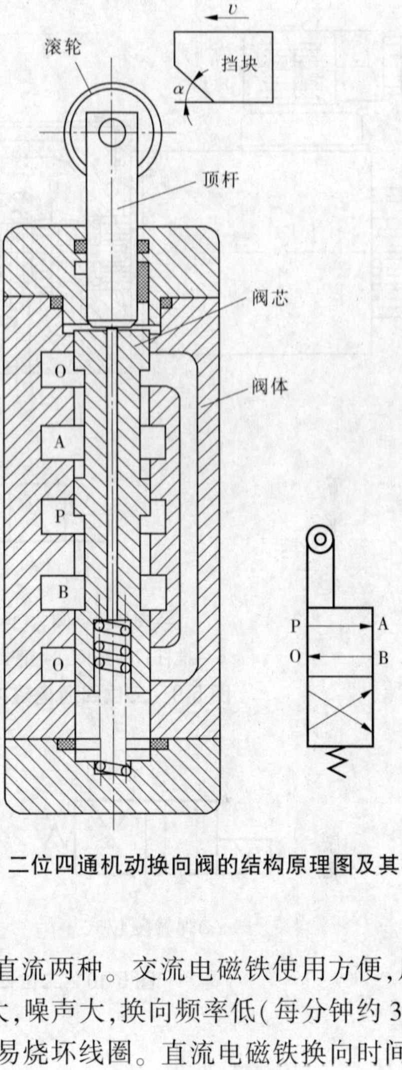

图 5-8　二位四通机动换向阀的结构原理图及其符号

图 5-10 所示是二位四通电磁换向阀的符号，图 5-10(a) 所示是弹簧复位式，图 5-10(b) 所示是双电磁铁钢球定位式。该阀在电磁铁断电时仍能保持通电时的状态，具有“记忆”功能，因此不但节约了能源，延长了电磁铁的使用寿命，而且不会因为电源因故中断引起系统失灵或出现事故，常用于自动化机械及自动线上。

电磁铁按使用电源的不同，可分为交流和直流两种。交流电磁铁使用方便，启动力大，但换向时间短，需 0. 01 ~ 0. 07 s，换向冲击大，噪声大，换向频率低(每分钟约 30 次)，而且当因阀芯被卡住或电压低等吸合不上时，易烧坏线圈。直流电磁铁换向时间长，需 0. 1 ~ 0. 15 s，换向冲击小，换向频率高达每分钟 240 次，工作可靠性高，但需有直流电源，成本较高。此外，还有一种本整型(本机整流型)电磁铁，其上附有二极管整流线路和冲击电压吸收装置，能把接入的交流电整流后自用，因而兼有前述两者的优点。

3. 液动换向阀

液动换向阀是利用压力油来推动阀芯移动的换向阀。液动换向阀的结构原理图及其符号如图 5-11 所示。当控制压力油从控制油口 K 输入后，阀芯在压力油的作用下压缩弹簧产生移动，使阀换位。其工作原理与电磁阀相似。

4. 电液换向阀

电磁换向阀布置灵活，易于实现自动化，但电磁铁吸力有限，难以切换大的流量，而液动换向阀一般较少单独使用，需用一个小换向阀来改变控制油的流向，故标准元件通常将电磁阀与液动阀组合在一起组成电液换向阀。电磁阀(称先导阀)用于改变控制油的流动方向，从而导致液动阀(称主阀)换向，改变主油路的通路状态。

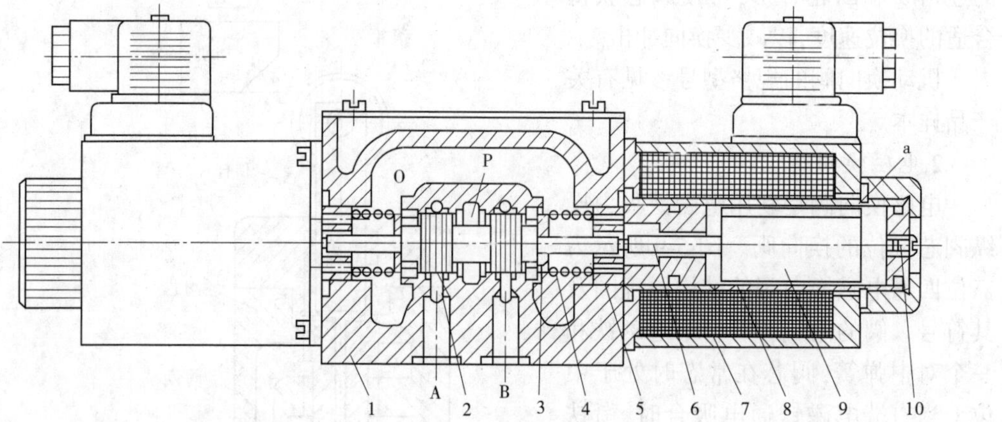

1—阀体;2—阀芯;3—弹簧座;4—弹簧;5—挡块;
6—推杆;7—线圈;8—密封导磁套;9—衔铁;10—防气螺钉

图 5-9　三位四通电磁换向阀的结构原理图及其符号

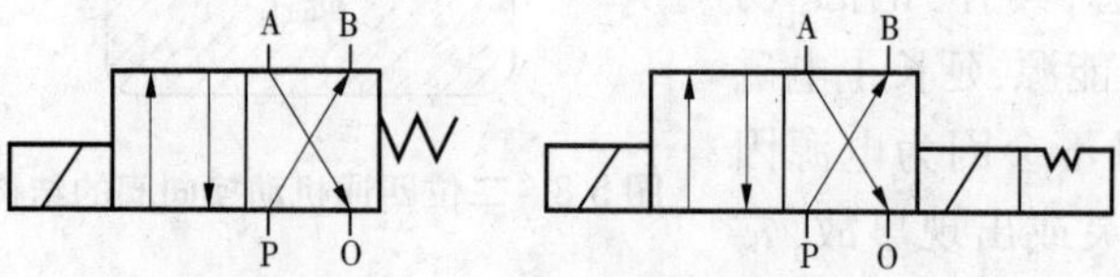

(a)弹簧复位式　　(b)双电磁铁钢球定位式

图 5-10　二位四通电磁换向阀的符号

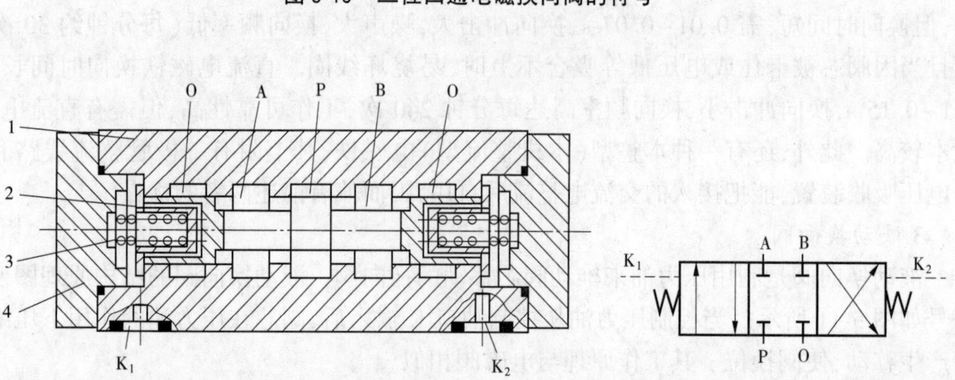

1—阀体;2—阀芯;3—弹簧;4—端盖

(a)　　(b)

图 5-11　液动换向阀的结构原理图及其符号

图5-12所示为电液换向阀的结构原理图及其符号。其中,图5-12(a)所示为两端带主阀芯行程调节机构的结构图。工作原理可结合图5-12(b)所示的带点画线方框的组合阀图形符号加以说明。常态时,先导阀和主阀都处于中位,控制油路和主油路均不进油。当左端电磁铁通电时,先导阀处于左位工作,控制油自P′经先导阀作用在主阀左腔K_1上,使主阀换向处于左位工作,主阀右端油腔K_2经先导阀回油至油箱,此时,主油路P与B相通,同时A与O相通。反之,当先导阀左端电磁铁断电,右端电磁铁通电时,则主油路油口换接,此时,P与A、B与O相通,实现了换向。图5-12(c)所示为装有双阻尼调节器的电液换向阀的符号。左端电磁铁通电后,压力油经左单向阀抵主阀芯左控制腔,右控制腔回油需经右节流阀才能通过先导阀回油箱。调节节流阀开口,即可调节主阀换向时间,从而消除执行元件的换向冲击。图5-12(d)所示为电液换向阀的简化符号,在回路中常以简化符号表示。

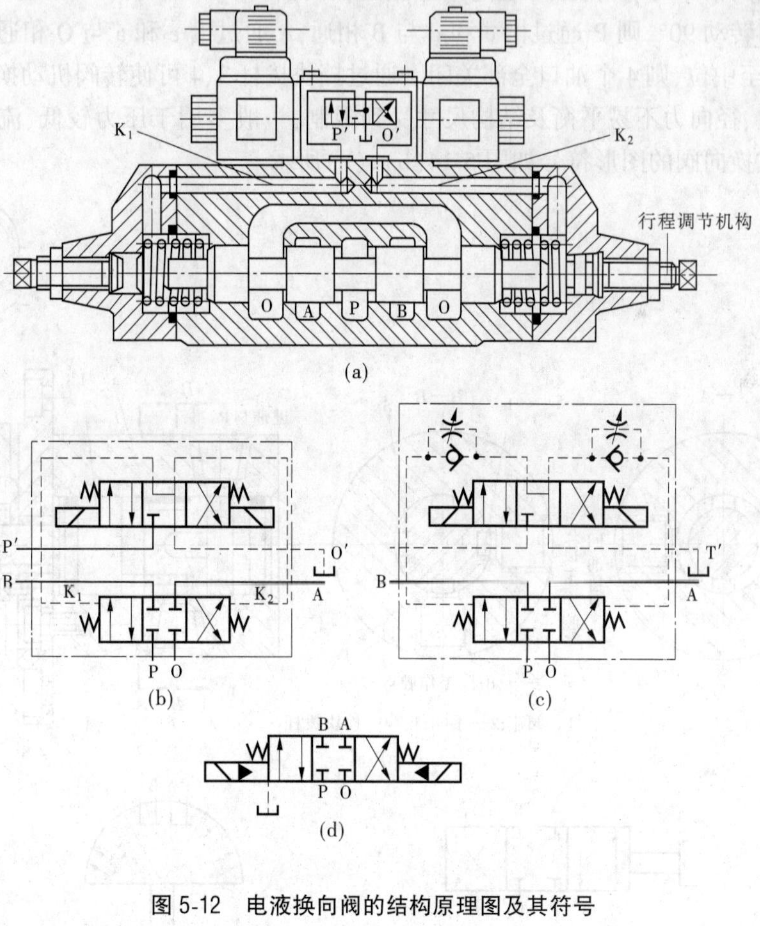

图5-12 电液换向阀的结构原理图及其符号

5.手动换向阀

手动换向阀是用手动杠杆操纵阀芯换位的换向阀。图5-13所示的是手动换向阀的符号。按换向定位方式的不同,分为钢球定位式(见图5-13(a))和弹簧复位式(见图5-13(b))

两种。当操纵手柄的外力取消后，前者因钢球卡在定位沟槽中，可保持阀芯处于换向位置，后者则在弹簧力作用下使阀芯自动回复到初始位置。

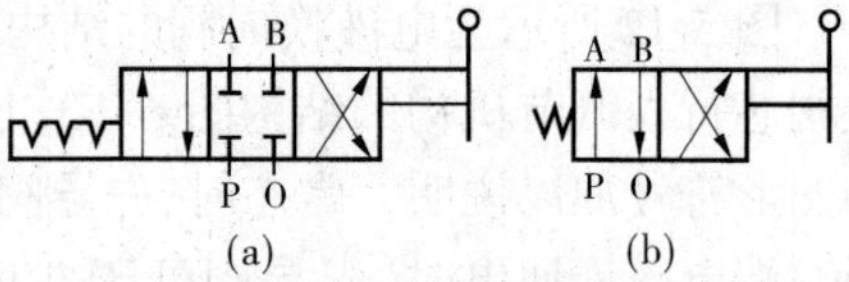

图 5-13　手动换向阀的符号

手动换向阀结构简单，动作可靠，有的还可以人为地控制阀口的大小，从而控制执行元件的运动速度。但由于需要人工操纵，故只适用于间歇动作而且要求人工控制的场合。在使用时必须将定位装置或弹簧腔的泄漏油排除，否则由于漏油的积聚而产生阻力影响阀的操纵，甚至不能实现换向动作。如推土机、汽车起重机、叉车等油路的控制都是手动换向的。

6.转阀式换向阀

转阀式换向阀是指通过手动或机动使阀芯旋转换位，来实现改变油路状态的换向阀。图 5-14(a)所示的是三位四通 O 型转阀的结构及符号。在图示位置时，P 通过环槽 c 和阀芯上的轴向槽 b 与 A 相通，B 通过阀芯上的轴向槽 e 和环槽 a 与 O 相通。若将手柄 2 顺时针方向转动 90°，则 P 通过槽 c 和 d 与 B 相通，A 通过槽 e 和 a 与 O 相通。如果将手柄转动 45°至中位，则 4 个油口全部关闭。通过挡块拨杆 3、4 可使转阀机动换向。由于转阀密封性差、径向力不易平衡及结构尺寸受到限制，一般多用于压力较低、流量较小的场合。转阀式换向阀的图形符号如图 5-14(b)、(c)所示。

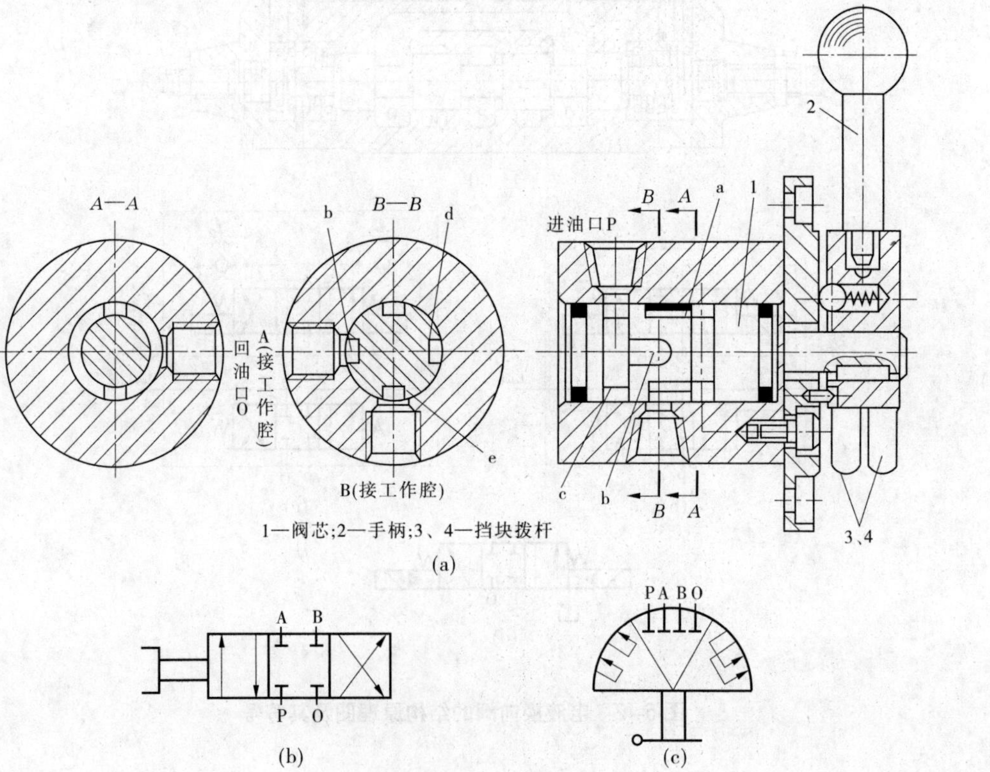

图 5-14　转阀式换向阀

5.3 压力控制阀

在液压系统中,控制油液压力的阀(溢流阀、减压阀等)和控制执行元件及电气元件等在某一调定的压力下动作的阀(顺序阀、压力继电器等)统称为压力控制阀。这类阀都是利用作用在阀芯上的液体压力和作用在阀芯另一端上的弹簧力相平衡的原理来工作的。

5.3.1 溢流阀

溢流阀有多种用途,主要是用来溢去系统中多余的油液,使泵的供油压力得到调整,并通过阀的作用使所需供油压力维持恒定。溢流阀分为直动式和先导式两种,前者用于低压系统,后者用于中、高压系统。

5.3.1.1 直动式溢流阀

图 5-15 所示为锥阀型(另有球阀型和滑阀型)直动式溢流阀的结构和符号。

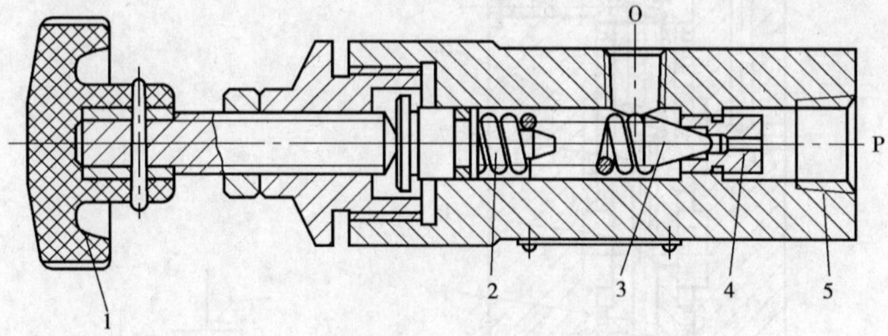

1—手轮;2—调压弹簧;3—阀芯;4—阀座;5—阀体

(a)

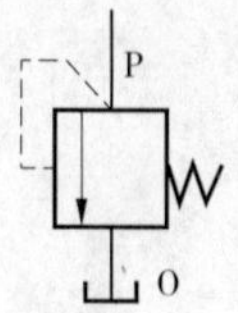

(b)

图 5-15 锥阀型直动式溢流阀的结构和符号

当进油口 P 的油液压力不高时,阀芯被弹簧紧压在阀座上,阀口关闭。当进油口压力升高,超过系统所要求的油压时,便能克服弹簧阻力而推开阀芯,使阀口打开,油液便从 P 口进入,再经回油口 O 流回油箱(称为溢流),使进油压力不会继续升高。虽然随着溢流阀的溢流量的变化,阀口开度即弹簧压缩量也随之改变,但在弹簧压缩量变化很小的情况下,可以认为阀芯在液压力和弹簧力的作用下保持平衡,溢流阀进口处的压力基本保持恒定值。通过调节手轮,改变弹簧的预压缩量,便可调整阀的溢流压力。图 5-15(b)所示是直动式溢流阀的符号。该阀可以用于远程调压或作为溢流阀、顺序阀、减压阀的先导阀,更换弹簧可以改变被调节阀的压力调节范围。

5.3.1.2 先导式溢流阀

如图 5-16 所示,它由先导阀和主阀两部分组成。先导阀实质是一个小规格的直动式溢流阀,而主阀芯是一个具有阻尼小孔的圆柱筒。油液从进油口 P 进入,经阻尼孔 e 到达主阀弹簧腔,然后经先导阀上的 c 孔和 d 孔作用在先导阀的阀芯上(一般外控口 K 是堵塞的)。当进油压力不高时,液压力不能克服先导阀的弹簧阻力,先导阀口关闭,阀内无油液流动。这时,主阀芯因上下腔液压力相同,故被主阀弹簧压在阀座上,主阀口也关闭。

当进油压力升高到先导阀弹簧的调定压力(也就是说,超过所要求的工作压力)时,先导阀口打开,主阀弹簧腔的油液流过先导阀口,并经阀体上的通道及回油口 O 流回油箱。这时,油液流过阻尼小孔产生压力损失,使主阀芯两端形成了压差。主阀芯在此压差作用下克服弹簧阻力向上移动,使进回油口连通,达到了溢流稳压的目的。调节先导阀手轮,便能调节溢流压力。更换不同刚度的调压弹簧,便能得到不同的调压范围。图 5-16(b)所示是先导式溢流阀的符号。

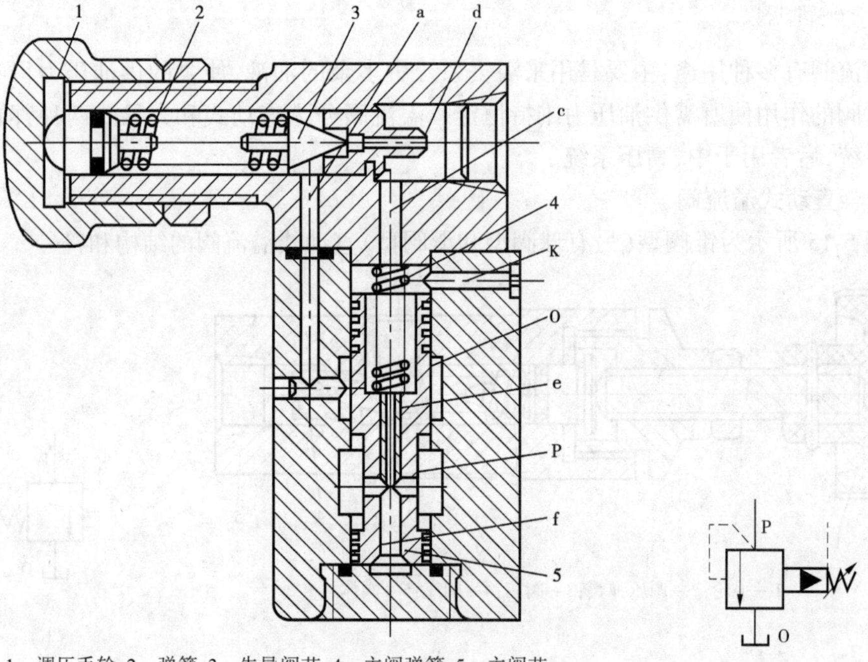

1—调压手轮;2—弹簧;3—先导阀芯;4—主阀弹簧;5—主阀芯

(a) (b)

图 5-16 YF 型先导式溢流阀

根据上述分析可知,通过先导阀的流量(称泄漏量)只占全部流量的极小部分,绝大部分油液经主阀溢回油箱,即通过先导阀控制和调节溢流压力,通过主阀溢流。由于先导阀只通过泄漏油,阀口直径较小,即使压力很高,作用于锥阀上的推力也不很大。因此,调压弹簧可以刚度小一些,使得调节轻便。同时,因主阀芯两端均受液压作用,主阀弹簧也只需很小的刚度,所以溢流量变化引起弹簧压缩量变化时,进油口的压力变化不大,故先导式溢流阀的稳定性高于直动式溢流阀,但先导式溢流阀属于二级阀,其灵敏度低于直动式溢流阀。

YF 型先导式溢流阀要求主阀芯上部与阀盖、中部活塞与阀体、下部锥面与阀座三个部位同心,故称为三节同心式。它出现较早,加工精度和装配精度要求较高,响应速度和灵敏度较低。

图 5-17 所示的 Y_2 型先导式溢流阀(力士乐型)也称为两节同心式,工艺性好,加工精度和装配精度容易保证,结构简单,通用性好,阀的稳定性较好。主阀为单向阀结构,过流

面积大,流量大,噪声较小。

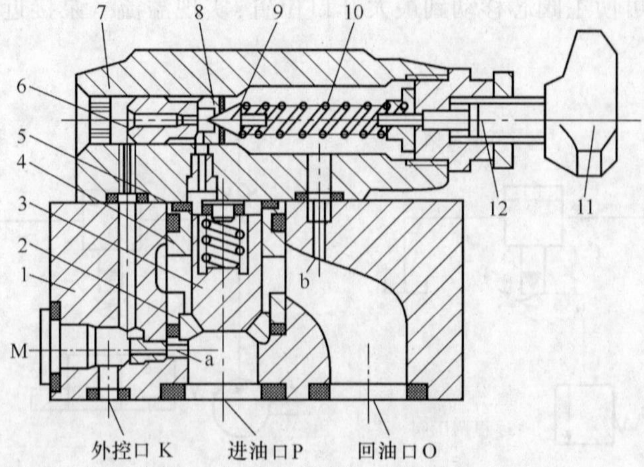

1—阀体;2—主阀座;3—主阀芯;4—主阀套;5—弹簧;6—防震套;
7—先导阀体;8—先导阀座;9—先导阀芯;10—调压弹簧;11—手轮;12—调节螺钉

图 5-17 Y_2 型先导式溢流阀

5.3.1.3 溢流阀在液压系统中的应用

1.溢流稳压作用

在定量泵供油系统中,溢流阀能起到溢流稳压作用。如图 1-2 所示组合机床液压系统中的溢流阀和油泵并联。泵的供油一部分按速度要求由流量阀调节供给执行元件,多余油液经溢流阀流回油箱,而在溢流的同时稳定了泵的供油压力。

2.实现过载保护

在变量泵供油系统中能实现过载保护作用。执行元件的速度由变量泵调节,不需溢流,油泵的压力可随负载变化,也不需稳压。但变量泵出口仍需并联溢流阀,其调定压力约为最大工作压力的 1.1 倍。系统一旦过载,溢流阀立即开启,保障系统安全,所以此时的溢流阀也可称为安全阀。

3.产成背压

将溢流阀安装在系统的回油路上,可对回油产生阻力,形成背压,从而提高执行元件运动的稳定性,或满足系统的某些工作要求。

4.实现远程调压

如图 5-18 所示,在控制工作台上安装一远程调压阀(即直动式溢流阀),并将其进油口与安装在液压站上的先导式溢流阀的外控口 K 相连。这相当于溢流阀除自身具有的先导阀外,又加接了一个先导阀。通过调节远程调压阀,便可对溢流阀实现远程调压。显然,远程调压阀所能调节的最高压力不能超过溢流阀中先导阀调定的压力。另外,为了获得较好的远程控制效果,还需注意两阀之间油管不宜太长(最好在 3 m 之内),并尽量减少管内压力损失及管道振动等。

5.使油泵卸荷

在图 5-19 中,先导式溢流阀对泵起溢流稳压作用。当二位二通阀的电磁铁通电后,溢流阀的外控口即接油箱,此时,主阀芯弹簧腔压力接近于零。由于主阀弹簧刚度很小,进口压力很低,即可使主阀芯移动到最大开口位置,实现溢流。泵接近于空载运转,即泵处于卸荷状态。

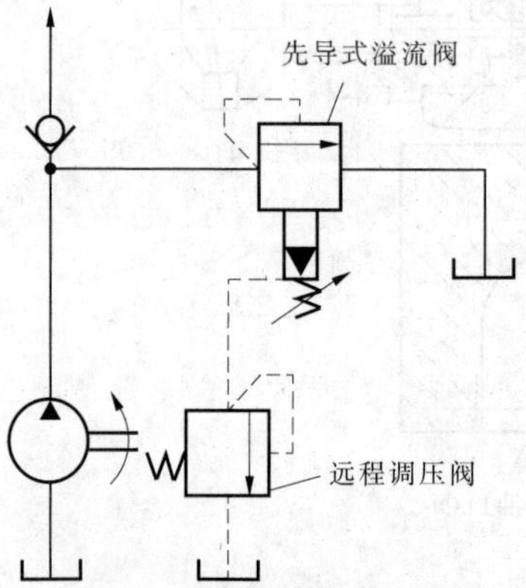

图 5-18　远程调压

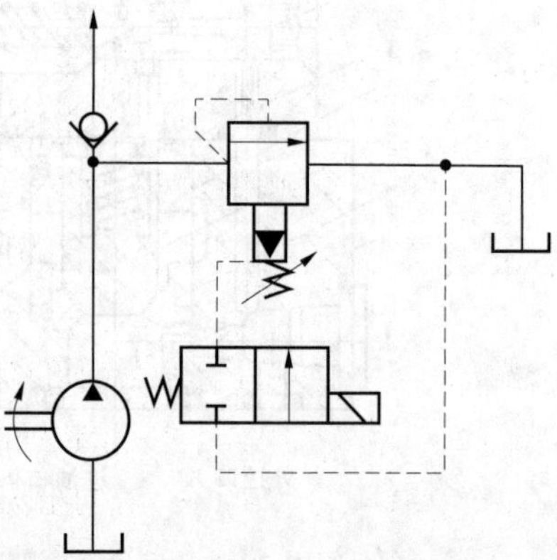

图 5-19　溢流阀使油泵卸荷

5.3.1.4　**溢流阀的组合阀**

常用的有电磁溢流阀和卸荷溢流阀两种。

1. 电磁溢流阀

电磁溢流阀是由溢流阀和串联在该阀外控口的电磁换向阀构成的组合阀。其中,电磁换向阀可以是二位二通、二位四通或三位四通阀,并具有不同的机能,由此形成了电磁溢流阀的多种结构与功能。图 5-20 仅列出其中两种形式。图 5-20(a)所示的电磁溢流阀可代替图 5-19 中两阀的作用。图 5-20(b)所示的电磁溢流阀则兼有使泵卸荷和二级调压的作用。将 P 口与泵的出口相接,A、B 口分别与两个远程调压阀(各调定不同的压力)相接。当三位四通阀两端的电磁铁分别通电时,即可实现二级调压;当两电磁铁皆不通电时,则泵卸荷。

2. 卸荷溢流阀

卸荷溢流阀是由溢流阀和单向阀构成的组合阀。如图 5-21 所示,在应用时将 P 口接油泵,P_1 口接系统。当 P_1 口的压力低于溢流阀的调定压力时,溢流阀关闭,油泵向系统

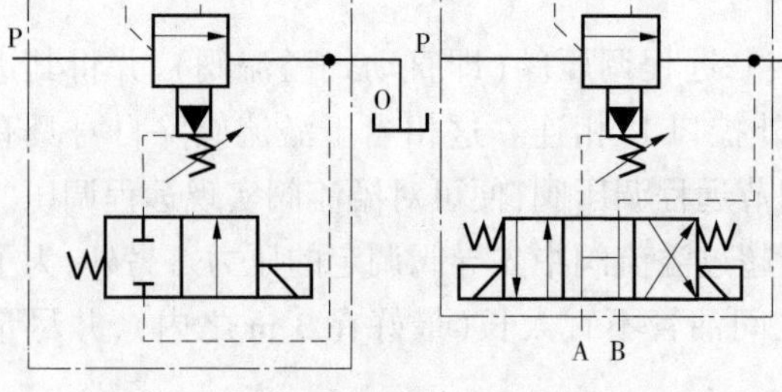

(a)　　(b)

图 5-20　电磁溢流阀的符号

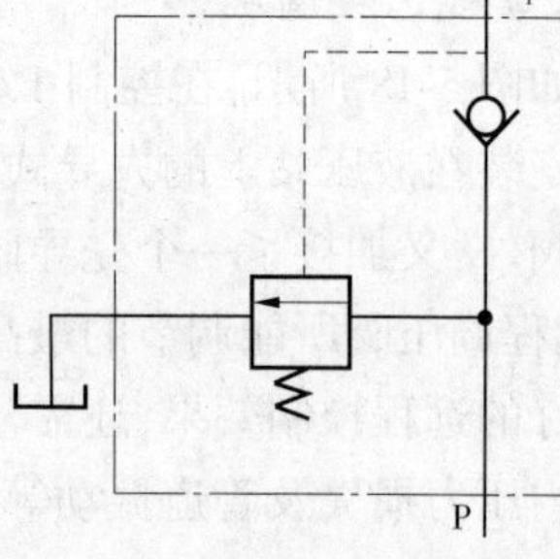

图 5-21　卸荷溢流阀的符号

供油；当 P_1 口的压力达到溢流阀的调定压力时，溢流阀的阀口开启使油泵卸荷。图 5-21 中单向阀的作用是隔离高、低压油路。

5.3.2 顺序阀

顺序阀在液压系统中犹如自动开关。它以进口压力油(内控式)或外来压力油(外控式)的压力为信号，当信号压力达到调定值时，阀口开启，使所在油路自动接通，故结构和溢流阀类同，且也有直动式和先导式之分。它和溢流阀的主要区别在于：溢流阀出口通向油箱，压力为零；而顺序阀出口通向有压力的油路(用作卸荷阀除外)，其压力数值由出口负载决定。

如图 5-22(a)所示为直动式顺序阀的结构。外控口 K 用螺塞堵住，泄油口 L 通油箱。压力油从进油口 P_1(两个)通入，经阀体上的孔道 a 和端盖上的阻尼孔 b 流到控制活塞底部，当其推力能克服阀芯上调压弹簧的阻力时，阀芯上升，使进、出油口 P_1 和 P_2 连通。经阀芯与阀体间的缝隙进入弹簧腔的泄油从泄油口 L 泄入油箱。此种油口连通情况称为内控外泄顺序阀，其符号如图 5-22(b)所示。如果将图 5-22(a)中的端盖旋转 90°或 180°，切断进油流往控制活塞下腔的通路，并去除外控口的螺塞，引入压力油，便称为外控外泄式顺序阀，如图 5-22(c)所示。若将阀盖旋转 90°，可使弹簧腔与出油口 P_2 相连(图

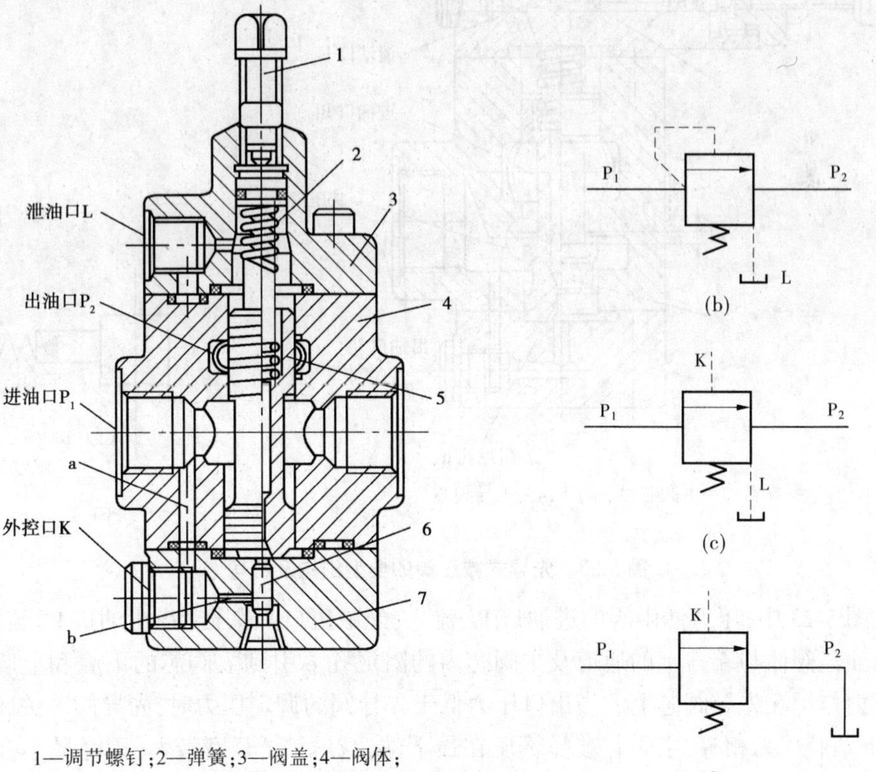

1—调节螺钉；2—弹簧；3—阀盖；4—阀体；
5—阀芯；6—控制活塞；7—端盖

(a)

图 5-22 直动式顺序阀的结构及符号

中未剖出),并将泄油口 L 堵塞,便成为外控内泄式顺序阀,如图 5-22(d)所示。它常用于使泵卸荷,故又称为卸荷阀。

直动式顺序阀的最高工作压力可达 14 MPa,最高控制压力为 7 MPa。对性能要求较高的高压大流量系统,应采用先导式顺序阀。先导式顺序阀的结构与先导式溢流阀大体相似,其工作原理也基本相同,并同样有内控外泄、外控外泄和外控内泄等几种不同的控制泄油方式。

5.3.3 减压阀

减压阀主要用于降低系统中某一支路的油液压力,使同一系统中能有两个或多个不同压力的分支。例如,当系统中的夹紧或润滑支路需稳定的低压时,只需在该支路上串联一个减压阀即可。

减压阀同样有直动式和先导式之分,直动式较少单独使用,一般仅作为调速阀的组成部分使用。先导式则应用较多,它的典型结构及符号如图 5-23 所示。它能使出口压力降低并保持恒定,故称定值输出减压阀,简称减压阀。

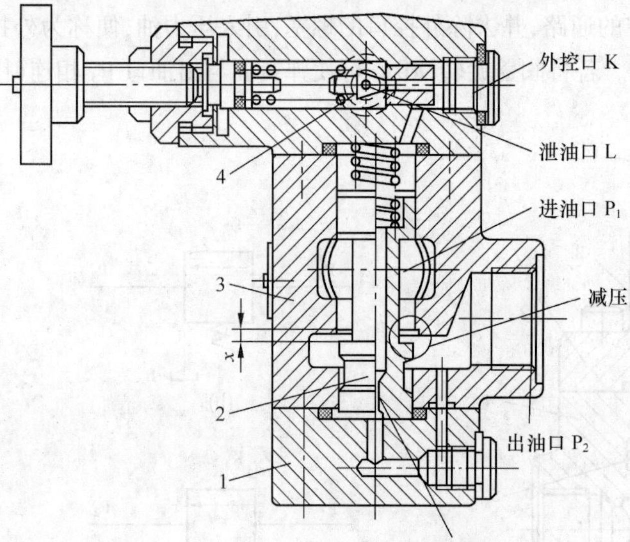

1—端盖;2—主阀芯;3—阀体;4—先导阀芯

(a)

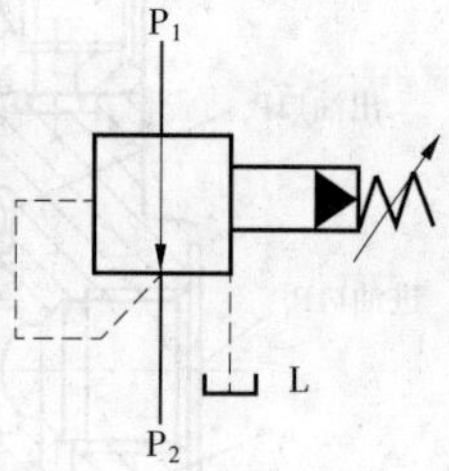

(b)

图 5-23 先导式减压阀的典型结构及符号

在图 5-23 中,压力油由阀的进油口 P_1 流入,经减压口 f 减压后由出油口 P_2 流出。出口压力油经阀体与端盖上的通道及主阀芯内的阻尼孔 e 引到主阀芯的下腔和上腔,并以出口压力作用在先导阀芯上。当出口压力低于先导阀的调定压力时,先导阀芯关闭,主阀芯上、下两腔压力相等,主阀芯被弹簧压在最下端,减压口 f 开度最大,压降最小,阀处于非工作状态,出口压力由负载决定。当出口压力达到先导阀的调定压力时,先导阀芯被打开,主阀弹簧腔的泄油便由泄油口 L 流往油箱。由于油液在主阀芯阻尼孔内流动,使主阀芯两端产生压力差,主阀芯便在此压力差作用下,克服弹簧阻力抬起,减压口 f 开度减小,压降增加,出口压力降低,直到等于先导阀的调定压力。若出口压力由于外界干扰而变动,减压阀将会自动调整减压口 f 开度来保持调定的出口压力数值基本不变。在减压阀出口油路的油液不再流动的情况下,由于先导阀泄油仍未停止,减压口仍有油液流动,阀仍然处于工作状态,出口压力也就保持调定数值不变。

减压阀与溢流阀、顺序阀相比较,主要特点是:控制阀口开闭的油液来自于出油口,并使出口压力恒定,阀口常开,泄油单独接入油箱。

减压阀在夹紧油路、控制油路和润滑油路中应用较多。

5.3.4 背压阀

回油(返回油箱的油液)的阻力称为背压,专门用于产生背压的阀统称背压阀。在单泵供油系统中,当采用电液换向阀或液动换向阀在常态位使泵卸荷时,在阀的进油路或回油路上设背压阀,使系统恢复工作时泵的供油能有足够的控制压力切换液动换向阀。有些系统中设置背压阀,对消除运动部件爬行、提高速度稳定性也大有好处。

溢流阀、顺序阀,以及有刚性较大弹簧的单向阀等都可用作背压阀。这类阀一经调定,背压便是定值。但在有些场合希望背压是可变的,以减少功率损耗、提高承载能力。负荷相关背压阀(或称自调背压阀)便能实现这一要求。这种阀可使背压随负荷变化,实现负荷增大、背压自动减小,或负荷减小、背压自动增大的目的。图 5-24 所示是其结构和工作原理。

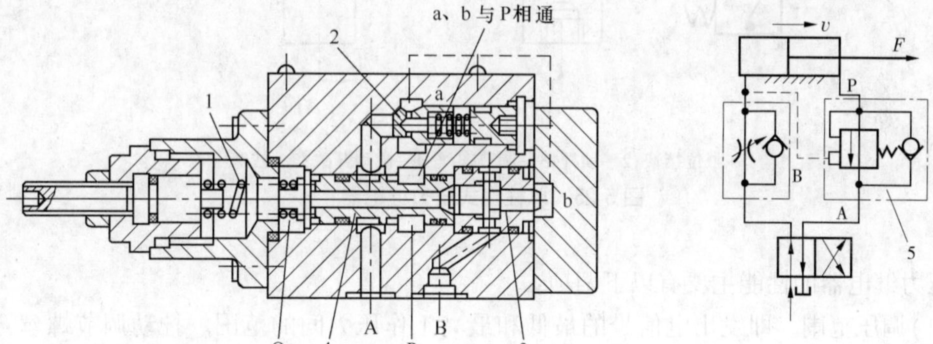

1—调压弹簧;2—单向阀;3—控制活塞;4—阀芯;5—中负荷相关背压阀

(a) (b)

图 5-24 负荷相关背压阀

液压缸无杆腔(即阀的油口 B)的压力增高,推动背压阀的阀芯进一步左移,使油口 P 和 A 之间的开度增大,P 处的压力(即缸的背压)则自动降低;反之,则背压自动升高。

5.3.5 压力继电器

压力继电器是一种液—电信号转换元件。当控制油的压力达到调定值时,便触动电气开关发出电信号,控制电气元件(电机、电磁铁、电磁离合器等)动作,实现泵的加载或卸载、执行元件顺序动作、系统安全保护和元件动作联锁等。任何压力继电器都由压力—位移转换装置和微动开关两部分组成。按前者的结构分为柱塞式、弹簧管式、膜片式和波纹管式四类,其中柱塞式最为常用。

图 5-25 所示为单柱塞式压力继电器的结构原理和符号。压力油从 P 口进入作用在柱塞底部,若其压力已达到弹簧的调定值,便克服弹簧阻力和柱塞摩擦力,推动柱塞上升,通过顶杆触动微动开关发出电信号。限位挡块可在压力超载时保护微动开关。

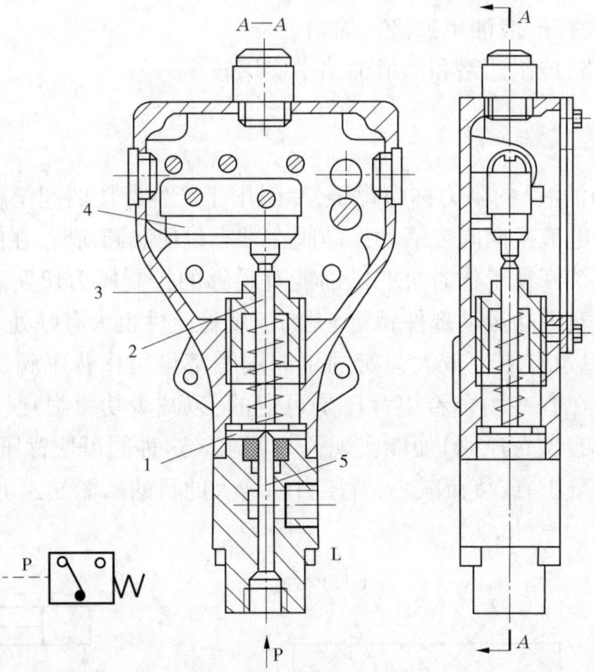

1—限位挡快;2—顶杆;3—调节螺丝;4—微动开关;5—柱塞

图 5-25　单柱塞式压力继电器

压力继电器的性能主要有以下两项:

(1)调压范围。即发出电信号的最低和最高工作压力间的范围。拧动调节螺丝,即可调整工作压力。

(2)通断返回区间。压力继电器发出电信号时的压力称为开启压力,切断电信号时的压力称为闭合压力。开启时,柱塞、顶杆移动所受摩擦力方向与压力方向相反,闭合时则相同,故开启压力比闭合压力大。两者之差称为通断返回区间。通断返回区间应有足够大的数值,否则压力波动时压力继电器发出的电信号会时断时续。为此,有的产品在结构上可人为地调整摩擦力的大小,使通断返回区间的数值可调。

鉴于压力继电器的功能,要求压力继电器的灵敏度好、重复精度高。

5.3.6　压力控制阀经常出现的故障

压力控制阀是根据弹簧力与液压力相平衡的原理工作的,因此压力控制系统的常见故障及产生原因可归纳如下。

5.3.6.1 压力调不上去

(1)先导式溢流阀的主阀阻尼孔堵塞,滑阀在下端油压作用下,克服上腔的液压力和主阀弹簧力,使主阀上移,调压弹簧失去对主阀的控制作用,因此主阀在较低的压力下打开溢流口溢流。系统中,正常工作的压力阀,有时突然出现故障往往是这种原因造成的。

(2)溢流阀的调压弹簧太软、装错或漏装。

(3)阀芯被毛刺或其他污物卡死在开口位置。

(4)阀芯和阀座关闭不严,泄漏严重。

5.3.6.2 压力过高,调不下来

(1)安装时,阀的进出油口接错,没有压力油去推动阀芯移动,导致阀芯打不开。

(2)阀芯被毛刺或污物卡死在关闭位置,导致主阀不能开启。

(3)先导阀前的阻尼孔堵塞,导致主阀不能开启。

5.3.6.3 压力振摆大

(1)阀芯与阀座接触不良。

(2)阀芯在阀体内移动不灵活。

(3)油液中混有空气。

(4)阻尼孔直径过大,阻尼作用弱。

(5)产生共振。

5.4 流量控制阀

流量控制阀是靠改变阀口通流面积的大小来调节通过阀口的流量,从而控制执行元件(液压缸或液压马达)的运动速度的。

5.4.1 节流阀

如图5-26所示,压力油从进油口 P_1 进入,经节流口从出油口 P_2 流出。节流口所在的阀芯锥部通常开有2个或4个三角槽(节流口还有其他形式)。通过调节手轮5,进、出油口之间通流面积发生变化,即可调节流量。其中,弹簧1用于顶紧阀芯,保持阀口开度不变。此种结构的节流阀调节范围大,有较低的稳定流量,调节方便省力,但流量受温度影响较大。

5.4.1.1 节流阀的流量和影响流量稳定的因素

节流阀的输出流量与节流口的结构形式有关,实用的节流口介于理想薄刃孔和细长孔之间,其流量特性可用小孔流量通用公式 $q=KA_T\Delta p^m$ 来描述,特性曲线如图5-27所示。我们希望节流阀阀口面积 A_T 一经调定,通过的流量 q 不变化,以使执行元件速度稳定,但实际上这是做不到的。其主要原因如下:

(1)负载变化的影响。液压系统中的负载一般是变化的,它使执行元件的工作压力随之变化,从而导致节流阀前后压差 Δp 变化,由小孔流量通用公式可见,流量也随之变化。一般薄刃孔 m 值最小,负载变化对流量的影响也最小,如图5-27中的曲线1所示。

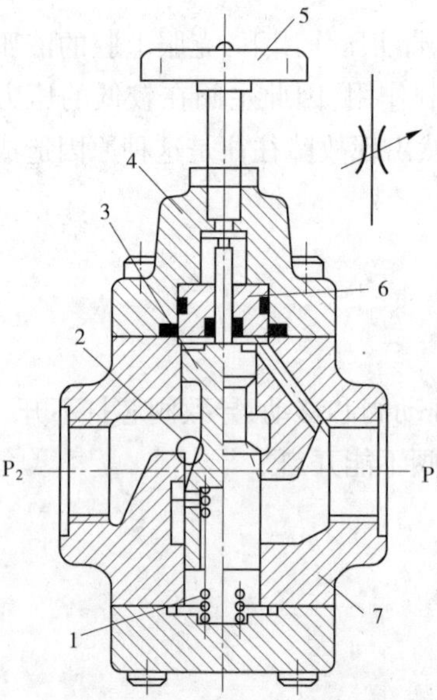

1—弹簧;2—节流口;3—阀芯;
4—顶盖;5—手轮;6—导套;7—阀体

图 5-26　节流阀

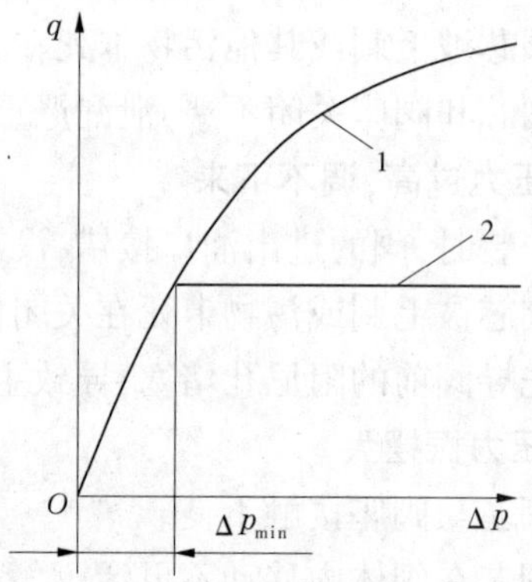

图 5-27　流量阀的流量特性曲线

(2)温度变化的影响。油温变化引起油的黏度变化,小孔流量通用公式中的系数 K 将发生变化,从而使流量变化。显然,节流孔越长,影响越大,薄刃孔温度变化影响最小。

5.4.1.2　节流阀的阻塞和最小稳定流量

当节流阀开度很小时,流量会出现不稳定甚至断流的现象,称为节流阀的阻塞。这是因为节流口处高速的液流产生局部高温,致使油液氧化,生成胶质沉淀,甚至引起油中碳的燃烧产生灰烬。这些生成物和油中原有杂质结合,在节流口表面逐渐形成附着层,它不断堆积又不断被高速液流冲掉,流量就不断地发生波动。当附着层堵死节流口时,便出现断流。因此,节流阀有一个能正常工作(无断流,且流量变化率不大于 10%)的最小流量限制值,称为节流阀的最小稳定流量。轴向三角槽式节流口的最小稳定流量为 30~50 mL/min,薄刃孔则可达 10~15 mL/min。

在实际应用中,防止节流阀阻塞的措施如下:

(1)油液要精密过滤。实践证明,为除去铁质污染,采用带磁性的滤油器效果更好,精度可达 5~10 μm,能显著改善阻塞现象。

(2)节流阀两端压差要适当。压差大,节流口能量损失大,温度高,同流量时过流面积小,易引起阻塞。因此,一般取 Δp 为 0.2~0.3 MPa。

5.4.2　调速阀

5.4.2.1　普通调速阀

调速阀是由定差减压阀 1 与节流阀 2 串联而成的组合阀,如图 5-28 所示。节流阀用来调节通过的流量,定差减压阀则自动补偿负载变化的影响,使节流阀前后的压差为定值,消除了节流阀负载变化对流量的影响。定差减压阀与节流阀相串联,并使定差减压阀左右两腔分别与节流阀前后端接通。设减压阀的进口压力为 p_1,出口压力为 p_2,通过节流阀后降为 p_3,p_3 的大小由液压缸负载 F 决定。当负载 F 变化时,p_3 和调速阀两端压差 p_1-p_3 随之变化,但节流阀两端压差 p_2-p_3 却不变。例如,F 增大使 p_3 增大,减压阀芯弹簧腔液压力增大,阀芯左移,开度 x 加大,减压作用减小,使 p_2 有所增加,结果压差 p_2-p_3 保持不变。反之亦然,从而使通过调速阀的流量保持恒定。

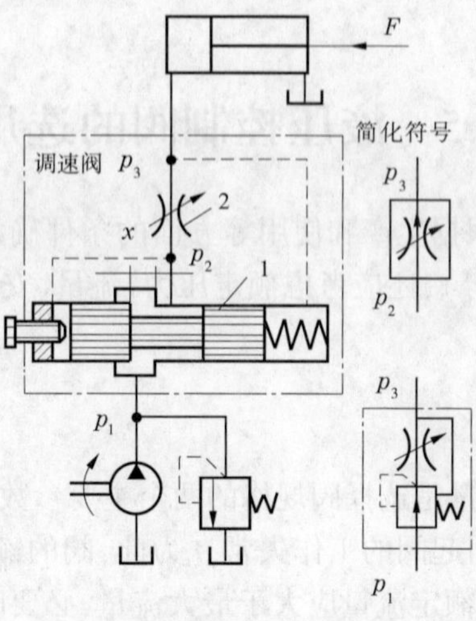

1—定差减压阀;2—节流阀

图 5-28 调速阀的工作原理及符号

行程限位器用于限制减压口的开度,防止系统重新启动时,由于减压口过大,油液大量通过,使液压缸前冲(称为启动前冲现象),降低加工质量,甚至损坏机件。新开发的产品中有一种预控(或外控)调速阀,它在减压阀左腔中通入控制油,来防止减压口在未工作时开度过大。从调速阀的结构上看,减压阀和节流阀一般垂直安置,节流阀部分设置有流量调节手轮,而减压阀部分可附有行程限位器。

5.4.2.2 **温度补偿调速阀**

调速阀消除了负载变化对流量的影响,但温度变化的影响依然存在。因此,为解决温度变化对流量的影响,在对速度稳定性要求高的系统中需采用温度补偿调速阀。温度补偿调速阀与普通调速阀的结构基本相似,所不同的是,前者在节流阀的阀芯上连接一根温度补偿杆,如图 5-29 所示。当温度升高时,流量增大,但由于补偿杆是由温度膨胀系数很大的聚氯乙烯塑料制成的,其也随温度升高而增长,使阀口减小,反之则开大,故能维持流量基本不变(在 20~60 ℃范围内流量变化不超过 10%)。

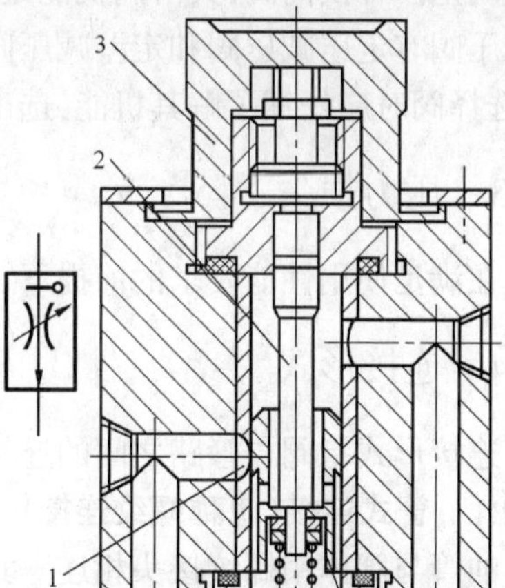

1—节流口;2—温度补偿杆;
3—调节手轮;4—节流阀芯

图 5-29 温度补偿调速阀

5.4.2.3 调速阀的流量特性和最小压差

调速阀的流量特性曲线如图 5-27 中的曲线 2 所示。由图可见,当调速阀前后两端压差超过最小值 Δp_{min} 后,流量是稳定的,而在 Δp_{min} 以内,流量随压差的变化而变化,其变化规律与节流阀相同。这是因为在压差较低时,调速阀中的定差减压阀阀口全开,处于非工作状态,只有节流阀在起作用,故此段曲线与节流阀曲线相一致。调速阀的最小压差 $\Delta p_{min} \approx 1$ MPa(中低压阀的约为 0.5 MPa)。系统设计时应使调速阀的工作压差略大于此值。

5.5 液压控制阀的选用

选用阀类元件时,应先根据生产和使用等方面的条件确定系统中阀的类型及结构形式(位数、通数、动力源形式等),还应考虑额定压力、流量、安装形式、操纵方式、结构特点和经济性等因素。

5.5.1 压力和流量范围

流经阀的最大压力和流量是选择阀规格的两个主要参数。因为阀的压力和流量范围必须满足使用要求,否则将引起阀的工作失常。为此,阀的额定压力应略大于最大压力,但最多不得超过 10%。阀的额定流量应大于最大流量,必要时允许通过阀的最大流量超过其额定流量的 20%,但也不宜过大,以免引起油液发热、噪声、压力损失增大和阀的工作性能变坏。选择流量阀时,不仅要考虑最大流量,而且要考虑最小稳定流量。

5.5.2 机能

同是一种换向阀,其滑阀机能是各种各样的,如三位四通阀有 M、H、O、P 等之分。同是减压阀有定压减压阀和定差减压阀之分,同是顺序阀又有内控式和外控式之分等。因此,选择阀时应仔细了解其机能,选出符合工作要求的阀。

5.5.3 压力损失

在满足使用性能要求的前提下,应尽量选择压力损失较小的阀,以提高系统效率。

5.5.4 连接形式

连接形式指阀与管路之间的连接形式,有以下五种。

5.5.4.1 管式连接(也称螺纹连接)

油管与阀体用螺纹接头相连。其特点是连接最简单,重量最轻,但不紧凑,配管复杂,容易产生振动和漏油,装卸维护不便。一般元件少、回路简单、试制性系统以及装卸机械上主要采用这种形式。

5.5.4.2 板式连接

板式连接有三种方法:第一种将阀安装在连接板上,通过座板上的螺纹孔用管接头和管子彼此相连,实质上仍属于管式连接。其特点是阀的拆装不影响管路,并可将阀集中布置,但空间尺寸及质量较大。第二种用油路板安装连接,阀集中安装在油路板上,板上各阀之间通过根据油路设计要求而制出的油道来连通。其特点是结构紧凑,换阀容易,阀间连接通道短,动作反应快,振动和漏油少。但油路板需按液压系统专门制造,不能通用,故成本较高,不便于系统改进。第三种用油路块安装和连接,属于油路块集成。它是将阀固定在油路块的前面、后面及右侧面,左侧面通过管接头和管子连接执行元件。油路块上制出的油道使阀与阀之间按一定要求连通。通常每块构成一种基本回路,块与块之间有进油、回油、控制油等公用通道。使用时按要求选用基本油路块在座板上叠积安装,然后用拉杆紧固。其特点是"三化"程度高,设计时按要求选择适当的基本油路块叠积即可组成液压系统,而且对原系统的改进比较容易实现。此外,油道短而粗,压力损失小,振动和漏油减少,成本较低,但质量较大,尺寸大时加工比较困难。

5.5.4.3 法兰式连接

在油管端部焊接法兰盘,通过螺钉与阀体相连。其特点是连接强度高,工作可靠。一般用于油管直径较大的场合。

5.5.4.4 叠加式连接

将阀体都做成标准尺寸的长方形,使用时将所用的阀在座板上叠积,然后用拉杆紧固。这种连接方式从根本上消除了阀与阀之间的连接管路,因此组成的系统更简单紧凑,"三化"程度高,系统组装方便灵活,且便于油路的改进。

5.5.4.5 插装式连接

插装阀本身没有阀体,而是将阀套与阀芯构成的单独组件,靠阀套与阀块中的孔相配合,然后用螺纹或盖板将其固定在阀块中,再通过阀块内的通道将各插装阀连接起来,组成集成的液压系统。此时,阀块既是插装阀的阀体,又是系统的连接通道。

5.5.5 其他注意问题

(1)尽量选择标准定型的产品,除非不得已时才自行设计专用控制阀等元件。

(2)应注意差动液压缸由于面积差形成不同回油量对控制阀正常工作的影响。

(3)应注意阀的操纵方式、结构特点、性能及价格等。例如,用于保护系统的安全阀,要求反应灵敏,压力超调量小;对换向速度要求快的系统一般选用交流型电磁阀,反之可采用直流型电磁阀。

5.6 自动控制阀和阀的集成化配置

在液压传动与控制系统中,常用的液压控制阀可满足一般的工作需要。但随着生产的发展,对液压系统的传动与控制提出了新的要求,特别是随着计算机的普及与应用而出现了一些新型的液压控制元件。下面介绍近30年来出现的常用的新型液压控制元件。

5.6.1 电液比例控制阀

电液比例控制阀简称比例阀。由于常用的液压控制阀的特点是手动调节和开关控制,阀输出的参数在阀处于工作状态下是不可调节的。但在实际应用中,许多液压系统要求流量和压力能连续地或按比例地随输入信号的变化而变化。已有的液压伺服系统虽然能满足要求,但结构复杂,成本高,对污染敏感,维修困难,不便普遍使用。电液比例控制阀较好地解决了这一问题。

目前的比例阀一般有两大类:一类是由电液伺服阀简化结构、降低精度发展起来的;另一类是以直流比例电磁铁(力马达)取代普通液压阀的手调装置或普通电磁铁发展起来的。下面介绍后者,它是比例阀的主流,与普通液压阀可以互换。

直流比例电磁阀为电-机械比例转换器,它将电信号按比例地转换为力或位移。液压阀则能根据力或位移连续地或按比例地调节输出油液的参量,如压力、流量的大小和液流方向等。因此,作为比例阀,可分为电液比例溢流阀、电液比例调速阀、电液比例换向阀和电液比例复合阀等。作为电液比例复合阀,可以是比例阀之间或比例阀与其他元件之间的复合。例如,比例阀与变量泵组成的比例复合泵,能按比例地输出流量;比例方向阀与液压缸组成的比例复合缸,能实现位移和速度的比例控制等。下面对前三类比例阀作简要介绍。

5.6.1.1 电液比例溢流阀

用比例电磁铁取代直动式溢流阀的手调装置,便成为直动式比例溢流阀,如图 5-30 所示。比例电磁铁的推杆通过弹簧座对调压弹簧施加推力。随着输入电信号强度的变化,比例电磁铁的电磁力将发生变化,从而改变调压弹簧的压缩量,使顶开锥阀的压力随输入信号的变化而变化。若输入信号是连续地、按比例地或按一定的程序变化,则比例溢流阀所调节的系统压力也连续地、按比例地或按一定的程序进行变化。因此,比例溢流阀多用于系统的多级调压或实现连续的压力控制。把直动式比例溢流阀作先导阀与其他普通压力阀的主阀相配,便可组成先导式比例溢流阀、比例顺序阀和比例减压阀。

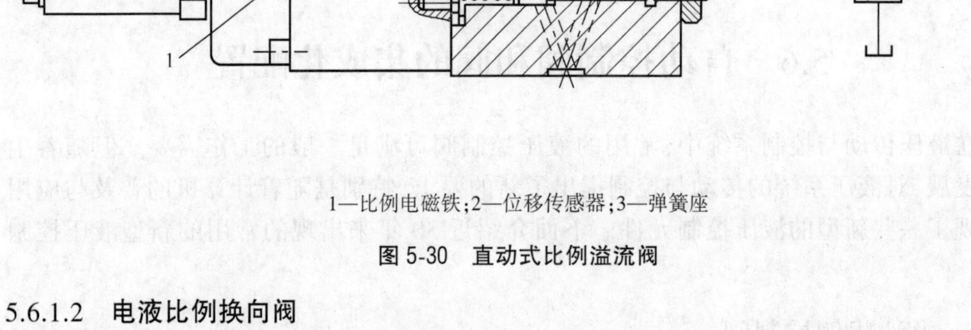

1—比例电磁铁;2—位移传感器;3—弹簧座

图 5-30 直动式比例溢流阀

5.6.1.2 电液比例换向阀

用比例电磁铁取代电磁换向阀中的普通电磁铁,便构成直动式比例换向阀,如图 5-31 所示。由于使用了比例电磁铁,阀芯不仅可以换位,而且换位的行程可以连续地或按比例地变化,因而连通油口间的通流面积也可以连续地或按比例地变化,所以比例换向阀不仅能控制执行元件的运动方向,而且能控制其速度。

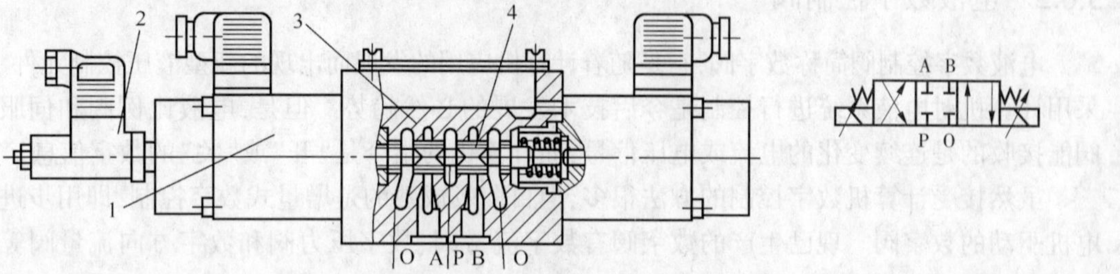

1—比例电磁铁;2—位移传感器;3—阀体;4—阀芯

图 5-31 直动式比例换向阀

5.6.1.3 电液比例调速阀

用比例电磁铁取代节流阀或调速阀的手调装置,以输入电信号控制节流口开度,便可连续地或按比例地远程控制其输出流量,实现执行部件的速度调节。图 5-32 所示的是电液比例调速阀的结构原理及符号。图中的节流阀芯由比例电磁铁的推杆操纵,输入的电信号不同,则电磁力不同,推杆受力不同,与阀芯左端弹簧力平衡后,便有不同的节流口开度。由于定差减压阀已保证了节流口前后压差为定值,所以一定的输入电流就对应一定的输出流量,不同的输入信号,就对应着不同的输出流量。

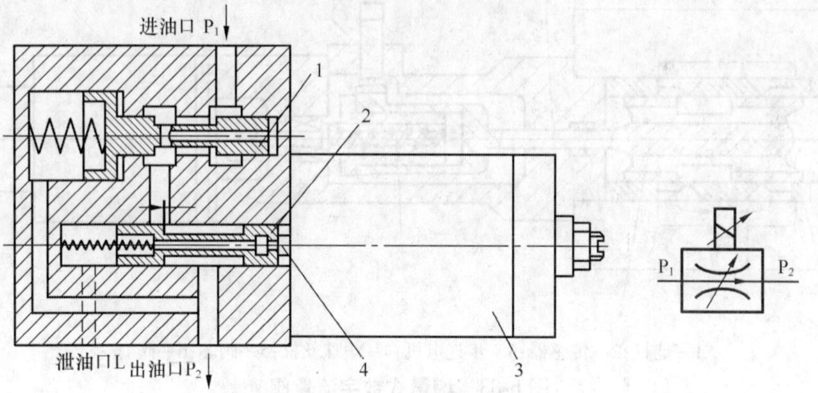

1—定差减压阀;2—节流阀芯;3—比例电磁铁推杆操纵装置;4—推杆

图 5-32 电液比例调速阀

在图 5-30 和图 5-31 中,比例电磁铁前端都附有位移传感器(或称差动变压器),这种电磁铁称为行程控制比例电磁铁。位移传感器能准确地测定电磁铁的行程,并向放大器发出电反馈信号。放大器将输入信号和反馈信号加以比较后,再向电磁铁发出纠正信号以补偿误差。这样便能消除液动力等干扰因素,保持准确的阀芯位置或节流口面积。这是比例阀进入成熟阶段的标志。

电液比例调速阀能简单地实现遥控和连续地、按比例地控制液压系统的力和速度,并能简化液压系统、节省液压元件。由于采用了各种更加完善的反馈装置和优化设计,比例阀的动态性能虽仍低于伺服阀,但静态性能已大致相同,而且价格低廉得多,是一种很有发展前途的液压控制元件。

5.6.2 电液数字控制阀

电液数字控制阀简称数字阀,它是随着计算机应用的发展而出现的新型液压控制元件。采用计算机对电液系统进行控制是今后技术发展的必然趋势。但是,电液比例阀和伺服阀能接收的是连续变化的电流或电压信号,而计算机的指令是“开”或“关”的数字信息。

虽然接受计算机数字控制的方法很多,但目前较成熟的是增量式数字控制,即用步进电机驱动的数字阀。现已生产的数字阀有数字流量阀、数字压力阀和数字方向流量阀等系列产品。

数字阀的工作原理是:计算机每发出一个脉冲信号,经放大后输给步进电机,而步进电机每接收一个脉冲便转动一定角度。步进电机的转动又通过凸轮或丝杠等机构转换成直线位移量,从而推动阀芯或压缩弹簧,实现液压阀对方向、流量或压力的控制。下面以图 5-33 所示的增量式数字流量阀为例,具体说明数字阀的工作原理。当计算机发出信号后,步进电机转动,通过滚珠丝杠转化为轴向位移,通过连杆带动节流阀的阀芯移动,使节流口变大或者变小,实现了流量控制。该阀有两个节流口,阀芯移动时,首先打开右边的非全周节流口,流量较小;继续移动,则打开左边第二个全周节流口,流量较大。该阀的流量因阀芯、阀套及连杆的相对热膨胀取得补偿,维持流量恒定。

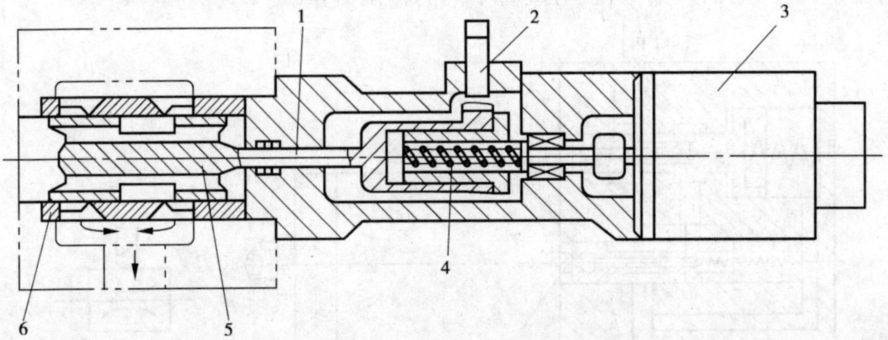

1—连杆;2—传感器;3—步进电机;4—滚珠丝杠;5—阀芯;6—阀套

图 5-33 增量式数字流量阀

该阀无反馈功能,但零位移传感器使其在每个控制周期完成时,阀芯都回到零位。这样就保证了每个工作周期都在相同的位置开始,使阀有较高的重复精度。

5.6.3 插装阀

插装阀不仅能实现常用液压阀的各种功能,而且与普通液压阀相比,具有主阀结构简单、通流能力大(可达 10 000 L/min)、体积小、重量轻、密封性能和动态性能好、易于集成、可实现一阀多用等优点,因而在大流量系统中得到了广泛应用。

5.6.3.1 插装阀的结构原理及符号

如图 5-34 所示,它由控制盖板、插装单元(由阀套、弹簧、阀芯及密封件组成)、插装块体和先导元件(置于控制盖板上,图中没有画出)组成。由于这种阀的插装单元在回路中

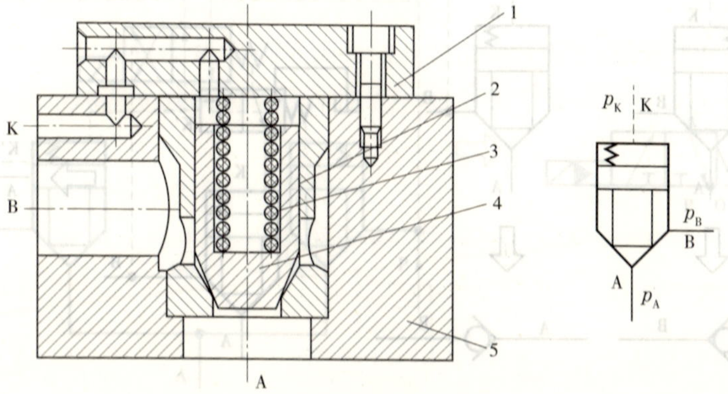

1—控制盖板;2—阀套;3—弹簧;4—阀芯;5—插装块体

图5-34 插装阀

主要起控制通、断作用,故又称为二通插装阀。控制盖板将插装单元封装在插装块体内,并沟通先导阀和插装单元(又称主阀)。通过主阀芯的启闭,可对主油路的通断起控制作用。使用不同的先导阀,可实现压力控制、方向控制或流量控制功能,并可实现复合控制功能。将若干个不同控制功能的二通插装阀组装在一个或多个插装块体内,便组成液压回路。

就工作原理而言,二通插装阀相当于一个液控单向阀。A和B为主油路仅有的两个工作油口(称为二通阀),K为控制油口。改变控制油口的压力,即可控制A、B油口的通断。当控制油口无液压作用时,阀芯下部的液压力超过弹簧力,阀芯被顶开,A与B相通,至于液流的方向,视A、B油口的压力大小而定。反之,只有当控制油口有液压作用,$p_K \geqslant p_A$,$p_K \geqslant p_B$时,才能保证A油口与B油口之间关闭。这样,就起逻辑元件的"非"门作用,故也称为逻辑阀。

插装阀按控制油的来源可分为两类:第一类为外控式插装阀,控制油由单独动力源供给,其压力与A、B油口的压力变化无关,多用于油路的方向控制。第二类为内控式插装阀,控制油引自阀的A或B油口,并分为阀芯带阻尼孔与不带阻尼孔两种,应用比较广泛。

5.6.3.2 方向控制插装阀

1.单向插装阀

如图5-35所示,将K与A或B连通,即成为单向阀。连通方法不同,其导通方向也不同。当$p_A > p_B$时,锥阀关闭,A与B不通;当$p_B > p_A$,且达到开启压力时,锥阀打开,油从B流向A。

2.液控单向插装阀

如果在控制盖板上接一个二位三通液控换向阀来改变K处的压力,即成为液控单向阀,如图5-36所示。若K′处无液压作用,则处于图示位置,当$p_A > p_B$时,A、B导通,油从A流向B;当$p_B > p_A$时,A、B不通。若K′处有液压作用,则二位三通液控阀换向,使K接油箱,A与B相通,油的流向视A、B点的压力大小而定。

3.二位二通插装阀

如图5-37所示,在图示状态下,锥阀开启,A与B相通。若电磁换向阀通电换向,且

6.如图 5-46 所示,溢流阀的调定压力分别为 $p_A = 3$ MPa,$p_B = 1.4$ MPa,$p_C = 2$ MPa,试求系统的外负载趋于无限大时,泵输出的压力为多少? 如果将溢流阀的远程控制口堵塞,泵输出的压力为多少?

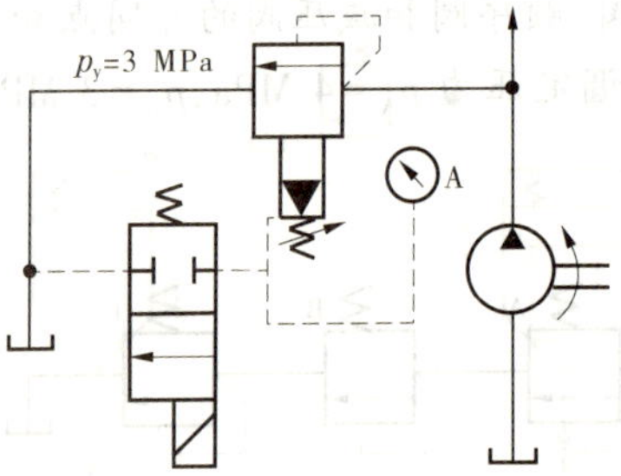

图 5-45

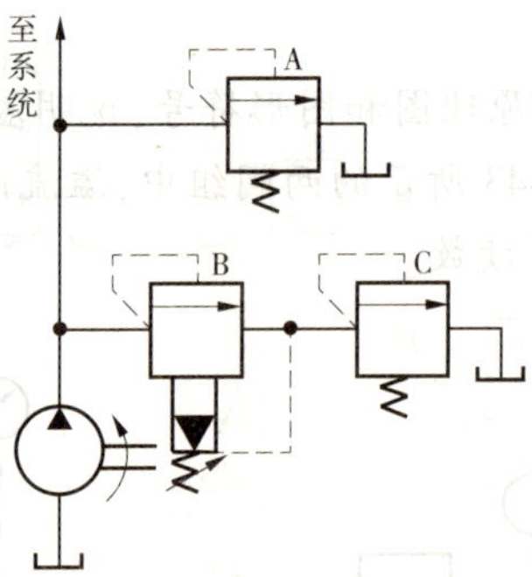

图 5-46

7.如图 5-47 所示液压缸,$A_1 = 30\times10^{-4}$ m^2,$A_2 = 12\times10^{-4}$ m^2,$F = 30\times10^3$ N,液控单向阀用作闭锁,以防止液压缸下滑,阀内控制活塞面积 A_k 是阀芯承压面积 A 的三倍。若摩擦力、弹簧力均忽略不计,那么需要多大的控制压力才能开启液控单向阀? 开启前液压缸中最高压力为多少?

8.如图 5-48 所示回路中,溢流阀的调整压力为 5.0 MPa,减压阀的调整压力为 2.5 MPa。试分析下列各情况,并说明减压阀阀口所处状态。

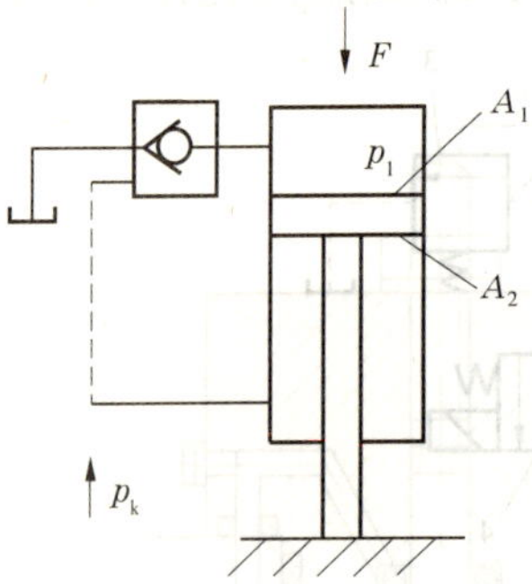

图 5-47

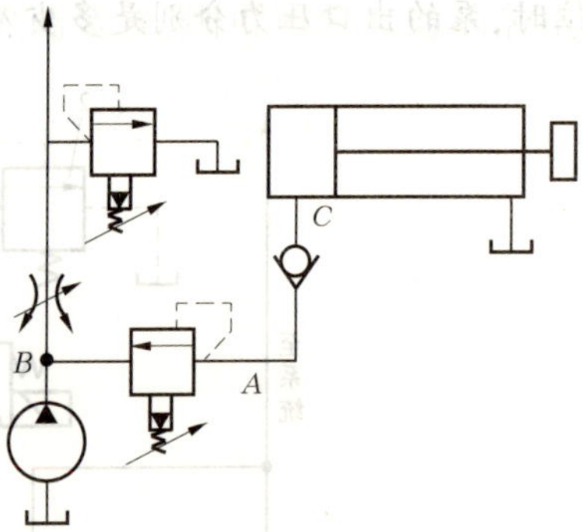

图 5-48

(1)当泵压力等于不同的溢流阀调定压力时,夹紧缸夹紧工件后,A、C 点的压力各为多少?

(2)当泵压力由于工作缸快进而降到 1.5 MPa 时(工件原先处于夹紧状态),A、C 点的压力为多少?

(3)夹紧缸在夹紧工件前作空载运动时,A、B、C 三点的压力各为多少?

第6章 液压辅助元件

【学习目标】

1. 知识目标

◇掌握各种液压辅助元件的分类、功用及工作原理;

◇熟悉各类液压辅助元件的工作特点和适用场合;

◇了解职能符号的画法及应用;

◇了解各类液压辅助元件的安装及使用中的注意事项。

2. 能力目标

◇能根据液压设备的工况合理地选择各类液压辅助元件;

◇能识别和绘制各种液压辅助元件的职能符号。

液压系统中的辅助元件主要包括油管、管接头、蓄能器、过滤器、油箱、密封元件、热交换器等。这些元件对液压系统的性能、效率、温升、噪声和寿命有很大的影响。因此,在选择和使用液压系统时,对辅助元件必须予以足够的重视。

6.1 密封元件

在液压与气压传动系统及元件中,为防止工作介质的泄漏及外界尘埃和异物的侵入,必须设置密封装置和密封元件。

正确、合理地使用密封元件是液压传动系统正常工作的重要保证。密封装置的可靠性和使用寿命,是衡量系统好坏的一个重要指标。但需要指出的是,密封不是越严越好。如果对某些有相对运动的部位密封过度,虽然可以防止泄漏,但也会造成密封部位的剧烈磨损,缩短密封装置的使用寿命,增大元件间的运动摩擦阻力,降低系统的机械效率等后果。

6.1.1 系统对密封装置的要求

(1)在工作压力和一定的温度范围内,应具有良好的密封性能,并随着压力的增加能自动提高密封性能;

(2)密封装置和运动件之间的摩擦力要小,摩擦系数要稳定;

(3)抗腐蚀能力强,不易老化,工作寿命长,耐磨性好,磨损后在一定程度上能自动补偿;

(4)结构简单,使用、维护方便,价格低廉。

6.1.2　密封元件的种类及特点

通常根据两个需要密封的耦合面在机器运转时有无相对运动,把密封分为动密封和静密封两大类。按其工作原理的不同,密封分为间隙密封和密封件密封两种。

6.1.2.1　间隙密封

如图 6-1 所示,间隙密封是靠相对运动件配合面之间的微小间隙来进行密封的,常用于柱塞、活塞或阀的圆柱配合副中。一般在阀芯的外表面开有几条等距离的均压槽,它们的主要作用是使径向压力分布均匀,减小液压卡紧力,同时使阀芯在孔中对中性好,以减小间隙的方法来减少泄漏。同时槽所形成的阻力,对减少泄漏也有一定的作用。均压槽一般宽为 0.3~0.5 mm,深为 0.5~1.0 mm。圆柱面配合间隙与直径大小有关,对于阀芯与阀孔,一般取 0.005~0.017 mm。

这种密封的优点是摩擦力小,缺点是磨损后不能自动补偿,主要用于直径较小的圆柱面之间,如液压泵内的柱塞与缸体之间、滑阀的阀芯与阀孔之间的配合。

6.1.2.2　O 形密封圈

O 形密封圈是一种使用最广泛的密封件,其截面为圆形,如图 6-2 所示。其主要材料为合成橡胶,主要用于静密封及滑动密封,转动密封用得较少。

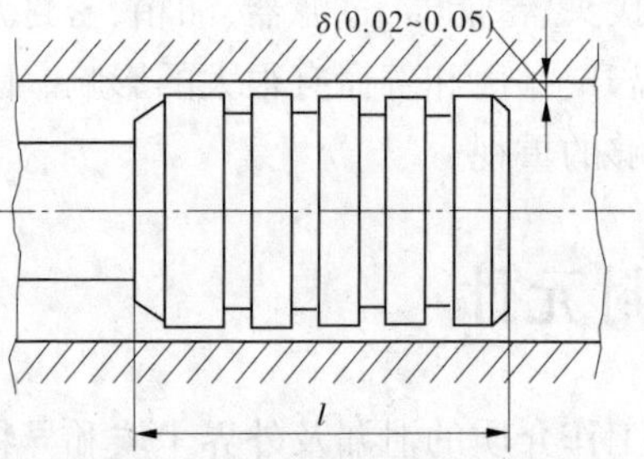

图 6-1　间隙密封

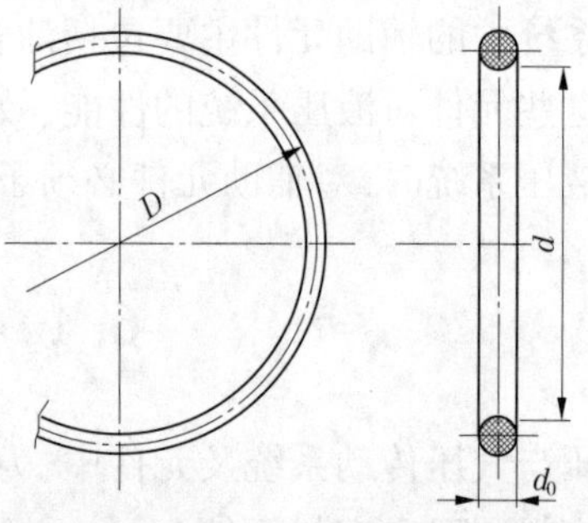

图 6-2　O 形密封圈

O 形密封圈截面如图 6-3(a)所示。O 形密封圈的截面直径在装入密封槽后一般压缩 8%~25%,如图 6-3(b)所示。该压缩量使 O 形密封圈在工作介质没有压力或压力很低时,依靠自身的弹性变形密封接触面(见图 6-3(c))。当工作介质压力较高时,在压力的作用下,O 形密封圈被压到沟槽的另一侧(见图 6-3(d)),此时密封接触面处的压力堵塞了工作介质泄漏的通道,起密封作用。如果工作介质的压力超过一定限度,O 形密封圈将从密封槽的间隙中被挤出(见图 6-3(e))而受到破坏,以致密封效果降低或失去密封作用。为避免挤出现象,必要时加密封挡圈。在动密封工况,当介质压力大于 10 MPa 时加挡圈;在静密封工况,当介质压力大于 32 MPa 时加挡圈。若 O 形密封圈单向受压,挡圈加在非受压侧,如图 6-4(a)所示;若 O 形密封圈双向受压,在 O 形密封圈两侧同时加挡圈,如图 6-4(b)所示。挡圈材料常用聚四氟乙烯、尼龙等。采用挡圈后,会增加密封装置的摩擦阻力。

当 O 形密封圈用于动密封时，可采用内径密封或外径密封；当用于静密封时，可采用角密封，如图 6-5 所示。

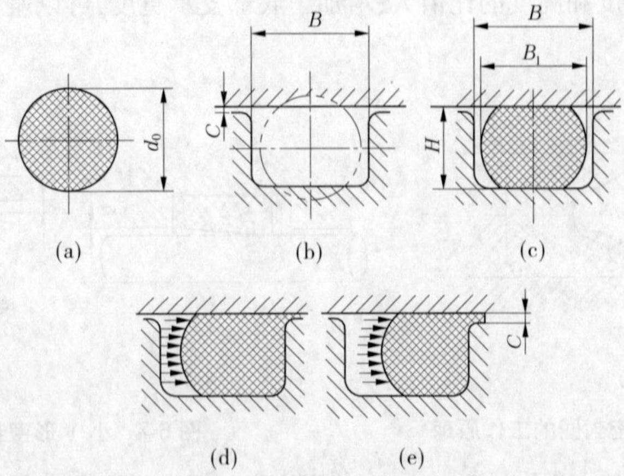

图 6-3　O 形密封圈的工作原理

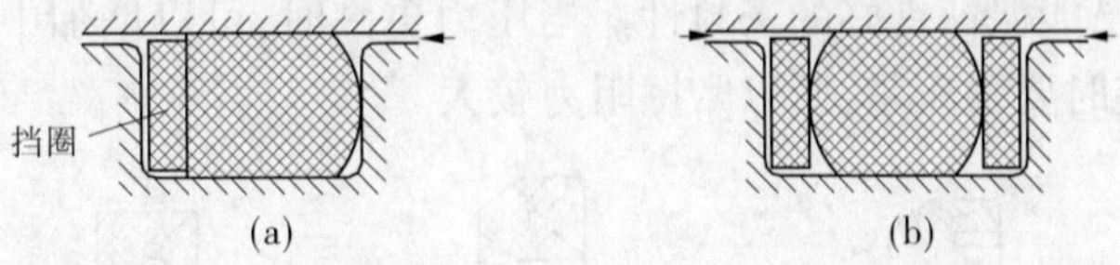

图 6-4　O 形密封圈的挡圈

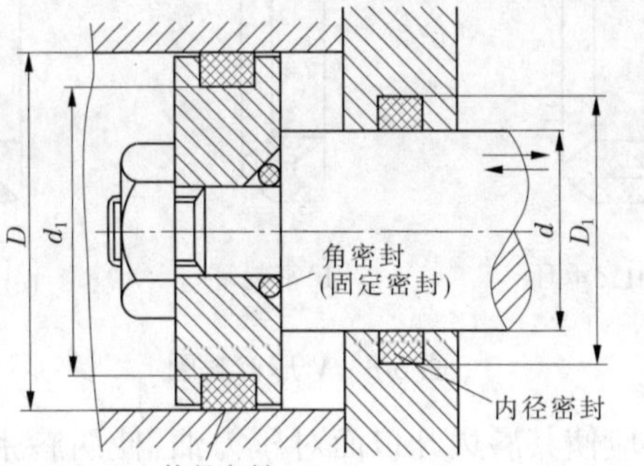

图 6-5　O 形密封圈用于角密封、端面密封、圆柱形内径和外径密封

O 形密封圈的尺寸系列及安装用沟槽形式、尺寸与公差及 O 形密封圈规格、使用范围的选择可查阅有关国家标准。

6.1.2.3　唇形密封圈

唇形密封圈根据截面的形状可分为 Y 形、V 形、U 形、L 形等。其工作原理如图 6-6 所示。液压力将密封圈的两唇边压向形成间隙的两个零件的表面。这种密封作用的特点是：能随着工作压力的变化自动调整密封性能，压力越高则唇边被压得越紧，密封性越好；当压力降低时，唇边压紧程度也随之降低，从而减少了摩擦阻力和功率消耗；能自动补偿唇边的磨损，保持密封性能不降低。

目前,液压缸中普遍使用如图 6-7 所示的小 Y 形密封圈,将其作为活塞和活塞杆的密封。其中,图 6-7(a)所示为轴用密封圈,图 6-7(b)所示为孔用密封圈。这种小 Y 形密封圈的特点是断面宽度和高度的比值大,增加了底部支承宽度,可以避免摩擦力造成的密封圈的翻转和扭曲。

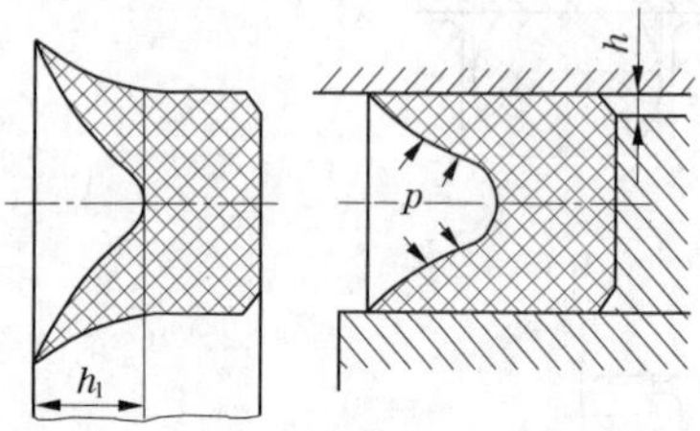

图 6-6 唇形密封圈的工作原理

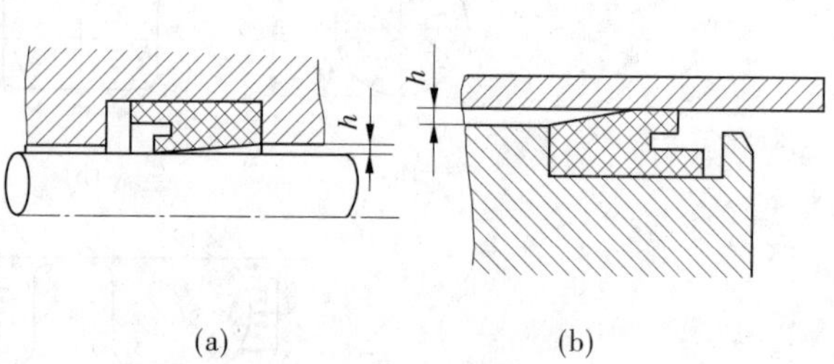

图 6-7 小 Y 形密封圈

在高压和超高压(压力大于 25 MPa)情况下,V 形密封圈也有所应用。V 形密封圈的形状如图 6-8 所示,它由多层涂胶织物压制而成,通常将压环、密封环和支承环三个圈叠在一起使用,此时已能保证良好的密封性。当压力更高时,可以增加中间密封环的数量。这种密封圈在安装时要预压紧,所以摩擦阻力较大。

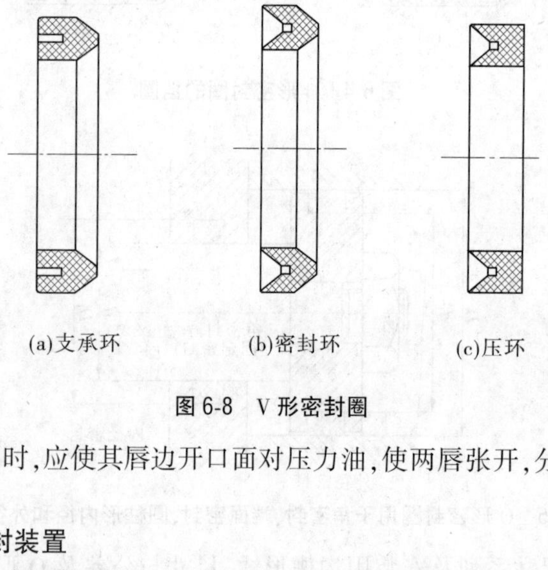

图 6-8 V 形密封圈

安装唇形密封圈时,应使其唇边开口面对压力油,使两唇张开,分别贴紧在机件的表面上。

6.1.2.4 组合式密封装置

随着液压技术的应用日益广泛,系统对密封的要求越来越高,普通的密封圈单独使用已不能很好地满足密封性能,特别是当有使用寿命和可靠性方面的要求时,因此研究和开发了由包括密封圈在内的两个以上元件组成的组合式密封装置。

图 6-9(a)所示为由 O 形密封圈与截面为矩形的聚四氟乙烯塑料滑环组成的组合密封装置。其中,滑环 2 紧贴密封面,O 形密封圈 1 为滑环提供弹性预压力,在介质压力等于零时构成密封。由于密封间隙靠滑环,而不是 O 形密封圈,因此摩擦阻力小而且稳定,可以用于 40 MPa 的高压条件下。当用于往复运动密封时,速度可达 15 m/s;当用于往复

摆动与螺旋运动密封时,速度可达 5 m/s。

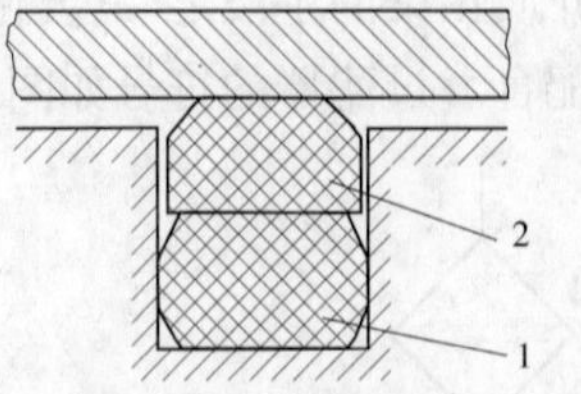

1—O形密封圈;2—滑环
(a)

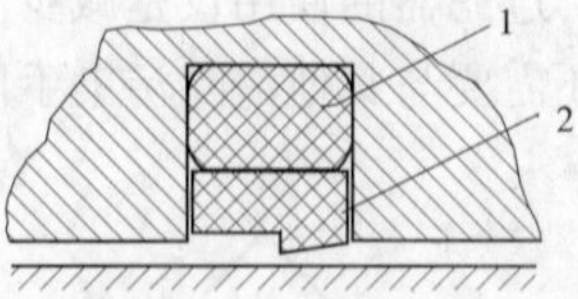

1—O形密封圈;2—支持环
(b)

图 6-9　组合式密封装置

矩形滑环组合密封的缺点是抗侧倾能力稍差,在高低压交变的场合下工作容易漏油。图 6-9(b)为由支持环 2 和 O 形密封圈 1 组成的轴用组合密封,由于支持环与被密封件之间为线密封,其工作原理类似唇边密封。支持环采用一种经特别处理的化合物,具有极佳的耐磨性、低摩擦和保形性,不存在橡胶密封低速时易产生的"爬行"现象,工作压力可达 80 MPa。

组合式密封装置充分发挥了橡胶密封圈和滑环(支持环)的长处,因此不仅工作可靠,摩擦力低而稳定,而且使用寿命比普通橡胶密封延长近百倍,在工程上的应用日益广泛。

6.1.2.5　回转轴用密封装置

回转轴用密封装置型式很多,图 6-10 所示是一种用耐油橡胶制成的回转轴用密封圈,它的内部由直角形圆环铁骨架支撑着,密封圈的内边围着一条螺旋弹簧,把内边收紧在轴上来进行密封。这种密封圈主要用作液压泵、液压马达和回转式液压缸的伸出轴的密封,以防止油液漏到壳体外部,它的工作压力一般不超过 0.1 MPa,最大允许线速度为 8 m/s,须在有润滑的情况下工作。

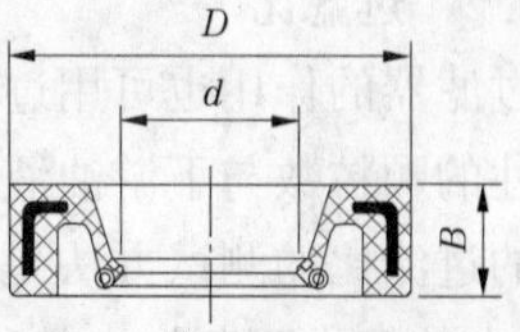

图 6-10　回转轴用密封圈

6.1.3　密封装置的选用

密封件在选用时必须考虑如下因素:

(1)密封的性质,是动密封,还是静密封;是平面密封,还是环行间隙密封。

(2)动密封是否要求静、动摩擦系数要小,运动是否平稳,同时考虑相对运动耦合面之间的运动速度、介质工作压力等因素。

(3)工作介质的种类和温度对密封件材质的要求,同时考虑制造和拆装是否方便。

6.2　过滤器

过滤器的功用就是滤去油液中杂质,维护油液的清洁,防止油液污染,保证液压系统正常工作。

需要指出的是，过滤器的使用仅是减少液压介质污染的手段之一，要使液压介质污染降低到最低限度，还需要与其他清除污染手段相配合。过滤器的符号如图 6-11 所示。

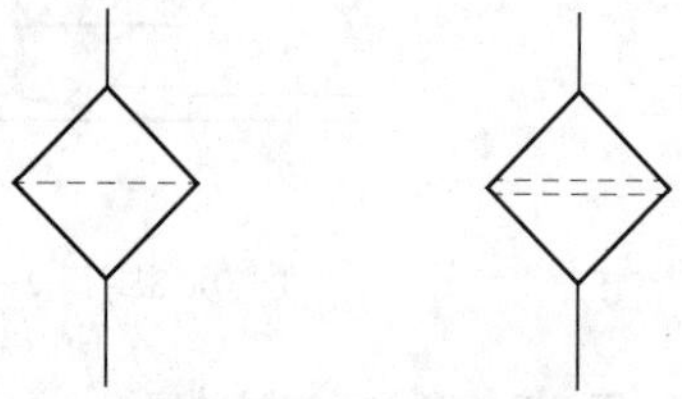

(a)粗过滤器的符号　　(b)精过滤器的符号

图 6-11　过滤器的符号

6.2.1　过滤器的主要性能参数

过滤器的主要性能参数有过滤精度、过滤比、过滤能力等。

6.2.1.1　过滤精度

过滤器的过滤精度是指介质流经过滤器时滤芯能够滤除的最小杂质颗粒度的大小，以公称直径 d 表示，单位为 mm。颗粒度越小，其过滤精度越高，一般分为四级：粗过滤器，$d \geq 0.1$ mm；普通过滤器，$d \geq 0.01$ mm；精过滤器，$d \geq 0.005$ mm；特精滤油器，$d \geq 0.001$ mm。

6.2.1.2　过滤比

过滤器的作用也可用过滤比来表示，它是指过滤器上游油液单位容积中大于某一给定尺寸的颗粒数与下游油液单位容积中大于同一尺寸的颗粒数之比。国际标准 ISO 4572 推荐的过滤比的测试方法是：液压泵从油箱中吸油，油液通过被测过滤器，然后回油箱。同时，在油箱中不断加入某种规格的污染物（试剂），测量过滤器入口与出口处污染物的数量，即得到过滤比。影响过滤比的因素很多，如污染物的颗粒度及尺寸分布、流量脉动及流量冲击等。过滤比越大，过滤器的过滤效果越好。

6.2.1.3　过滤能力

过滤器的过滤能力是指在一定压差下允许通过过滤器的最大流量，一般用过滤器的有效过滤面积（滤芯上能通过油液的总面积）来表示。

6.2.2　过滤器的类型

过滤器按过滤材料的过滤原理来分，有表面型、深度型和磁性过滤器三种。

6.2.2.1　表面型过滤器

表面型过滤器被滤除的微粒污物截留在滤芯元件油液上游一面，整个过滤作用是由一个几何面来实现的，就像丝网一样把污物阻留在其外表面。滤芯材料具有均匀的标定小孔，可以滤除大于标定小孔的污物杂质。由于污物杂质积聚在滤芯表面，所以此种过滤器极易堵塞。最常用的有网式和线隙式过滤器两种。图 6-12(a) 所示是网式过滤器，它是用细铜丝网 1 作为过滤材料，包在周围开有很多窗孔的塑料或金属筒形骨架 2 上组成的。一般滤除 $d>0.08$ mm 的杂质颗粒,阻力小,其压力损失不超过 0.01 MPa,安装在液压泵吸油口处,保护泵不受大颗粒度机械杂质的损坏。此种过滤器结构简单,清洗方便。图 6-12(b)所示是线隙式过滤器,滤芯是用铜或铝线 3 绕在筒形骨架 2 的外圆上形成的,利用线间的缝隙进行过滤。一般滤除 $d\geqslant 0.03$ mm 的杂质颗粒,压力损失为 0.07~0.35 MPa,常用在回油低压管路或泵吸油口。此种过滤器结构简单,滤芯材料强度低,不易清洗。

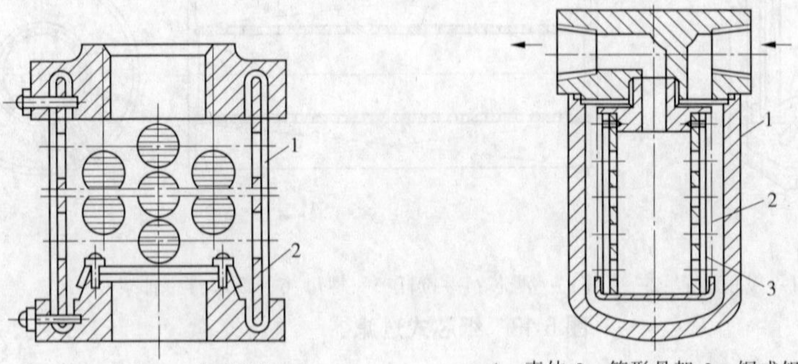

1—细铜丝网;2—筒形骨架
(a)网式过滤器

1—壳体;2—筒形骨架;3—铜或铝线
(b)线隙式过滤器

图 6-12 表面型过滤器

6.2.2.2 深度型过滤器

深度型过滤器的滤芯用多孔可透性材料制成,材料内部具有曲折迂回的通道,大于表面孔径的粒子直接被拦截在靠油液上游的外表面,而较小污染粒子进入过滤材料内部,撞到通道壁上,滤芯的吸附作用及曲折迂回通道有利于污染粒子的沉积和截留。这种滤芯材料有纸、烧结金属、永磁性材料、毛毡和各种纤维类等。

图 6-13(a)所示为纸芯式过滤器,油液从进油口 a 流入,在壳体 2 内自外向内穿过滤芯 3 而被过滤,然后从出油口 b 流出,滤芯由拉杆 4 和螺母 5 固定。滤芯如图 6-13(b)所示,由微孔滤纸组成,滤纸制成折叠式,以增加过滤面积。滤纸用骨架 7 支撑,以增大滤芯强度。过滤器工作时,杂质逐渐积聚在滤芯上,滤芯压差逐渐增大。为避免将滤芯破坏,防止没经过滤的油液进入液压系统,设置了堵塞状态的发信装置 1,当压差超过 0.3 MPa 时,发信装置发出信号。纸芯式过滤器的过滤精度高,压力损失小,重量轻,成本低,但滤芯堵塞后无法清洗,要定期更换纸芯,常用于对油液要求较高的场合。

图 6-14 所示为烧结式过滤器。它的滤芯 3 是用颗粒状青铜粉烧结而成的。油液从左侧油孔进入,经杯状滤芯过滤后,从下部油孔流出。它可滤除 $d>0.01$mm 的颗粒,压力损失较大,为 0.03~0.2 MPa,多用在回油路中。烧结式过滤器制造简单,耐腐蚀,强度高。金属颗粒有时脱落,堵塞后清洗困难。

6.2.2.3 磁性过滤器

磁性过滤器的滤芯采用永磁性材料,将油液中对磁性敏感的金属颗粒吸附到其上面,如图 6-15 所示。磁性过滤器常与其他形式滤芯一起制成复合式过滤器,对加工金属的机床液压系统特别适用。

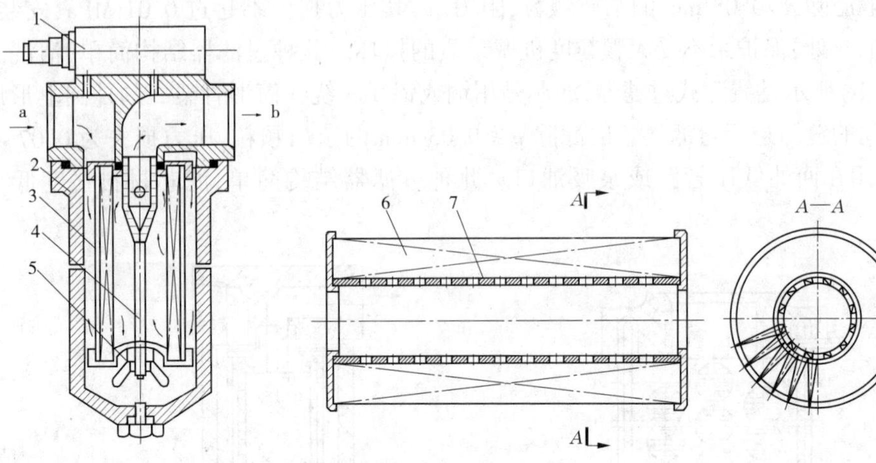

(a)　　(b)

1—发信装置;2—壳体;3—滤芯;4—拉杆;5—螺母;6—纸芯;7—骨架

图 6-13　纸芯式过滤器

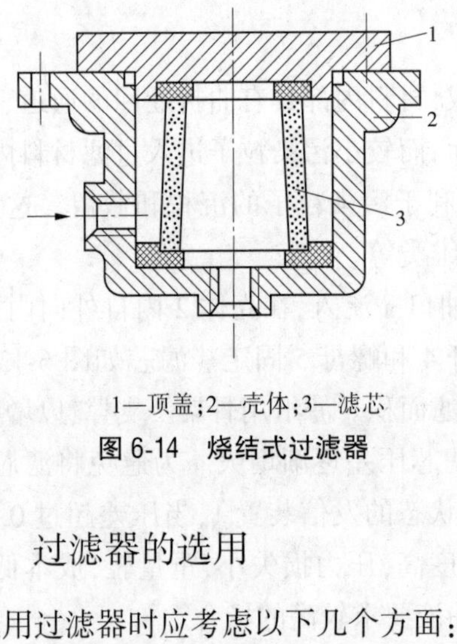

1—顶盖;2—壳体;3—滤芯

图 6-14　烧结式过滤器

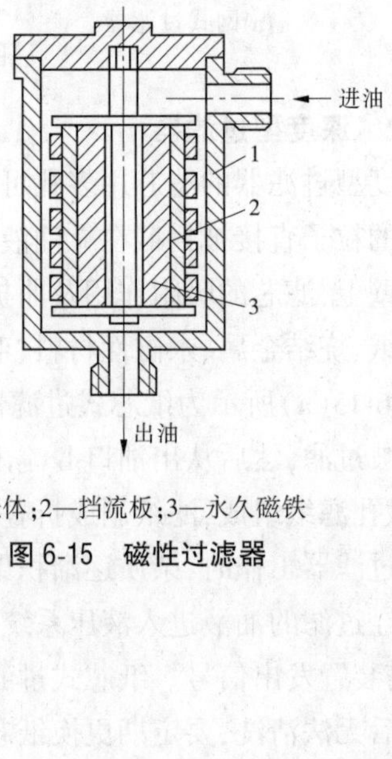

1—壳体;2—挡流板;3—永久磁铁

图 6-15　磁性过滤器

6.2.3　过滤器的选用

选用过滤器时应考虑以下几个方面:

(1)过滤精度应满足系统提出的要求。过滤精度是以滤除杂质颗粒度大小来衡量的,颗粒度越小,则过滤精度越高。不同液压系统对过滤器的过滤精度要求如表 6-1 所示。

(2)要有足够的通流能力。通流能力是指在一定压降下允许通过过滤器的最大流量,应结合过滤器在液压系统中的安装位置,并根据过滤器样本来选取。

表 6-1　各种液压系统的过滤精度要求

系统类别	润滑系统	传动系统			伺服系统	特殊要求系统
压力(MPa)	0~2.5	≤7	>7	≤35	≤21	≤35
颗粒度(mm)	≤0.1	≤0.05	≤0.025	≤0.005	≤0.005	≤0.001

(3)要有一定的机械强度,不因液压力而破坏。

(4)考虑过滤器其他功能。对于不能停机的液压系统,必须选择切换式结构的过滤器,可以不停机更换滤芯;对于需要滤芯堵塞报警的场合,则可选择带发信装置的过滤器。

6.2.4 过滤器的安装

过滤器在液压系统中有以下几种安装位置。

6.2.4.1 安装在泵的吸油口

在泵的吸油口安装网式或线隙式过滤器,防止大颗粒杂质进入泵内,同时有较大的通流能力,防止空穴现象,如图6-16中1所示。

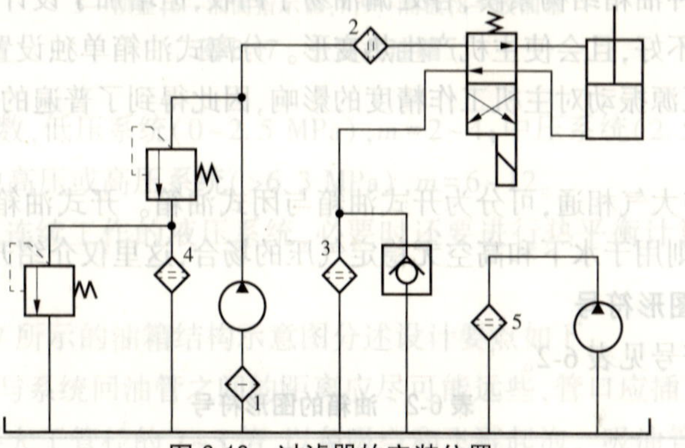

图6-16 过滤器的安装位置

6.2.4.2 安装在泵的出口

如图6-16中2所示,安装在泵的出口可保护除泵外的其他元件,但需选择过滤精度高、能承受油路上工作压力和冲击压力的过滤器,压力损失一般小于0.35 MPa。此种方式常用于过滤精度要求高的系统及伺服阀和调速阀前,以确保它们的正常工作。为保护过滤器本身,应选用带堵塞发信装置的过滤器。

6.2.4.3 安装在系统的回油路上

安装在回油路上可滤除油液回油箱前侵入系统或系统生成的污物。由于回油压力低,可采用滤芯强度低的过滤器,其压降对系统影响不大。为了防止过滤器阻塞,一般与过滤器并联一个安全阀或安装堵塞发信装置,如图6-16中3所示。

6.2.4.4 安装在系统的旁路上

如图6-16中4所示,与阀并联,使系统中的油液不断净化。

6.2.4.5 安装在独立的过滤系统中

在大型液压系统中,可专设液压泵和过滤器组成的独立过滤系统,专门滤除液压系统油箱中的污物,通过不断循环来提高油液清洁度。专用过滤器也是一种独立的过滤系统,如图6-16中5所示。

使用过滤器时还应注意,过滤器只能单向使用,按规定液流方向安装,以利于滤芯的清洗和安全。清洗或更换滤芯时,要防止外界污染物侵入液压系统。

变化,所以蓄能器提供的压力也是变化的。为减小这一变化量,可选择刚度较低的弹簧,并限制活塞的行程。其不适用于高压和高频动作的场合,一般用于小容量、低压系统中,用作蓄能和缓冲。

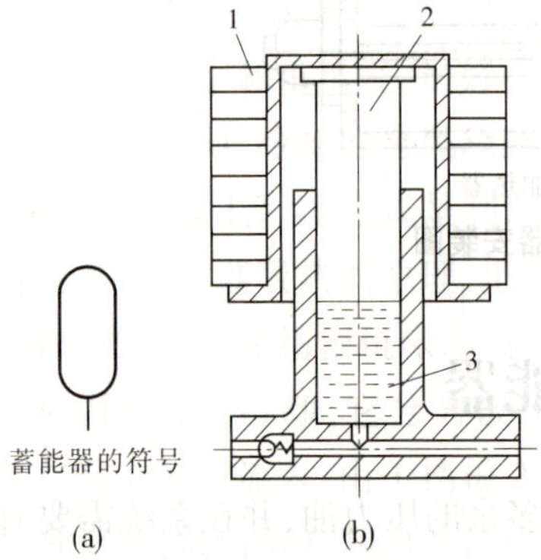

1—重锤;2—柱塞;3—液压油

图 6-20　重锤式蓄能器

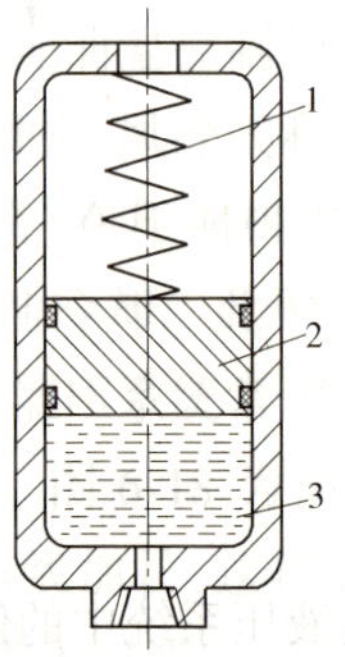

1—弹簧;2—活塞;3—液压油

图 6-21　弹簧式蓄能器

6.5.2.3　**充气式蓄能器**

充气式蓄能器利用压缩气体储存或释放能量。为安全起见,所充气体采用氮气。按蓄能器的结构可分为直接接触式和隔离式两类。隔离式又可分为活塞式和气囊式两种。充气式蓄能器的输出压力也是变化的,但其变化量较小。

1.活塞式蓄能器

活塞式蓄能器是利用活塞使气体与油液隔离的,如图 6-22所示,以减少气体浸入油液的可能性。这种蓄能器实际上是一个大的汽缸,因此缸壁及活塞外圆有较高的加工要求,使成本较高。另外,活塞的摩擦力会影响蓄能器动作的灵敏性,且活塞不能完全防止气体浸入油液。其适用于储存能量,或在中、高压系统中吸收压力脉动。

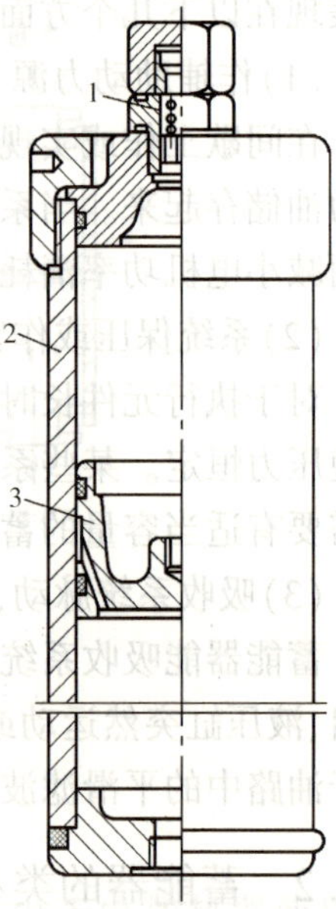

1—气口;2—壳体;3—活塞

图 6-22　活塞式蓄能器

2.气瓶式蓄能器

气瓶式蓄能器是一个直接接触式蓄能器,其结构简单,下半部盛油液,上半部充压缩气体,如图 6-23 所示。这种蓄能器容量大、体积小、反应灵敏,但缺点是气体容易混入油液中,使油液的可压缩性增加,而影响执行元件的运动平稳性。该蓄能器耗气量大,必须经常补气。因此,其适用于中、低压大流量系统。

3.气囊式蓄能器

气囊式蓄能器结构如图 6-24 所示。壳体为两端成球形的圆柱体,壳体内有一个用耐油橡胶制成的气囊,气囊出口设有充气阀,充气阀只有在为气囊充气时才打开,平时关闭。壳体下部装有一个受弹簧力作用的菌形阀,在工作状态下,压力油经菌形阀进出,当油液排空时,菌形阀可以防止气囊被挤出。这种蓄能器中气体和液体完全隔开,而且蓄能器的重量轻、惯性小、反应灵敏，是当前应用最广泛的一种。其主要用作减震器、缓冲器和用于控制油的循环。

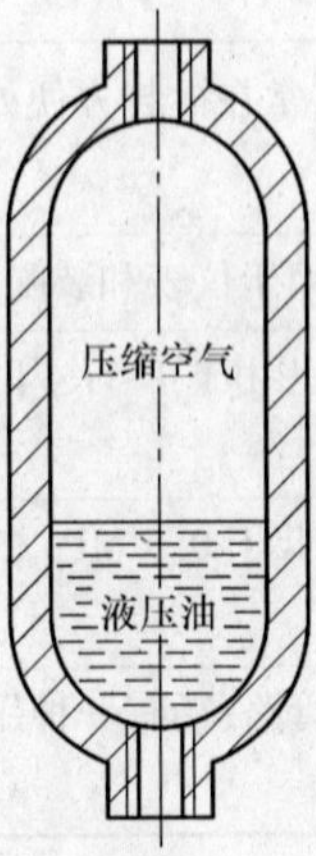

图 6-23 气瓶式蓄能器

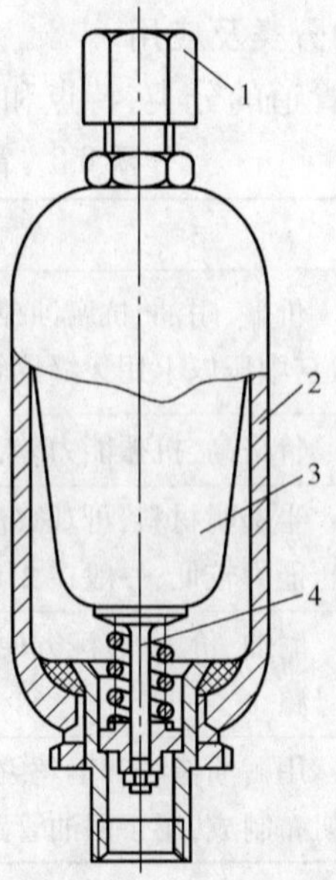

1—充气阀；2—壳体；3—气囊；4—菌形阀

图 6-24 气囊式蓄能器

6.5.3 蓄能器的安装、使用及维护

在安装、使用与维护蓄能器时，应注意的事项如下：

(1) 蓄能器作为一种压力容器，必须选用有完善质量体系保证并取得有关部门认可的产品。

(2) 选择蓄能器时必须考虑与液压系统工作介质的相容性。当系统采用非矿物基液压油时，选择时应特别加以说明。

(3) 气囊式蓄能器应垂直安装，油口向下，否则会影响气囊的正常伸缩。

(4) 蓄能器用于吸收液压冲击和压力脉动时，应尽可能安装在震源附近，用于补充泄漏。当用于执行元件保压时，应尽量靠近该执行元件。

(5) 安装在管路中的蓄能器必须用支架或支承板加以固定。

(6) 蓄能器与管路之间应安装截止阀，以便于充气检修；蓄能器与液压泵之间应安装单向阀，以防止液压泵停车或卸载时，蓄能器内的压力油倒流回液压泵。

6.6 管道与管接头

液压系统中将管道、管接头和法兰等通称为管件。其作用是：保证油路的连通，并便于拆卸、安装；根据工作压力、安装位置确定管件的连接结构。与泵、阀等连接的管件应根据其接口尺寸决定管径。

6.6.1 管道

6.6.1.1 管道的分类及应用

液压系统中管道的分类、特点和应用场合见表 6-3。

表 6-3 管道的分类、特点和应用场合

种类	特点和应用场合
钢管	价廉、耐油、抗腐蚀、刚性好,但装配时不易弯曲成形,常在拆装方便处用作压力管道,中压以上用无缝钢管、低压用焊接钢管
紫铜管	价格高,抗振能力差,易使油液氧化,但易弯曲成形,用于仪表和装配不便处
尼龙管	半透明材料,可观察流动情况,加热后可任意弯曲成形和扩口,冷却后即定形,承压能力较低,一般在 2.8~8 MPa
塑料管	耐油、价廉、装配方便,长期使用会老化,只用于压力低于 0.5 MPa 的回油或泄油管路
橡胶管	用耐油橡胶和钢丝编织层制成,价格高,多用于高压管路;还有一种用耐油橡胶和帆布制成,用于回油管路

6.6.1.2 管道的尺寸计算

管道的内径 d 和壁厚可采用下式计算,并需圆整为标准数值,即

$$d = 2\sqrt{\frac{q}{\pi[v]}} \tag{6-2}$$

$$\delta = \frac{pdn}{2[\sigma_b]} \tag{6-3}$$

式中 $[v]$——允许流速,推荐值:吸油管为 0.5~1.5 m/s,回油管为 1.5~2 m/s,压力油管为 2.5~5 m/s,控制油管取 2~3 m/s,橡胶软管应小于 4 m/s;

p——油管中油液的工作压力,MPa;

q——油管中液体流量,m^3/s;

n——安全系数,对于钢管,$p \leqslant 7$ MPa 时,$n=8$;7 MPa$<p \leqslant 17.5$ MPa 时,$n=6$;$p>17.5$ MPa 时,$n=4$;

$[\sigma_b]$——管道材料的抗拉强度,Pa。

6.6.1.3 管道的安装要求

(1)管道应尽量短,最好横平竖直,拐弯少。为避免管道弯折、减少压力损失,管道装配的弯曲半径要足够大。当管道悬伸较长时,要适当设置管夹及支架。

(2)管道尽量避免交叉,平行管距要大于 10 mm,以防止干扰和振动,并便于安装管接头。

(3)软管直线安装时要有一定的余量,以适应油温变化、受拉和振动产生的-2%~+4%长度变化的需要。弯曲半径要大于 10 倍软管外径,弯曲处到管接头的距离至少等于 6 倍外径。

6.6.2 管接头

管接头是油管与液压元件之间、油管与油管之间可拆卸的连接件。对管接头的主要要求是安装、拆卸方便，抗振性、密封性好。管接头的形式和质量，直接影响油路阻力和连接强度。其密封性能是影响系统外泄漏的重要因素。因此，对管接头的合理选择，要给予足够重视。

常用管接头有下列几种。

6.6.2.1 焊接式管接头

如图6-25所示，把接管2与被连接钢管一端焊接后，再通过螺母3、接头体1等与其他管子或元件连接起来。接头体1与接管2之间可用O形密封圈4密封，也可以采用球面密封，用螺母3旋紧。为了提高密封性，再用组合密封圈5进行密封。若采用锥螺纹，在螺纹表面包一层聚四氟乙烯密封。管接头也可用如图6-26(a)所示的球面压紧，或加金属密封圈3，用如图6-26(b)所示的方法来密封。后两种密封方法承压能力较低，球面密封的接头加工较困难。接头体与元件连接处，可采用图6-26所示的圆锥螺纹，也可采用细牙圆柱螺纹(见图6-25)，并加组合密封圈5防漏。

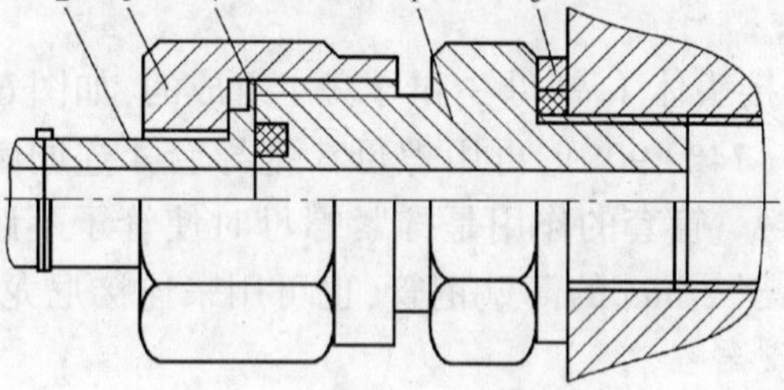

1—接头体；2—接管；3—螺母；4—O形密封圈；5—组合密封圈

图6-25 带密封圈的焊接式管接头

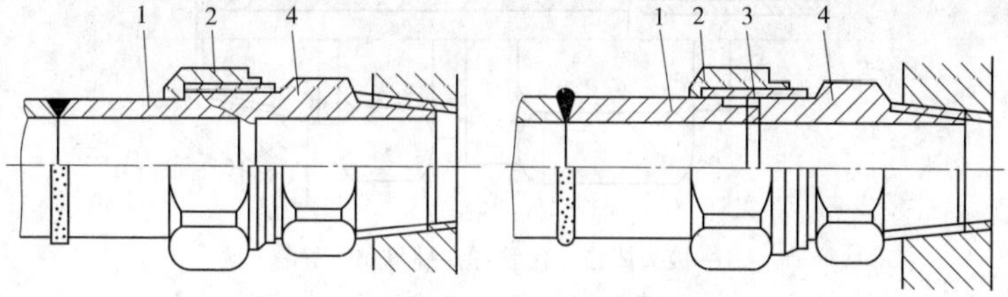

(a)球面压紧　　(b)加金属密封圈

1—接管；2—螺母；3—密封圈；4—接头体

图6-26 球面压紧和加金属密封圈的焊接式管接头

焊接式管接头工作可靠，制造工艺较简单、拆装方便，工作压力可达32 MPa以上，目前应用较普遍。缺点是对焊接质量要求较高，同时油管须采用厚壁管。

6.6.2.2 卡套式管接头

卡套式管接头如图6-27所示，其种类较多，但都是由接头体1、螺母3和卡套4这三个基本零件组成的。卡套是一个在内圆端部带有锋利刃口的金属环，当螺母和接头体拧紧时，内锥面使卡套两端受到一定压紧力作用，卡套中间部分产生弹性变形而鼓起，并将刃口切入被连接的接管 2 的管壁，从而起连接和密封作用，如图 6-27(b) 所示。卡套还能用作锁紧弹簧，以防止螺母 3 松动。图 6-27(a) 中的 5 为组合密封垫圈。

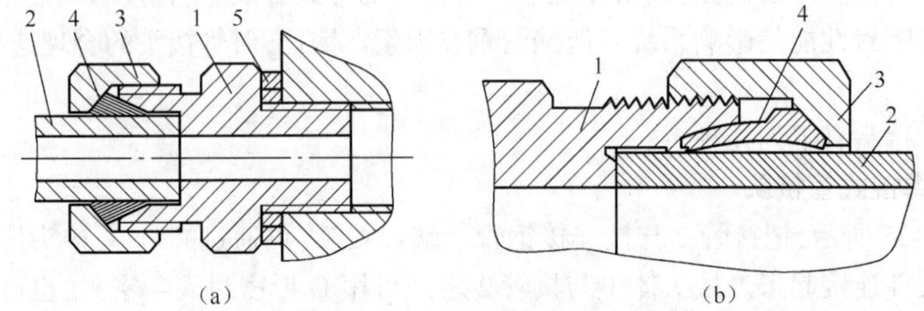

1—接头体；2—接管；3—螺母；4—卡套；5—组合密封垫圈

图 6-27　卡套式管接头

卡套式管接头使用压力可达 32 MPa，不需要密封件，其工作可靠，装卸方便，避免了麻烦的焊接工艺。但卡套的制作工艺要求高，而且对被连接油管的精度要求也较高。随着技术水平和专业水平的提高，卡套式管接头的使用会更加广泛。

6.6.2.3　扩口式管接头

扩口式管接头是由接头体 1、螺母 3 和导套 4 组成的，如图 6-28 所示。装配时先将接管 2 扩成喇叭形管口(74°~90°)，再用螺母 3 把导套 4 连同喇叭形管口压紧在接头体的锥面上，以保证密封。管套的作用是拧紧螺母时使管子不跟着转动。扩口式管接头适用于铜管或壁厚小于 2 mm 的薄壁钢管，也可用来连接尼龙管和塑料管，工作压力不大于5 MPa。

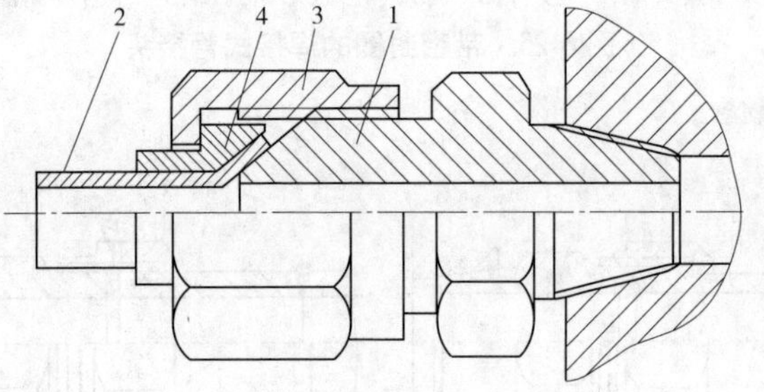

1—接头体；2—接管；3—螺母；4—导套

图 6-28　扩口式管接头

6.6.2.4　软管接头

软管接头一般与钢丝编织的高压橡胶软管配合使用，它分为可拆式和扣压式两种。图 6-29 所示为可拆式软管接头。它主要由接头螺母 1、接头体 2、外套 3 和胶管 4 组成。胶管夹在接头体 2 和外套 3 之间，拧紧后，连接部分的胶管被压缩，从而达到连接和密封的作用。扣压式软管接头如图 6-30 所示。它由接头螺母 1、接头芯 2、接头套 3 和胶管 4 构成。装配前先剥去胶管上的一层外胶，然后把接头套套在剥去外胶的胶管上，再插入接头芯，然后将接头套在压床上，用压模进行挤压收缩，使接头套内锥面上的环形齿嵌入钢丝层,从而达到牢固连接的目的,也使接头芯外锥面与胶管内胶层压紧,从而达到密封的目的。

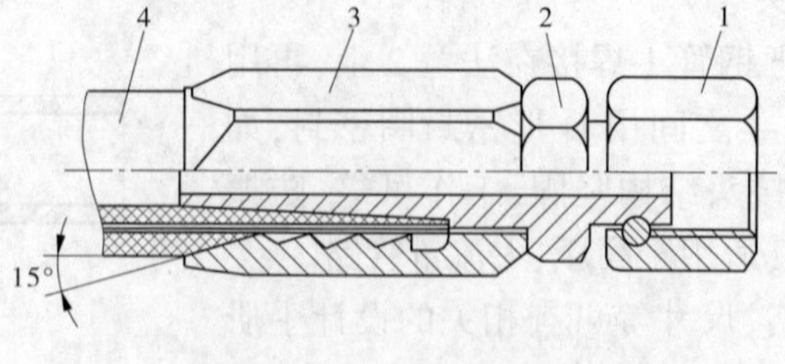

1—接头螺母;2—接头体;3—外套;4—胶管

图 6-29　可拆式软管接头

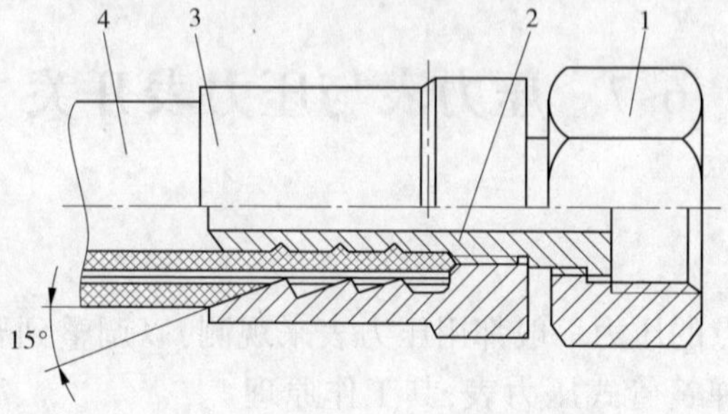

1—接头螺母;2—接头芯;3—接头套;4—胶管

图 6-30　扣压式软管接头

注意,软管接头的规格是以软管内径为依据的,金属管接头则是以金属管外径为依据的。

6.6.2.5　快速接头

快速接头是一种既不需要使用工具,又能实现快速装卸的接头。图 6-31 所示为快速接头的结构示意图。图中各零件位置为油路接通时的位置。它有两个接头体 3 和 9,接头体两端分别与管道连接。外套 8 把接头体 3 上的 3 个或 8 个钢球 7 压落在接头体 9 上的 V 形槽中,使两接头体连接起来。锥阀芯 2 和 5 互相挤紧顶开,使油路接通。当需要断开油路时,可用力将外套 8 向左推移,同时拉出接头体 9,此时弹簧 4 使外套 8 回位。锥阀

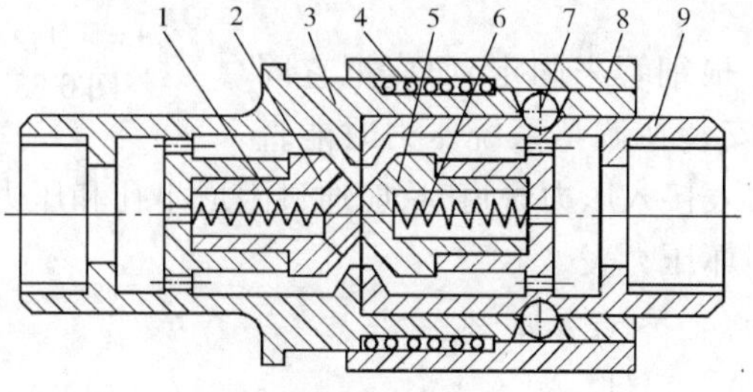

1、4、6—弹簧;2、5—锥阀芯;3、9—接头体;7—钢球;8—外套

图 6-31　快速接头的结构

芯 2 和 5 分别在各自弹簧 1 和 6 的作用下外伸，顶在接头体 3 和 9 的阀座上而关闭油路，并使两边管子内的油封闭在管中，不致流出。

6.6.2.6 法兰式管接头

法兰式管接头是把钢管 1 焊接在法兰 2 上，再用螺钉连接起来的，两法兰之间用 O 形密封圈密封，如图 6-32 所示。这种管接头结构坚固，工作可靠，防振性好，但外形尺寸较大，适用于高压、大流量管路。

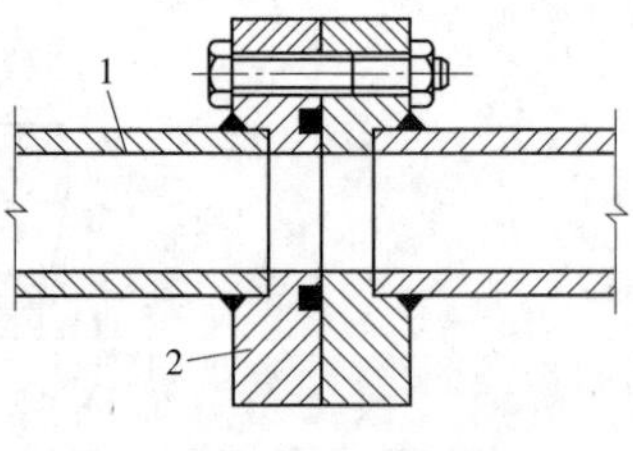

1—钢管；2—法兰

图 6-32 法兰式管接头

管件中的硬管规格、尺寸等可查相关的设计手册或材料手册；管接头的种类繁多，生产厂家也不少，管夹系列、测压软管、测压接头等可查相关的样本和生产厂家。

6.7 压力表与压力表开关

6.7.1 压力表

液压系统各工作点的压力一般都用压力表来观测，以调整到要求的工作压力。在液压系统中最常用的是弹簧管式压力表，其工作原理如图 6-33 所示。当压力油进入弹簧弯管 1 时，产生管端变形，通过杠杆 4 使扇形齿轮 5 摆转，带动小齿轮 6，使指针 2 偏转，由刻度盘 3 读出压力值。压力表精度用精度等级来衡量，即压力表最大误差占整个量程的百分数。如 1.5 级精度等级的量程为 10 MPa 的压力表，最大量程时的误差为 10×1.5% = 0.15(MPa)。精度等级越小，压力表精度越高。一般机械设备液压系统采用 1.5~4 级精度等级的压力表。在选用压力表时，其量程应比液压系统压力要高，即压力表量程约为系统最高工作压力的 1.5 倍。

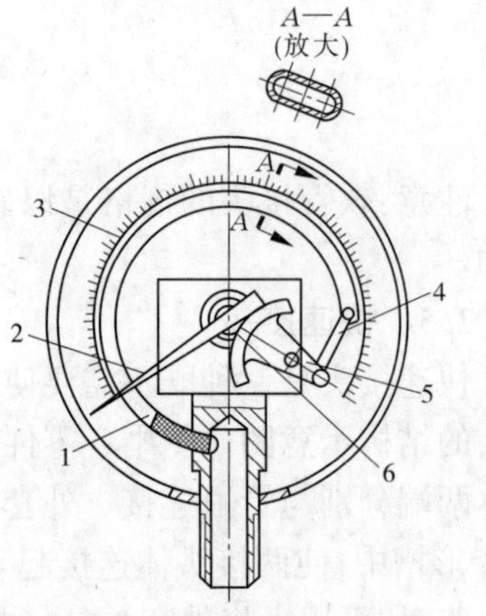

1—弹簧弯管；2—指针；3—刻度盘；4—杠杆；5—扇形齿轮；6—小齿轮

图 6-33 弹簧管式压力表

压力表不能仅靠一根细管来固定，而应把它固定在面板上，压力表应安装在调整系统压力时能直接观察到的部位。压力表接入压力管道时，应通过阻尼小孔和压力表开关，以防止系统压力突变或压力脉动而损坏压力表。

6.7.2 压力表开关

压力表与系统的连接需要压力表开关。图 6-34 所示为压力表开关的结构。旋转手轮可打开或关闭压力表油路，也可以适当调节手轮由针阀调节油路开口，起到阻尼缓冲的作用，使压力表指针动作平稳。

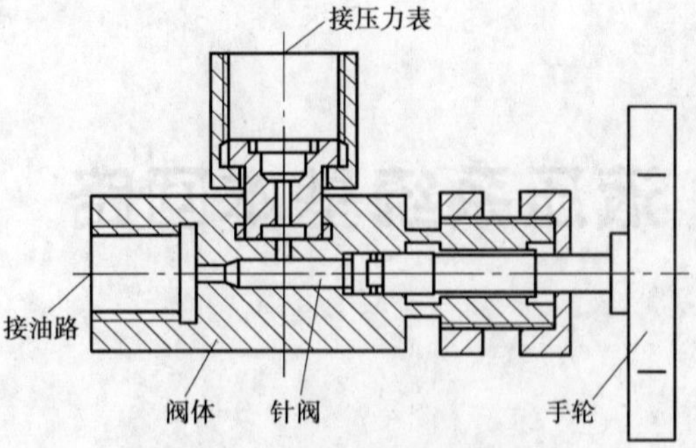

图6-34　压力表开关的结构

习　题

1.在液压系统中过滤器应安装在什么位置？各起什么作用？

2.油箱的功用是什么？设计油箱时应注意哪些问题？

3.油管和管接头有哪些类型？各适用于什么场合？

4.蓄能器有哪些主要功用？安装和使用蓄能器时应注意哪些事项？

5.密封的作用是什么？常用的密封方法有哪些？分别有什么特点？

6.热交换器的作用是什么？有哪些类型？

7.试画出各种液压辅助元件的图形符号。

第 7 章　液压系统基本回路

【学习目标】

1.知识目标

◇了解各类基本回路的组成、工作原理和性能；

◇理解各类基本回路的分析方法；

◇掌握各类基本回路的功能及在实际液压系统中的应用。

2.能力目标

◇能根据要求画出各类基本回路；

◇能根据基本回路的要求选择合适的液压元件，并能初步安装和调试回路。

任何一种液压传动系统都是由一些基本回路组成的。所谓基本回路，就是用来完成某种特定功能的典型回路。按基本回路的功能可分为压力控制回路、速度控制回路、方向控制回路和多缸工作控制回路等。熟悉和掌握这些基本回路的组成、工作原理和性能，是分析、维护、安装、调试和使用液压系统的重要基础。

7.1　压力控制回路

压力控制回路是通过控制液压系统(或系统中某一部分)的压力，以满足执行元件对力或转矩要求的回路。这类回路包括调压、保压、增压、减压、背压、卸荷和平衡等多种基本液压回路。

7.1.1　调压回路

调压回路的功能是使液压系统(或系统中某一部分)的压力与负载相适应并保持稳定，或为了安全而限定系统的最高压力不超过某一数值。当液压系统在不同工作阶段需要两种以上不同大小的压力时，可采用多级调压回路。下面介绍两种调压回路。

7.1.1.1　双向调压回路

当执行元件正反行程需不同的供油压力时，可采用双向调压回路，如图 7-1 所示。当换向阀在左位工作时，活塞处于工作行程，液压泵出口由溢流阀 1 调定为较高压力，缸右腔油液通过换向阀回油箱，溢流阀 2 此时不起作用。当换向阀如图 7-1 所示在右位工作时，活塞作空行程返回，液压泵出口由溢流阀 2 调定为较低压力，溢流阀 1 不起作用。活塞退回到终点以后，液压泵在低压下回油，功率损耗小。

7.1.1.2　多级调压回路

图 7-2 所示为三级调压回路。在图示状态时，液压泵出口压力由先导式溢流阀 1 调

定为最高压力(若阀4采用H型中位机能的电磁阀,则此时液压泵卸荷,即为最低压力);当换向阀4的左、右电磁铁分别通电时,液压泵由远程调压阀2、3调定。阀2和阀3的调定压力必须小于阀1的调定压力值。

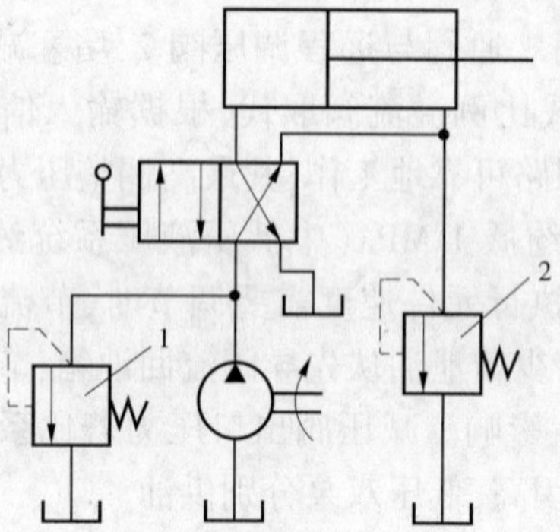

1、2—溢流阀

图7-1 双向调压回路

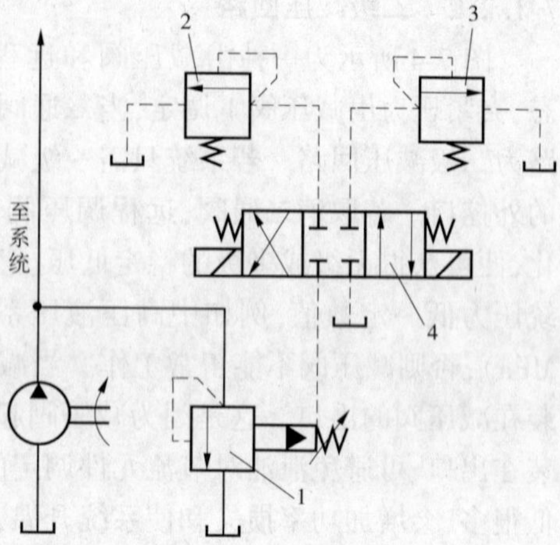

1—先导式溢流阀;2、3—远程调压阀;4—换向阀

图7-2 三级调压回路

如果在先导式溢流阀1的远程控制口处多并联几个远程调压阀,且各远程调压阀的出油口分别由二位二通换向阀来控制,就能实现多级调压。

7.1.2 减压回路

减压回路的功能是使液压系统中某一支路具有较主油路低的稳定压力。当液压系统中某一支路在不同工作阶段需要两种以上大小不同的工作压力时,可采用多级减压回路。

7.1.2.1 单向减压回路

图7-3所示为用于夹紧液压系统的单向减压回路。单向减压阀5安装在液压缸6与换向阀4之间,当1YA通电后,三位四通电磁换向阀4左位工作,液压泵输出压力油通过单向阀3、换向阀4,经单向减压阀5减压后输入液压缸的左腔,推动活塞向右运动,夹紧工件,右腔的油液经换向阀4流回油箱;当工件加工完之后,2YA通电,换向阀4右位工作,液压泵输出压力油通过单向阀3、换向阀4,进入液压缸的右腔,推动活塞向左运动,液压缸6左腔的油液经单向减压阀5的单向阀、换向阀4流回油箱,回程时减压阀不起作

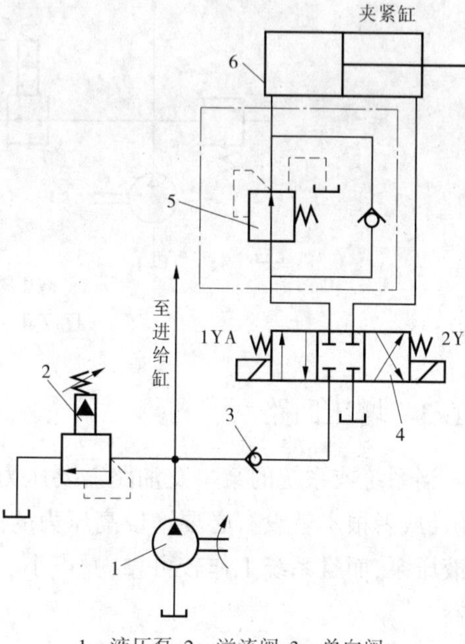

1—液压泵;2—溢流阀;3—单向阀;4—换向阀;5—单向减压阀;6—液压缸

图7-3 单向减压回路

用。单向阀 3 在回路中的作用是,当主油路压力低于减压油路的压力时,利用锥阀关闭的严密性,保证减压回路的压力不变,使夹紧缸保持夹紧力不变。还应指出,单向减压阀 5 的调整压力应低于溢流阀 2 的调整压力,才能保证减压阀正常工作(起减压作用)。

7.1.2.2 二级减压回路

图 7-4 所示为一种由减压阀和远程调压阀组成的二级减压回路。在图 7-4 所示状态,夹紧压力由减压阀 1 调定,当二通阀通电后,夹紧压力则由远程调压阀 2 决定,故此回路为二级减压回路。若系统只需一级减压,可取消二通阀与远程调压阀 2,堵塞减压阀 1 的外控口。若取消二通阀,远程调压阀 2 用直动式比例溢流阀取代,根据输入信号的变化,便可获得无级或多级的稳定低压。为使减压回路可靠地工作,其最高调整压力应比系统压力低一定数值,例如中高压液压系统减压阀约低 1 MPa(中低压液压系统约低 0.5 MPa),否则减压阀不能正常工作。当减压支路的执行元件速度需要调节时,节流元件应装在减压阀的出口。这是因为减压阀起作用时,有少量泄油从先导阀流回油箱,节流元件装在出口,可避免泄油对节流元件调定的流量产生影响。减压阀出口压力若比系统压力低很多,会增加功率损失和使系统升温,必要时可用高、低压双泵分别供油。

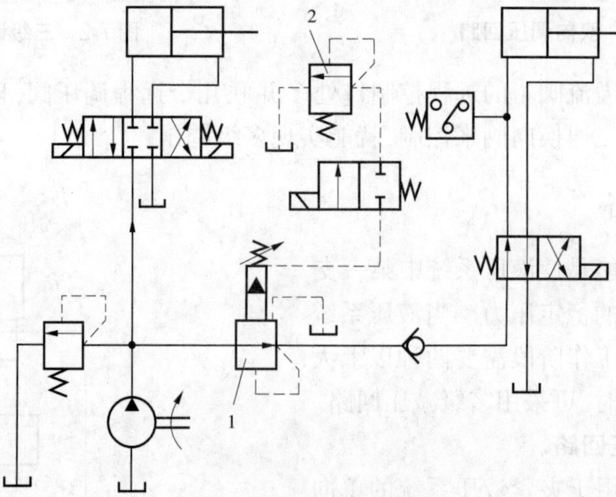

1—减压阀;2—远程调压阀

图 7-4 二级减压回路

7.1.3 增压回路

当系统或系统的某一支油路需要压力较高但流量不大的压力油,而采用高压泵又不经济,或者根本就没有必要增设高压力的液压泵时,就常采用增压回路,这样不仅易于选择液压泵,而且系统工作较可靠,噪声小。增压回路中提高压力的主要元件是增压缸或增压器。

7.1.3.1 单作用增压缸的增压回路

如图 7-5(a)所示为利用单作用增压缸的增压回路,当系统在图 7-5 所示位置工作时,系统的供油压力 p_1 进入增压缸的大活塞腔,此时在小活塞腔即可得到所需的较高压力

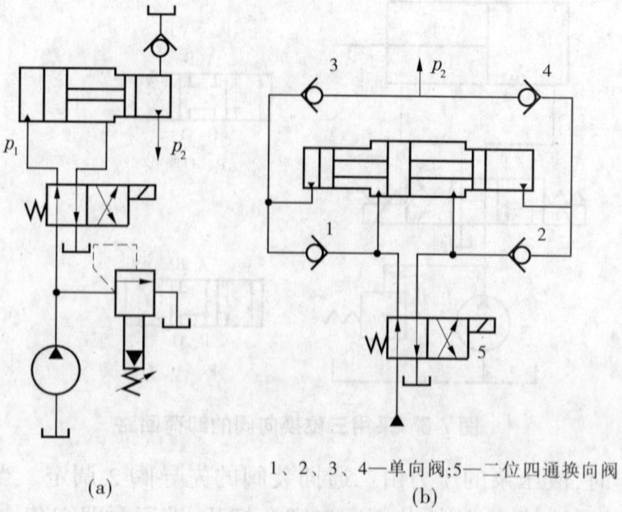

图 7-5 增压回路

p_2。当二位四通电磁换向阀右位接入系统时,增压缸返回,辅助油箱中的油液经单向阀补入小活塞腔,因而该回路只能间歇增压,所以称之为单作用增压回路。

7.1.3.2 双作用增压缸的增压回路

如图 7-5(b)所示为采用双作用增压缸的增压回路,能连续输出高压油。在图示位置时,液压泵输出的压力油经换向阀 5 和单向阀 1 进入增压缸左端大、小活塞腔,右端大活塞腔的回油通油箱,右端小活塞腔增压后的高压油经单向阀 4 输出,此时单向阀 2、3 被关闭。当增压缸活塞移到右端时,换向阀得电换向,增压缸活塞向左移动。同理,左端小活塞腔输出的高压油经单向阀 3 输出。这样,增压缸的活塞不断往复运动,两端便交替输出高压油,从而实现了连续增压。

7.1.4 卸荷回路

卸荷回路的功能是在液压泵不停止转动的情况下,使液压泵在零压或很低的压力下运转,以减小功率损耗、降低系统发热、延长液压泵和驱动电动机的使用寿命。

7.1.4.1 三位阀中位机能的卸荷回路

图 7-6 所示为采用 M 型(也可用 H 型或 K 型)中位滑阀机能的三位四通电磁换向阀来实现卸荷的回路。换向阀在中位时可以使液压泵输出的油液直接流回油箱中,从而实现液压泵的卸荷。对于低压小流量液压泵,采用换向阀直接卸荷是一种简单而有效的方法。

7.1.4.2 二位二通阀的卸荷回路

图 7-7 所示为采用二位二通阀的卸荷回路。采用此卸荷回路必须使二位二通换向阀的流量与液压泵的额定流量相匹配。这种卸荷方法的卸荷效果较好,易于实现自动控制。一般适用于液压泵的流量小于 63 L/min 的场合。

7.1.4.3 二通插装阀的卸荷回路

二通插装阀通流能力强,由它组成的卸荷回路适用于大流量系统。图 7-8 所示的液

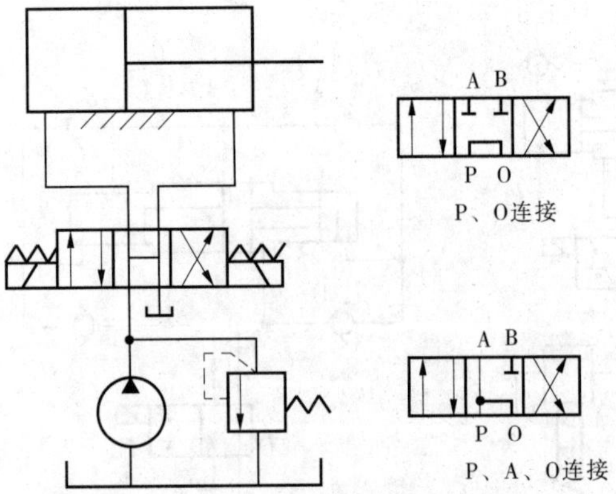

图 7-6　采用三位换向阀的卸荷回路

压回路,正常工作时,液压泵的压力由二通插装阀的先导阀 2 调定。当换向阀 3 通电后,二通插装阀 1 上腔通油箱,二通插装阀阀口完全打开,液压泵即卸荷。

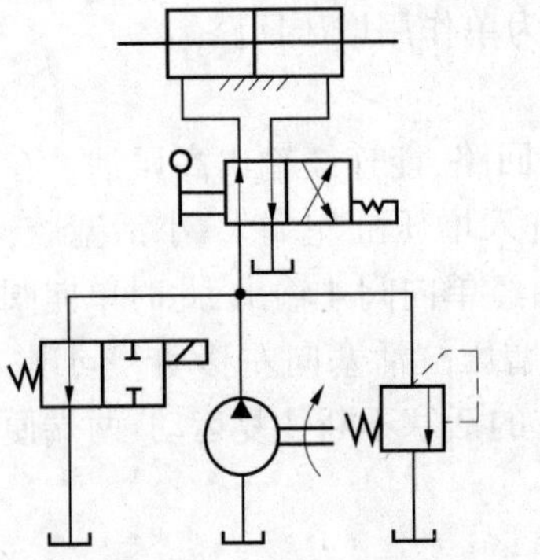

图 7-7　采用二位二通阀的卸荷回路

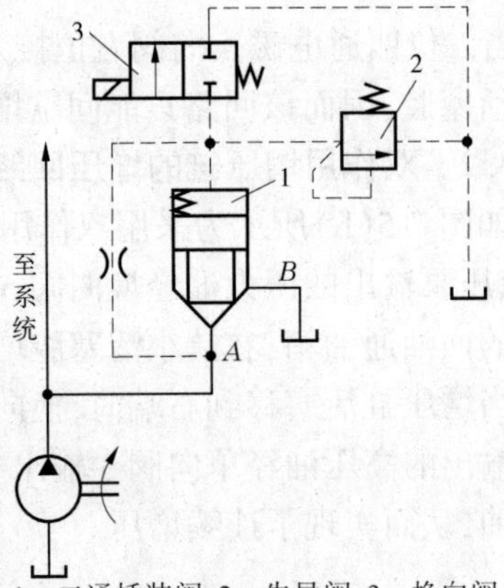

1—二通插装阀;2—先导阀;3—换向阀

图 7-8　采用二通插装阀卸荷回路

7.1.5　平衡回路

平衡回路的功用在于防止垂直或倾斜放置的液压缸和与之相连的工作部件因自重而自行下落。

图 7-9(a)所示为采用单向顺序阀的平衡回路。当 1YA 得电后活塞下行时,回油路上就存在一定的背压。只要将这个背压调得能支承住活塞和与之相连的工作部件自重,活塞就可以平稳地下落。当换向阀处于中位时,活塞就停止运动,不再继续下移。这种回路当活塞向下快速运动时功率损失大,锁住时活塞和与之相连的工作部件会因单向顺序阀和换向阀的泄漏而缓慢下落,因此它只适用于工作部件质量不大、活塞锁住时定位要求不高的场合。

图 7-9(b)所示为采用液控顺序阀的平衡回路。当活塞下行时,控制压力油打开液控顺序阀,背压消失,因而回路效率较高;当停止工作时,液控顺序阀关闭,以防止活塞和工

作部件因自重而下降。这种平衡回路的优点是只有上腔进油时活塞才下行,比较安全可靠。其缺点是活塞下行时平稳性较差。这是因为活塞下行时,液压缸上腔油压降低,将使液控顺序阀关闭。当顺序阀关闭时,因活塞停止下行,液压缸上腔油压升高,又打开液控顺序阀。液控顺序阀始终工作于启闭的过渡状态,因而影响工作的平稳性。这种回路适用于运动部件质量不很大、停留时间较短的液压系统中。

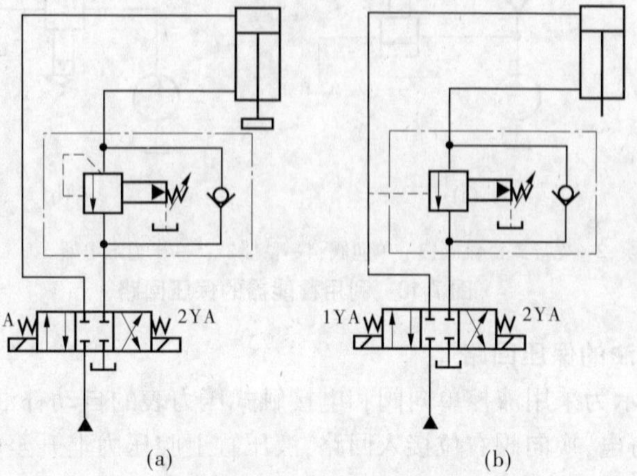

图 7-9　采用顺序阀的平衡回路

7.1.6　保压回路

在液压系统中,常要求液压执行机构在一定的行程位置上停止运动或在微小的位移下稳定地维持一定的压力,这就要采用保压回路。最简单的保压回路是由密封性能较好的液控单向阀组成的回路。但是,阀类元件处的泄漏使得这种回路的保压时间不能维持太久。常用的保压回路有以下几种。

7.1.6.1　利用液压泵的保压回路

利用液压泵的保压回路是在保压过程中,液压泵仍以较高的压力(保压所需压力)工作。此时,若采用定量泵,则压力油几乎全经溢流阀流回油箱,系统功率损失大,易发热,故只在小功率的系统且保压时间较短的场合下才使用;若采用变量泵,在保压时泵的压力较高,但输出流量几乎等于零,因而液压系统的功率损失小。这种保压方法能随泄漏量的变化而自动调整输出流量,因而其效率也较高。

7.1.6.2　利用蓄能器的保压回路

如图 7-10(a)所示的回路,当主换向阀在左位工作时,液压缸向前运动且压紧工件,进油路压力升高至调定值,压力继电器动作使二通阀通电,泵即卸荷,单向阀自动关闭,液压缸则由蓄能器保压。当缸压不足时,压力继电器复位使泵重新工作。保压时间的长短取决于蓄能器的容量,调节压力继电器的工作区间即可调节缸中压力的最大值和最小值。图 7-10(b)所示为多缸系统中的保压回路,当主油路压力降低时,单向阀 3 关闭,支路由蓄能器保压补偿泄漏。压力继电器 5 的作用是当支路压力达到预定值时发出信号,使主油路开始动作。

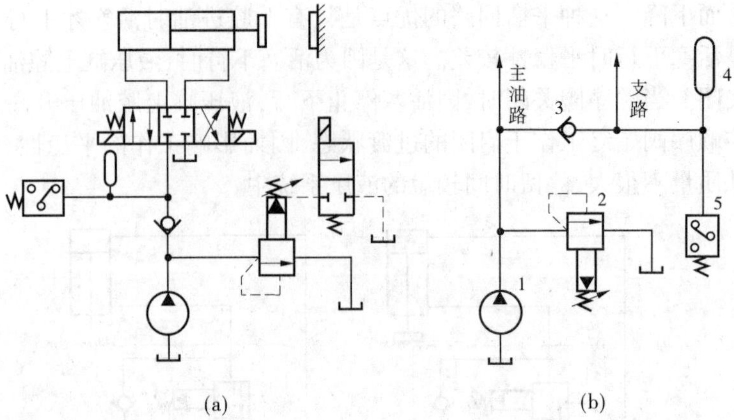

1—液压泵;2—先导式溢流阀;3—单向阀;4—蓄能器;5—压力继电器

图 7-10　利用蓄能器的保压回路

7.1.6.3　自动补油的保压回路

如图 7-11 所示为采用液控单向阀和电接触式压力表的自动补油的保压回路,其工作原理为:当 1YA 得电,换向阀右位接入回路,液压缸上腔压力上升至电接触式压力表的上限值时,上触点接电,使 1YA 失电,换向阀处于中位,液压泵卸荷,液压缸由液控单向阀保压。当液压缸上腔压力下降到预定下限值时,电接触式压力表又发出信号,使 1YA 得电,液压泵再次向系统供油,使压力上升。当压力达到上限值时,上触点又发出信号,使 1YA 失电。因此,这一回路能自动使液压缸补充压力油,并使其压力能长期保持在一定范围内。

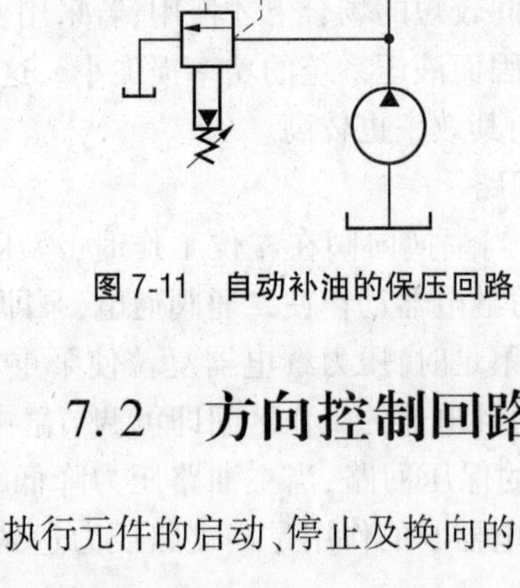

图 7-11　自动补油的保压回路

7.2　方向控制回路

方向控制回路是控制执行元件的启动、停止及换向的回路。这类回路包括换向和锁紧两种基本回路。

7.2.1 换向回路

7.2.1.1 采用换向阀的换向回路

运动部件的换向,一般可通过采用各种换向阀来实现。依靠重力或弹簧返回的单作用液压缸,可以采用二位三通换向阀进行换向,如图 7-12 所示。双作用液压缸的换向,一般都可采用二位四通(或五通)及三位四通(或五通)换向阀来进行换向,按不同用途还可选用各种不同的控制方式的换向回路。

电磁换向阀的换向回路应用最为广泛,尤其在自动化程度要求较高的组合机床液压系统中被普遍采用,这种换向回路曾多次出现在前文许多回路中,这里不再赘述。对于流量较大和换向平稳性要求较高的场合,电磁换向阀的换向回路已不能适应上述要求,往往采用手动换向阀或机动换向阀作先导阀,而以液动换向阀为主阀的换向回路,或者采用电液动换向阀的换向回路。

图 7-13 所示为手动转阀(先导阀)控制液动换向阀的换向回路。回路中用辅助泵 2 提供低压控制油,通过手动先导阀(三位四通转阀)3 来控制液动换向阀 4 的阀芯移动,实现主油路的换向。当转阀 3 在右位时,控制油进入液动换向阀 4 的左端,右端的油液经转阀回油箱,使液动换向阀 4 左位接入工件,活塞下移。当转阀 3 切换至左位时,即控制油使液动换向阀 4 换向,活塞向上退回。当转阀 3 处于中位时,液动换向阀 4 两端的控制油通油箱,在弹簧力的作用下,使阀芯回复到中位,主泵 1 卸荷。这种换向回路常用于大型液压机上。

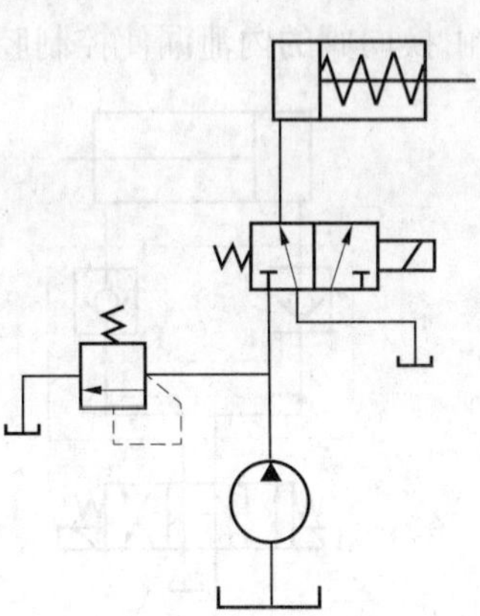

图 7-12 采用二位三通换向阀的单作用缸换向回路

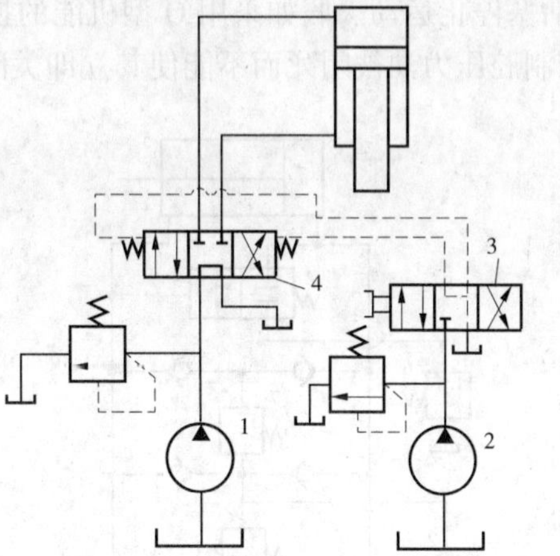

1—主泵;2—辅助泵;3—转阀;4—液动换向阀

图 7-13 先导阀控制液动换向阀的换向回路

在采用液动换向阀的换向回路或采用电液动换向阀的换向回路中,控制油除用辅助泵供给外,在一般的系统中也可以把控制油路直接接入主油路。但是,当主阀采用 M 型或 H 型中位机能时,必须在回路中设置背压阀,保证控制油有一定的压力,以控制换向阀阀芯的移动。

在机床夹具、油压机和起重机等不需要自动换向的场合,常常采用手动换向阀来进行换向。

7.2.1.2 采用双向变量泵的换向回路

采用双向变量泵的换向回路如图 7-14 所示,常用于闭式油路中,通过变更供油方向来实现液压缸或液压马达换向。若双向变量泵 1 吸油侧供油不足,可由补油泵 2 通过单向阀 3 来补充。泵 1 吸油侧多余的油液可通过液压缸 5 进油侧压力控制的二位二通换向阀 4 和溢流阀 6 流回油箱。

溢流阀 6 和 8 的作用是使在液压缸活塞向右或向左运动时泵的吸油侧有一定的吸入压力,改善泵的吸油性能,同时能使活塞运动平稳。阀 7 为防止系统过载的安全阀。

7.2.2 锁紧回路

为了使工作部件能在任意位置上停留,以及在停止工作时防止在受力的情况下发生移动,可以采用锁紧回路。

采用 O 型或 M 型机能的三位换向阀,当阀芯处于中位时,液压缸的进、出口都被封闭,可以将活塞锁紧。这种锁紧回路由于受到滑阀泄漏的影响,锁紧效果较差。

图 7-15 是采用液控单向阀的锁紧回路。在液压缸的进、回油路中都串联一个液控单向阀(又称液压锁),活塞可以在行程的任何位置锁紧。其锁紧精度只受液压缸内少量的内泄漏影响,因此锁紧精度较高。在采用液控单向阀的锁紧回路中,换向阀的中位机能应使液控单向阀的控制油液卸压(换向阀采用 H 型或 Y 型机能),此时,液控单向阀便立即关闭,活塞停止运动。假如采用 O 型机能的换向阀,在换向阀处于中位时,由于液控单向阀的控制腔压力油被闭死而不能使其立即关闭,直至由换向阀的内泄漏使控制腔泄压后,

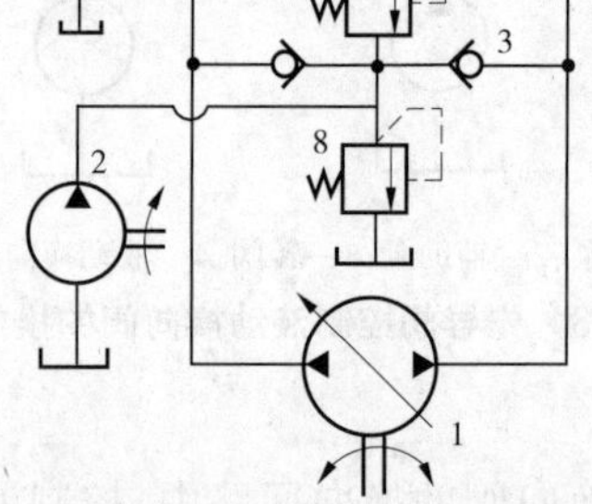

1—双向变量泵;2—补油泵;3—单向阀;
4—换向阀;5—液压缸;6、8—溢流阀;7—安全阀

图 7-14 采用双向变量泵的换向回路

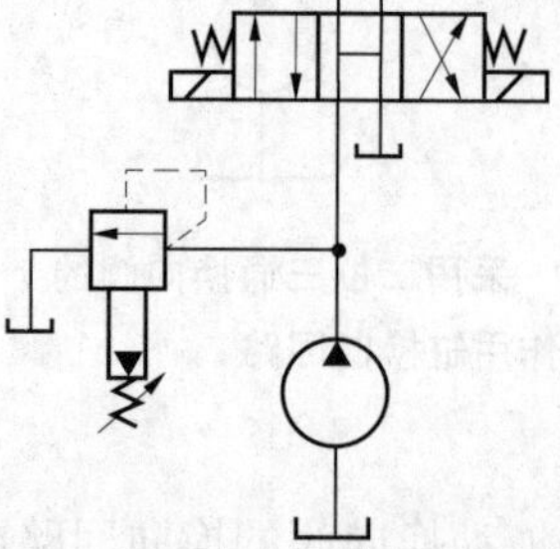

1、2—液控单向阀(液压锁)

图 7-15 采用液控单向阀的锁紧回路

液控单向阀才能关闭,影响其锁紧精度。

7.3 速度控制回路

速度控制回路是对液压系统中执行元件的运动速度和速度切换实现控制的回路。速度控制回路包括调速、快速和换速等回路。

7.3.1 调速回路

调速回路的功能是调定执行元件的工作速度。在不考虑油液的可压缩性和泄漏的情况下,执行元件的速度表达式如下:

液压缸
$$v = \frac{q}{A} \tag{7-1}$$

液压马达
$$n = \frac{q}{V} \tag{7-2}$$

从式(7-1)和式(7-2)可知,改变输入执行元件的流量、液压缸的有效工作面积或液压马达的排量均可以达到调速的目的,但改变液压缸的有效工作面积往往会受到负载等其他因素的制约,改变排量对变量液压马达来说容易实现,但对定量液压马达来说则不易实现,而最普遍的使用方法是通过改变执行元件的输入流量来达到调速的目的。目前,液压系统中常用的调速方式有以下三种:

(1)节流调速:用定量泵供油,由流量控制阀改变执行元件的输入流量来调节速度。其主要优点是速度稳定性好,主要缺点是节流损失和溢流损失较大、发热多、效率较低。

(2)容积调速:通过改变变量泵或(和)变量马达的排量来调节速度。其主要优点是无节流损失和溢流损失,发热较小、效率较高,其主要缺点是速度稳定性较差。

(3)容积节流调速:用能够自动改变流量的变量泵与流量控制阀联合来调节速度。其主要优点是有节流损失,无溢流损失,发热较低、效率较高。

7.3.1.1 节流调速回路

节流调速回路的优点是结构简单、工作可靠、造价低和使用维护方便,因此在机床液压系统中得到了广泛应用。其缺点是能量损失大、效率低、发热多,故一般多用于小功率系统中,如机床的进给系统。按流量控制阀在液压系统中设置位置的不同,节流调速回路可分为进油路节流调速回路、回油路节流调速回路和旁油路节流调速回路三种。

1.进油路节流调速回路

进油路节流调速回路是将流量控制阀设置在执行元件的进油路上,如图7-16所示。由于节流阀串接在电磁换向阀前,所以活塞的往复运动均属于进油节流调速过程。也可将单向节流阀串接在换向阀和液压缸进油腔的油路上,以实现单向进油节流调速。对于进油路节流调速回路,因节流阀和溢流阀是并联的,故通过调节节流阀阀口的大小,便能控制进入液压缸的流量(多余油液经溢流阀流回油箱)而达到调速的目的。

根据进油路节流调速回路的特点,采用节流阀的进油路节流调速回路适用于低速、轻载、负载变化不大和对速度稳定性要求不高的场合。

2.回油路节流调速回路

回油路节流调速回路是将流量控制阀设置在执行元件的回油路上,如图 7-17 所示。由于节流阀串接在电磁换向阀与油箱之间的回油路上,所以活塞的往复运动都属于回油节流调速过程。通过节流阀调节液压缸的回油流量,从而控制进入液压缸的流量,因此同进油路节流调速回路一样可达到调速的目的。

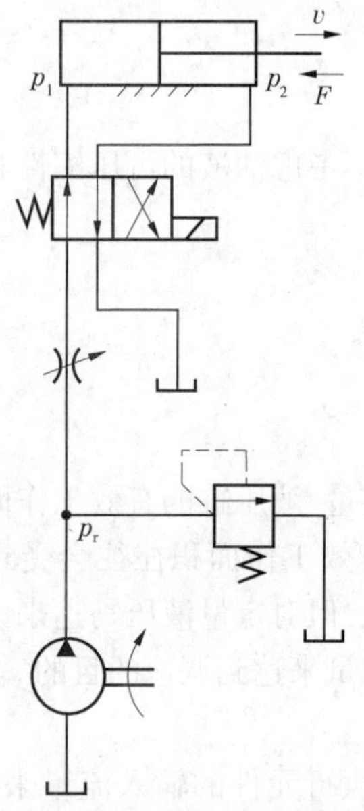

图 7-16　进油路节流调速回路

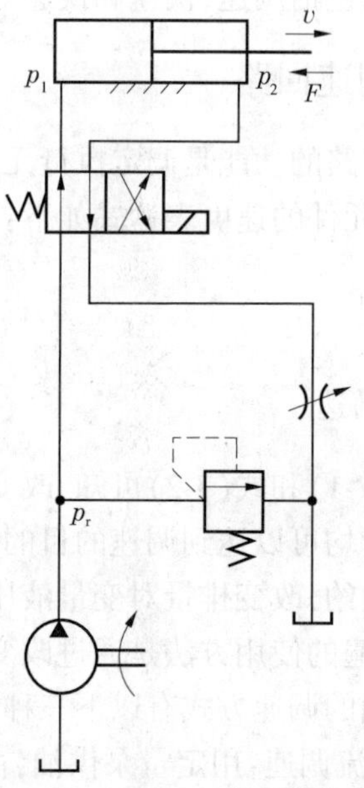

图 7-17　回油路节流调速回路

采用节流阀的回油路节流调速回路也具备前述进油路节流调速回路的特点,但这两种调速回路因液压缸的回油腔压力存在差异,因此它们之间也存在不同之处,比较如下:

(1)对于回油路节流调速回路,由于液压缸的回油腔中存在一定背压,因而能承受一定负值负载(即与活塞运动方向相同的负载,如顺铣时的铣削力和垂直运动部件下行时的重力等);而对于进油路节流调速回路,在负值负载作用下活塞的运动会因失控而超速前冲。

(2)在回油路节流调速回路中,由于液压缸的回油腔中存在背压,且活塞运动速度越快,产生的背压力就越大,故其运动平稳性较好;而在进油路节流调速回路中,液压缸的回油腔中则无此背压,因此其运动平稳性较差,若增加背压阀,则运动平稳性也可以得到提高。

(3)在回油路节流调速回路中,经过节流阀发热后的油液能够直接流回油箱并得以冷却,对液压缸泄漏的影响较小;而进油路节流调速回路,经过节流阀发热后的油液直接进入液压缸,会引起泄漏的增加。

(4)对于回油路节流调速回路,在停车后,液压缸回油腔中的油液会由于泄漏而形成空隙,再次启动时,液压泵输出的流量将不受流量控制阀的限制而全部进入液压缸,使活塞出现较大的启动超速前冲;而对于进油路节流调速回路,因进入液压缸的流量总是受到节流阀的限制，故启动冲击小。

(5)对于进油路节流调速回路，比较容易实现压力控制过程，当运动部件碰到死挡铁后，液压缸进油腔内的压力会上升到溢流阀的调定压力，利用这种压力上升的变化可使压力继电器发出电信号；而对于回油路节流调速回路，液压缸进油腔内的压力变化很小，难以利用，即使在运动部件碰到死挡铁后，液压缸回油腔内的压力会下降到零，利用这种压力下降的变化也可使压力继电器发出电信号，但实现这一过程所采用的电路结构复杂，可靠性低。

此外，对单活塞杆液压缸来说，无杆腔进油路节流调速可获得较有杆腔回油路节流调速低的速度和大的调速范围；有杆腔回油路节流调速，在轻载时回油腔内的背压力可能比进油腔内的压力要高许多，从而引起较大的泄漏。

3.旁油路节流调速回路

旁油路节流调速回路是将流量控制阀设置在与执行元件并联的支路上，如图7-18所示。用节流阀来调节流回油箱的油液的流量，以实现间接控制进入液压缸的油液的流量，从而达到调速目的。回路中溢流阀处于常闭状态，起到安全保护的作用，故液压泵的供油压力随负载变化而变化。

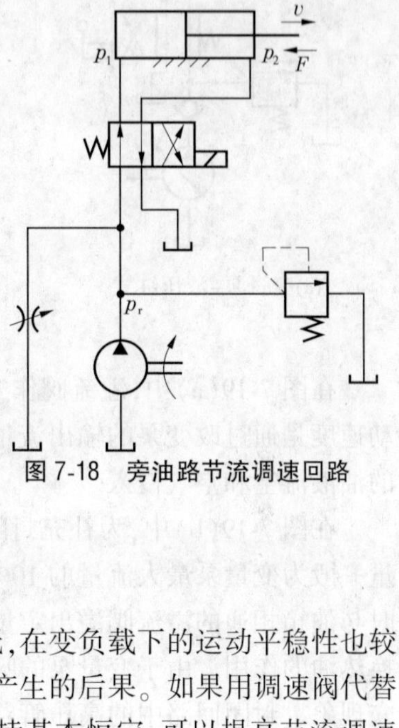

图7-18 旁油路节流调速回路

旁油路节流调速回路适用于负载变化小和对运动平稳性要求不高的高速大功率场合。应注意的是，在这种调速回路中，液压泵的泄漏对活塞运动的速度有较大影响，而在进油路和回油路节流调速回路中，液压泵的泄漏对活塞运动速度的影响则较小，因此这种调速回路的速度稳定性比前两种回路都低。

4.节流调速回路工作性能的改进

使用节流阀的节流调速回路，其速度稳定性都比较低，在变负载下的运动平稳性也较差，这主要是由于负载变化引起节流阀前、后压差变化而产生的后果。如果用调速阀代替节流阀，调速阀中的定差减压阀可使节流阀前、后压差保持基本恒定，可以提高节流调速回路的速度稳定性和运动平稳性，但工作性能的提高是以加大流量控制阀前、后压差为代价的(调速阀前、后压差一般最小应有0.5 MPa，高压调速阀应有1.0 MPa)，故功率损失较大，效率较低。调速阀节流调速回路在机床及低压小功率系统中已得到广泛应用。

7.3.1.2 容积调速回路

容积调速回路的特点是液压泵输出的油液都直接进入执行元件，没有溢流和节流损失，因此效率高，发热小，适用于大功率系统，但是这种调速回路需要采用结构较复杂的变量泵或变量马达，故造价较高，维修也较困难。

容积调速回路按油液循环方式不同可分为开式和闭式两种。开式回路的液压泵从油箱中吸油并供给执行元件，执行元件排出的油液直接返回油箱，油液在油箱中可得到很好的冷却并使杂质得以充分沉淀，空气也容易侵入回路而影响执行元件的运动平稳性。闭式回路的液压泵将油液输入到执行元件的进油腔中，又从执行元件的回油腔处吸油，油液不一定都经过油箱，而直接在封闭回路内循环，从而减少了空气侵入的可能性。但为了补偿回路的泄漏和执行元件进、回油腔之间的流量差，必须设置补油装置。

根据液压泵与执行元件的组合方式的不同，容积调速回路有三种组合形式：变量泵-定量马达（或缸）、定量泵-变量马达和变量泵-变量马达。

1.变量泵-定量马达（或缸）容积调速回路

图 7-19（a）所示为变量泵-液压缸式容积调速回路，图 7-19（b）所示为变量泵-定量马达闭式容积调速回路。这两种调速回路都是利用改变变量泵的输出流量来调节速度的。

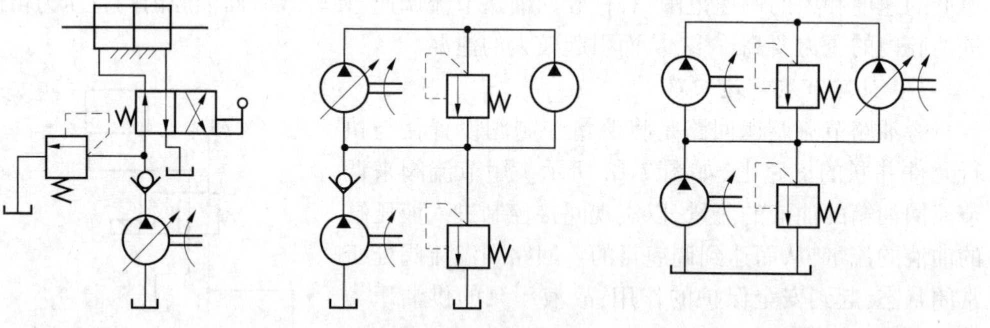

(a)变量泵-液压缸式　(b)变量泵-定量马达闭式　(c)定量泵-变量马达式

图 7-19　容积调速回路

在图 7-19（a）中，溢流阀作安全阀使用，换向阀用来改变活塞的运动方向，活塞的运动速度是通过改变泵的输出流量来调节的，单向阀在变量泵停止工作时可以防止系统中的油液流空和空气侵入。

在图 7-19（b）中，为补充封闭回路中的泄漏而设置了补油装置。辅助泵（辅助泵的流量一般为变量泵最大流量的 10%～15%）将油箱中经过冷却的油液输入到封闭回路中，同时与油箱相通的溢流阀溢出定量马达排出的多余热油，从而起到稳定低压管路压力和置换热油的作用。由于变量泵的吸油口处具有一定的压力，所以可避免空气侵入和出现空穴现象。封闭回路中的高压管路上接有溢流阀，可起到安全阀的作用，以防止系统过载。单向阀在系统停止工作时可以起到防止封闭回路中的油液流空和空气侵入的作用。马达的转速是通过改变变量泵的输出流量来调节的。

这种容积调速回路，液压泵的转速和液压马达的排量都为常数，液压泵的供油压力随负载增加而升高，其最高压力由安全阀来限制。这种容积调速回路中马达（或缸）的输出速度、输出的最大功率都与变量泵的排量成正比，输出的最大转矩（或推力）恒定不变，故称这种回路为恒转矩（或推力）调速回路。由于其排量可调得很小，因此其调速范围较大。

2.定量泵-变量马达容积调速回路

将图 7-19（b）中的变量泵换成定量泵，定量马达置换成变量马达即构成定量泵-变量马达容积调速回路，如图 7-19（c）所示。在这种调速回路中，液压泵的转速和排量都为常数，液压泵的最高供油压力同样由溢流阀来限制。该调速回路中马达能输出的最大转矩与马达的排量成正比，马达转速与其排量成反比，能输出的最大功率恒定不变，故称这种回路为恒功率调速回路。马达的排量因受到拖动负载能力和机械强度的限制而不能调得太大，相应地其调速范围也较小，且调节起来很不方便，因此这种调速回路目前很少单独使用。

3.变量泵-变量马达容积调速回路

如图7-20所示，回路中元件对称设置，双向变量泵2可以实现正反向供油，相应地双向变量马达10便能实现正反向转动。同样调节泵2和马达10的排量也可以改变马达的转速。泵2正向供油时，上油管路3是高压管路，下油管路11是低压管路，马达10正向旋转，阀7作为安全阀可以防止马达正向旋转时系统出现过载现象，此时阀6不起任何作用。辅助泵1经单向阀5向低压管路补油，此时另一单向阀4则处于关闭状态。当液动换向阀8在高、低压管路压差大于一定数值（如0.5 MPa）时，液动换向阀阀芯下移。低压管路与溢流阀9接通，则马达10排出的多余热油经阀9溢出（阀12的调定压力应比阀9高），此时泵1供给的冷油置换了热油；当高、低压管路压差很小（马达的负载小、油液的温升小）时，阀8处于中位，泵1输出的多余油液则从溢流阀12流回油箱，只补偿封闭回路中存在的泄漏，而不置换热油。此外，溢流阀9和12也具有使泵2吸油口处保持一定压力而避免空气侵入和出现空穴现象的功能，单向阀4和5在系统停止工作时防止封闭回路中的油液流空和空气侵入。

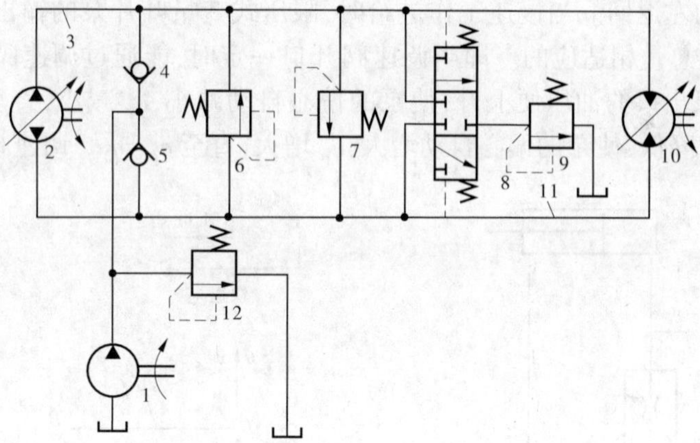

1—辅助泵；2—双向变量泵；3—上油管路；4、5—单向阀；
6、7、9、12—溢流阀；8—液动换向阀；10—双向变量马达；11—下油管路

图7-20　变量泵-变量马达容积调速回路

当泵2反向供油时，上油管路3是低压管路，下油管路11是高压管路。马达10反向转动，阀6作为安全阀使用，其他各元件的作用与上述过程类似。

变量泵-变量马达容积调速回路是恒转矩调速和恒功率调速的组合回路。由于许多设备在低速运行时要求有较大的转矩，而在高速时又希望输出功率能基本保持不变，因此调速时通常先将马达的排量调至最大并固定不变（以使马达在低速时能获得最大输出转矩），通过增大泵的排量来提高马达的转速，这时马达能输出的最大转矩恒定不变，属恒转矩调速。若泵的排量调至最大后还需要继续提高马达的转速，可以使泵的排量固定在最大值，而采用减小马达排量的办法来实现马达速度继续升高的目标，这时马达能输出的

最大功率恒定不变,属恒功率调速。这种调速回路具有较大的调速范围,且效率较高,故适用于大功率和调速范围要求较大的场合。

在容积调速回路中,泵的工作压力是随负载变化而变化的。而泵和执行元件的泄漏量随工作压力的升高而增加。由于受到泄漏的影响,液压马达(或液压缸)的速度随着负载的增加而下降,速度稳定性变差。

4.容积节流调速回路

容积节流调速回路是用变量泵供油,用调速阀或节流阀改变进入液压缸的流量,以实现执行元件速度调节的回路。这种回路无溢流损失,其效率比节流调速回路高。采用流量阀调节进入液压缸的流量,克服了变量泵负载大、压力高时的漏油量大、运动速度不平稳的缺点,因此这种调速回路常用于空载时需快速、承载时需稳定的低速的各种中等功率机械设备的液压系统,例如组合机床、车床、铣床等的液压系统。

如图 7-21(a)所示为由限压式变量叶片泵 1 和调速阀 3 等元件组成的定压式容积节流调速回路。电磁换向阀 2 左位工作时,压力油经行程阀 5 进入液压缸左腔,液压缸右腔回油,活塞空载右移。这时因负载小,压力低于变量泵的限定压力,泵的流量最大,故活塞快速右移。当移动部件上的挡块压下行程阀 5 时,压力油只能经调速阀 3 进入液压缸左腔,液压缸右腔回油,活塞以调速阀调节的慢速右移,实现工作进给。当换向阀右位工作时,压力油进入液压缸右腔,液压缸左腔经单向阀 4 回油,因退回时为空载,液压泵的供油量最大,故快速向左退回。当慢速工作进给时,限压式变量叶片泵的输出流量 q_p 与进入液压缸的流量 q_1 总是相适应的。即当调速阀开口一定时,能通过调速阀的流量 q_1 为定值,若 $q_p>q_1$,则泵出口的油压便上升,使泵的偏心自动减小,q_p 减小,直至 $q_p=q_1$;若 $q_p<q_1$,则泵出口压力降低,使泵的偏心自动增大,q_p 增大,直至 $q_p=q_1$。调速阀能保证 q_1 为定

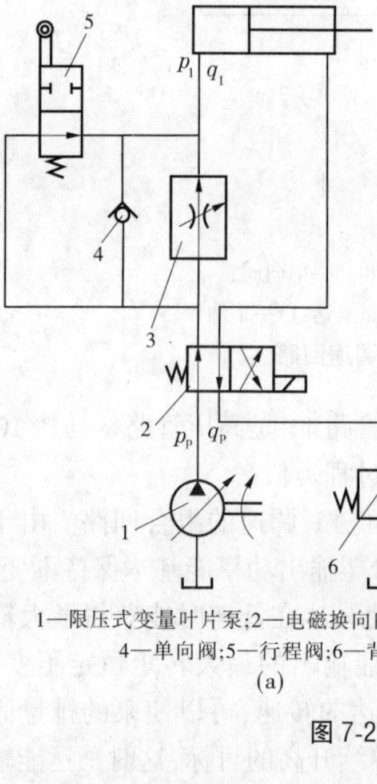

1—限压式变量叶片泵;2—电磁换向阀;3—调速阀;
4—单向阀;5—行程阀;6—背压阀

(a)

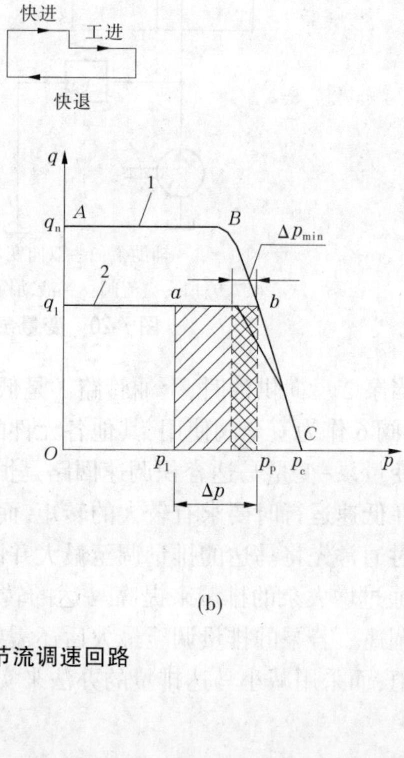

(b)

图 7-21　定压式容积节流调速回路

值，q_p 也为定值，故泵的出口压力 p_p 也为定值。因此，这种回路称为定压式容积节流调速回路。

如图7-21(b)所示为这种回路的调速特性。图中曲线1为限压式变量叶片泵的流量—压力特性曲线。曲线2为调速阀出口(液压缸进油腔)的流量—压力特性曲线，其左段为水平线，说明当调速阀的开口一定时，液压缸的负载变化引起工作压力 p_1 变化，但通过调速阀进入液压缸的流量 q_1 为定值。该水平线的延长线与曲线1的交点 b 即为液压泵出口的工作点，也是调速阀前的工作点，该点的工作压力为 p_p。曲线2上的点 a 对应的压力为液压缸的压力 p_1。若液压缸长时间在轻载下工作，缸的工作压力 p_1 小，调速阀两端压差 Δp 大($\Delta p=p_p-p_1$)，调速阀的功率损失(abp_pp_1 围成的阴影面积)大，效率低。因此，在实际使用时除应调节变量泵的最大偏心距，以满足液压缸快速运动所需要的流量(即调节特性曲线1上 AB 段的上下位置)外，还应调节泵的限压螺钉，改变泵的限定压力(即调节特性曲线1上 BC 段的左右位置)，使 Δp 稍大于调速阀两端的最小压差 Δp_{min}。显然，当液压缸的负载最大时，使 $\Delta p=\Delta p_{min}$ 是泵特性曲线调整的最佳状态。

7.3.2 快速回路

快速回路的功能是使执行元件在空行程时获得尽可能大的运动速度，以提高生产率。根据公式 $v=q/A$ 可知，对于液压缸来说，增加进入液压缸的流量就能提高液压缸的运动速度。

7.3.2.1 差动连接的快速回路

图7-22所示为单活塞杆液压缸差动连接的快速回路。二位三通电磁换向阀3处于图示位置时，单活塞杆液压缸差动连接时的有效工作面积等效为 A_1-A_2，活塞将快速向右运动；二位三通电磁换向阀3通电时，单活塞杆液压缸为非差动连接，其有效工作面积为 A_1。这说明单活塞杆液压缸差动连接增速的实质是因为缩小了液压缸的有效工作面积。这种回路的特点是结构简单，价格低廉，应用普遍，但只能实现一个方向的增速，且增速受液压缸两腔有效工作面积的限制，增速的同时液压缸的推力会减小。采用此回路时，要注意此回路的阀和管道应按差动连接时的较大流量选用，否则压力损失过大，使溢流阀在快进时也开启，则无法实现差动。例如，YT4543型动力滑台液压系统中采用了液压缸的差动连接回路来实现快速运动。

7.3.2.2 双泵并联的快速回路

图7-23所示为双泵并联的快速回路。高压小流量泵1的流量按执行元件最大工作进给速度的需要来确定，工作压力的大小由溢流阀5调定，低压大流量泵2主要起增速作用，它和泵1的流量加在一起应满足执行元件快速运动时所需的流量要求。液控顺序阀3的调定压力应比快速运动时最高工作压力高0.5~0.8 MPa。快速运动时，由于负载较小，系统压力较低，则阀3处于关闭状态，此时泵2输出的油液经单向阀4与泵1汇合在一起进入执行元件，实现快速运动。若需要工作进给运动，则系统压力升高，阀3打开，泵2卸荷，阀4关闭，此时仅有泵1向执行元件供油，实现工作进给运动。这种回路的特点是效率高，功率利用合理，能实现比最大工作进给速度大得多的快速运动功能。

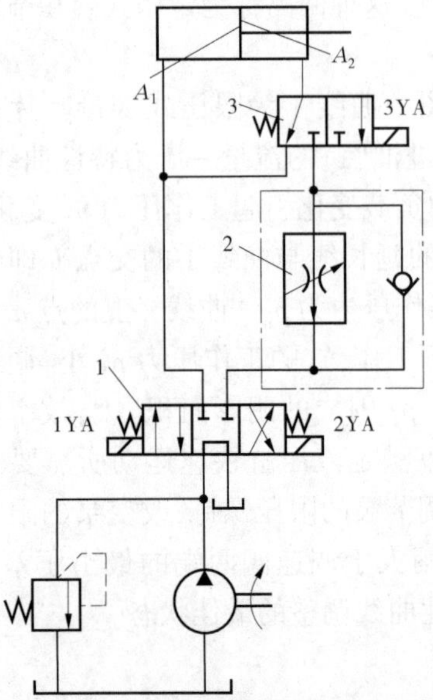

1—三位四通电磁换向阀;2—调速阀;
3—二位三通电磁换向阀

图 7-22　差动连接的快速回路

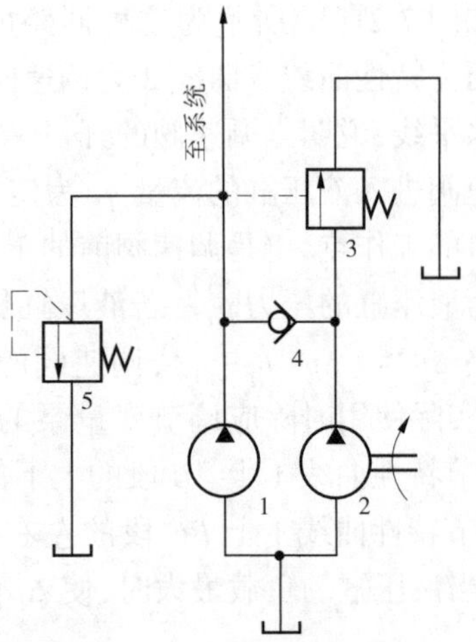

1—高压小流量泵;2—低压大流量泵;
3—液控顺序阀;4—单向阀;5—溢流阀

图 7-23　双泵并联的快速回路

7.3.3　换速回路

换速回路是指执行元件实现运动速度的切换的回路。根据换速回路切换前后速度相对快慢的不同,可分为快速—慢速切换和慢速—慢速切换两大类。

7.3.3.1　快速—慢速切换回路

图 7-24 所示为一种采用行程阀的快速—慢速切换回路。当手动换向阀 2 右位和行程阀 4 下位接入回路(图示状态)时,液压缸活塞将快速向右运动。当活塞移动至使挡块压下行程阀 4 时,行程阀关闭,液压油的回油必须通过节流阀 6,活塞的运动切换成慢速状态。当换向阀 2 左位接入回路时,液压油经单向阀 5 进入液压缸右腔,活塞快速向左运动。这种回路的特点是快速—慢速切换比较平稳,切换点准确,但不能任意布置行程阀的安装位置。

如将图 7-24 中的行程阀改为电磁换向阀,并通过挡块压下电气行程开关来控制电磁换向阀工作,也可实现上述快速—慢速自动切换过程,而且可以灵活地布置电磁换向阀的安装位置,只是切换的平稳性和切换点的准确性要比用行程阀时差。

7.3.3.2　慢速—慢速切换回路

图 7-25 所示为串联调速阀慢速—慢速切换回路。当电磁铁 1YA 和 4YA 通电时,液压油经调速阀 A 和二位二通电磁换向阀 2 进入液压缸左腔,此时调速阀 B 被短接,活塞的运动速度可由调速阀 A 来控制,实现第一种慢速;若电磁铁 1YA、4YA 和 3YA 同时通电,则液压油先经调速阀 A,再经调速阀 B 进入液压缸左腔,活塞运动速度由调速阀 B 控制,实现第二种慢速(调速阀 B 的通流面积必须小于调速阀 A 的);当电磁铁 1YA 和 4YA

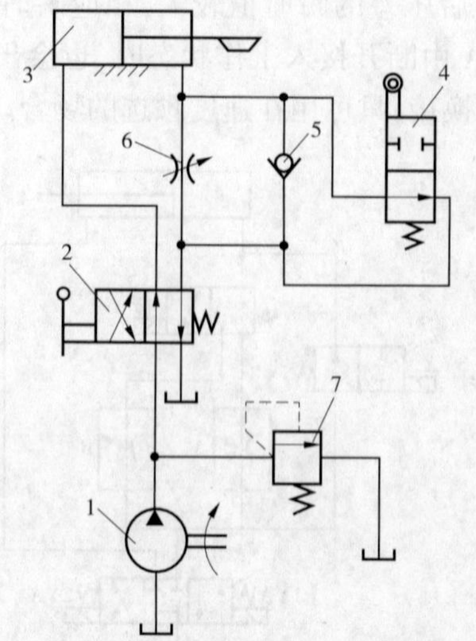

1—泵；2—换向阀；3—液压缸；4—行程阀；
5—单向阀；6—节流阀；7—溢流阀

图 7-24 采用行程阀的快速—慢速切换回路

断电，且电磁铁 2YA 通电时，液压油进入液压缸右腔，液压缸左腔油液经二位二通电磁换向阀 3 流回油箱，实现快速退回。这种切换回路因慢速—慢速切换平稳，在机床上应用较多。例如，YT4543 型动力滑台液压系统采用了调速阀串联的二次进给调速方式，可使启动和速度换接时的前冲量较小。

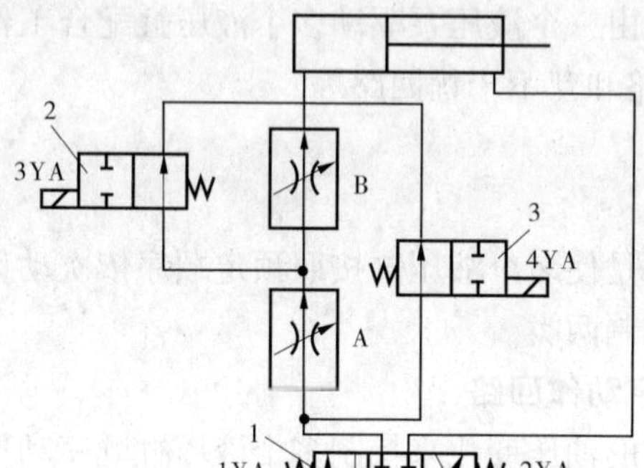

1—三位四通电磁换向阀；2、3—二位二通电磁换向阀

图 7-25 串联调速阀慢速—慢速切换回路

图 7-26 所示为并联调速阀慢速—慢速切换回路。当电磁铁 1YA、3YA 同时通电时，液压油经换向阀 1 的左位进入调速阀 A 和二位三通电磁换向阀 3 的左位进入液压缸左腔，实现第一种慢速；当电磁铁 1YA、3YA 和 4YA 同时通电时，液压油经调速阀 B 和二位三通电磁换向阀 3 的右位进入液压缸左腔，实现第二种慢速。这种切换回路，在调速阀 A 工作时，调速阀 B 的通路被切断，阀 B 前后两端的压力相等，则阀 B 中的定差减压阀口全开，在二位三通电磁换向阀切换瞬间，阀 B 前端压力突然下降，在压力减为零且阀口还没

有关小前,阀 B 中节流阀前、后压差的瞬时值较大,相应瞬时流量也很大,造成瞬时活塞快速前冲现象。同样,当阀 A 由断开接入工作状态时,也会出现上述现象。因此,该回路不宜用在工作过程中的速度换接,只可用在速度预选的场合。

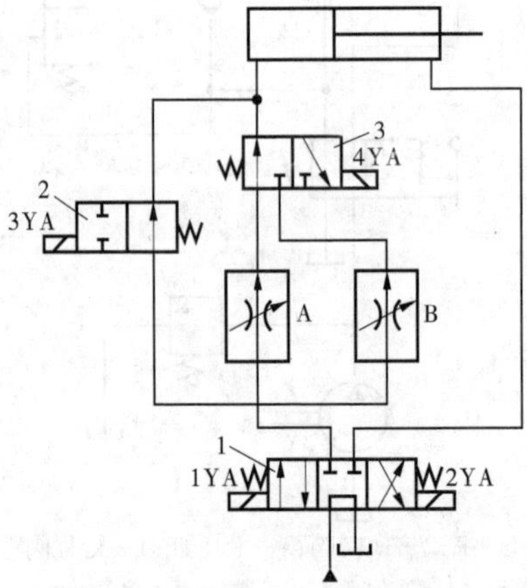

1—三位四通电磁换向阀;2—二位二通电磁换向阀;3—二位三通电磁换向阀

图 7-26　并联调速阀慢速—慢速切换回路

7.4　多缸工作控制回路

多缸工作控制回路是由一个液压泵驱动多个液压缸配合工作的回路。这类回路常包括顺序动作回路、同步回路和互不干扰回路等。

7.4.1　顺序动作回路

顺序动作回路的功能是使多个液压缸按照预定顺序依次动作。这种回路常用的控制方式有压力控制和行程控制两类。

7.4.1.1　压力控制的顺序动作回路

此回路利用油路本身的油压变化来控制多个液压缸顺序动作。常用压力继电器和顺序阀来控制多个液压缸顺序动作。

图 7-27 所示为顺序阀控制的顺序动作回路。单向顺序阀 4 用来控制两液压缸向右运动的先后次序,单向顺序阀 3 用来控制两液压缸向左运动的先后次序。当电磁换向阀未通电时,液压油进入液压缸 1 的左腔和阀 4 的进油口,液压缸 1 右腔中的油液经阀 3 中的单向阀流回油箱,液压缸 1 的活塞向右运动,而此时进油路压力较低,单向顺序阀 4 处于关闭状态;当液压缸 1 的活塞向右运动到行程终点碰到死挡铁,进油路压力升高到单向顺序阀 4 的调定压力时,单向顺序阀 4 打开,液压油进入液压缸 2 的左腔,液压缸 2 的活塞向右运动;当液压缸 2 的活塞向右运动到行程终点后,其挡铁压下相应的电气行程开关(图中未画出)发出电信号时,电磁换向阀通电而换向,此时液压油进入液压缸 2 的右腔和单向顺序阀 3 的进油口,液压缸 2 左腔中的油液经单向顺序阀 4 中的单向阀流回油箱,

液压缸2的活塞向左运动；当液压缸2的活塞向左到达行程终点碰到死挡铁后，进油路压力升高到单向顺序阀3的调定压力时，单向顺序阀3打开，液压缸1的活塞向左运动。若液压缸1和2的活塞向左运动无先后顺序要求，可省去单向顺序阀3。

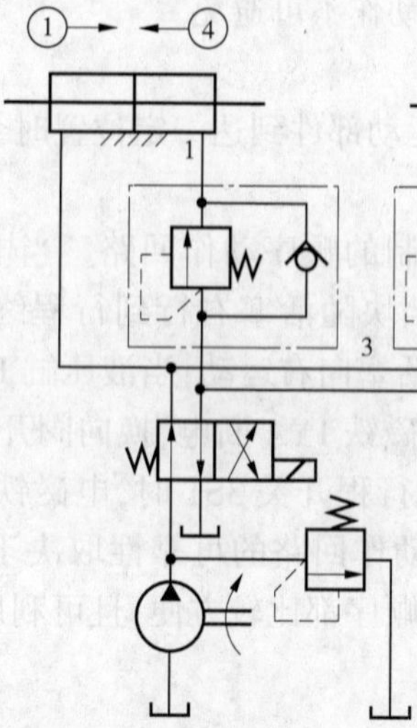

1、2—液压缸；3、4—单向顺序阀

图7-27 顺序阀控制的顺序动作回路

图7-28所示为用压力继电器控制的顺序动作回路。压力继电器1KP用于控制两液压缸向右运动的先后顺序，压力继电器2KP用于控制两液压缸向左运动的先后顺序。当电磁铁2YA通电时，换向阀3右位接入回路，液压油进入液压缸1左腔并推动活塞向右运动；当液压缸1的活塞向右运动到行程终点而碰到死挡铁时，进油路压力升高而使压力继电器1KP动作发出电信号，相应电磁铁4YA通电，换向阀4右位接入回路，液压缸2的活塞向右运动；当液压缸2的活塞向右运动到行程终点，其挡铁压下相应的电气行程开关发出电信号时，电磁铁4YA断电而3YA通电，阀4换向，液压缸2的活塞向左运动；当液压缸2的活塞向左运动到终点并碰到死挡铁时，进油路压力升高而使压力继电器2KP动作发出电信号，相应2YA断电而1YA通电，阀3换向，液压缸1的活塞向左运动。为了防

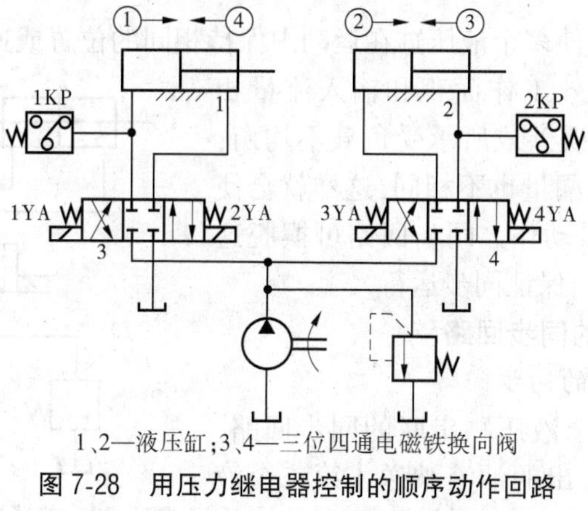

1、2—液压缸；3、4—三位四通电磁铁换向阀

图7-28 用压力继电器控制的顺序动作回路

止压力继电器发出误动作,压力继电器的动作压力应比先动作的液压缸最高工作压力高 0. 3~0. 5 MPa,但应比溢流阀的调定压力低 0. 3~0. 5 MPa。

这种回路适用于液压缸数目不多、负载变化不大和可靠性要求不太高的场合。当运动部件卡住或压力脉动变化较大时,误动作不可避免。

7. 4. 1. 2　行程控制的顺序动作回路

行程控制的顺序动作回路是利用运动部件到达一定位置时会发出信号来控制液压缸顺序动作的回路。

图 7-29 所示为用电气行程开关控制的顺序动作回路。当电磁铁 1YA 通电时,液压缸 A 的活塞向右运动;当液压缸 A 的挡块随活塞右行到行程终点并触动电气行程开关 1ST 时,电磁铁 2YA 通电,液压缸 B 的活塞向右运动;当液压缸 B 的挡块随活塞右行至行程终点并触动电气行程开关 2ST 时,电磁铁 1YA 断电,换向阀开始换向,液压缸 A 的活塞向左运动;当液压缸 A 的挡块触动电气行程开关 3ST 时,电磁铁 2YA 断电,换向阀换向,液压缸 B 的活塞向左运动。这种顺序动作回路的可靠性取决于电气行程开关和电磁换向阀的质量,变更液压缸的动作行程和顺序都比较方便,且可利用电气互锁来保证动作顺序的可靠性。

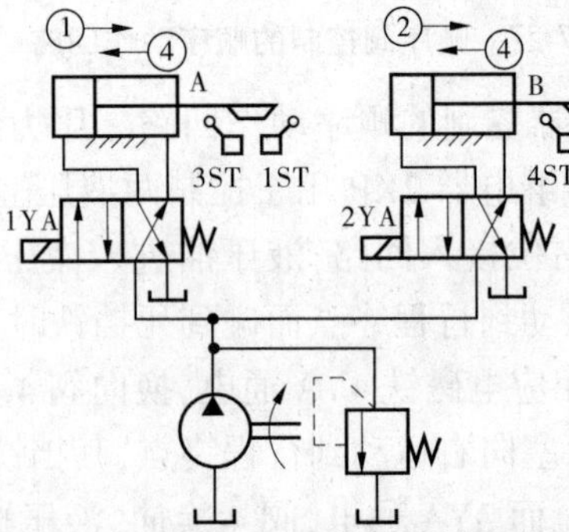

图 7-29　用电气行程开关控制的顺序动作回路

7. 4. 2　同步回路

同步回路的功能是使多个液压缸在运动中保持相同的位置或速度。在多缸液压系统中,尽管各液压缸的有效工作面积和输入流量相同,但液压缸存在制造误差或所承受负载不均衡,均会导致各液压缸的泄漏量也不相同,这样就会使各液压缸不能保持同步动作。同步回路可摆脱这些影响,消除累积误差而保证同步运行。

7. 4. 2. 1　串联液压缸的同步回路

1. 普通串联液压缸的同步回路

图 7-30 所示为两个液压缸串联的同步回路。第一个液压缸回油腔排出的油液被送入第二个液压缸的进油腔,若两个缸的有效工作面积相等,两

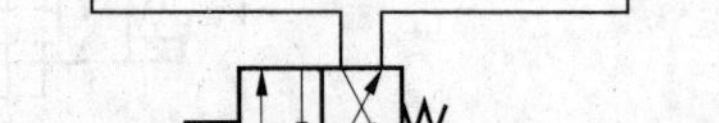

图 7-30　普通串联液压缸的同步回路

活塞必然有相同的位移,从而实现同步运动。但是,由于制造误差和泄漏等因素的影响,同步精度较低。

2.带补偿装置的串联液压缸同步回路

图7-31所示为带补偿装置的串联液压缸同步回路。A腔和B腔面积相等使进、出流量相等。而补偿措施使同步误差在每一次下行运动中得以消除。例如,阀5在右位工作时,两液压缸下降,若液压缸1的活塞先到达行程端点,其挡块触动电气行程开关1ST,使阀4通电,压力油便通过该阀和单向阀向液压缸2的B腔补入,推动活塞继续运动到底,误差即被消除。若液压缸2的活塞先到达行程端点,其挡块触动电气行程开关2ST,阀3通电,控制压力油使液控单向阀反向通道打开,液压缸1的A腔通过液控单向阀与油箱接通而回油,使液压缸1的活塞能继续下行到达行程端点而消除位置误差。这种串联液压缸同步回路只适用于负载较小的液压系统。

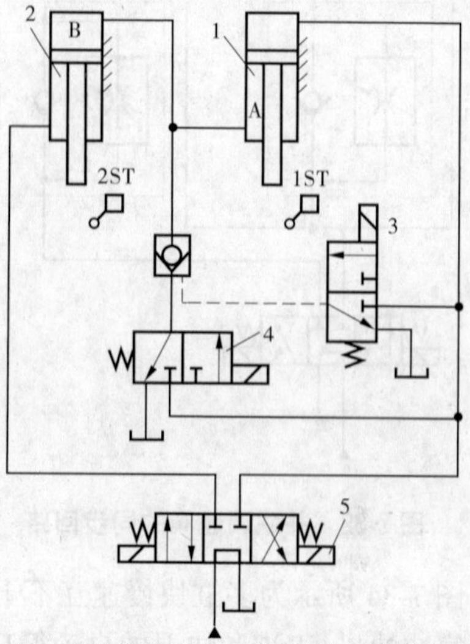

1、2—液压缸;3、4—二位三通电磁换向阀;
5—三位四通电磁换向阀

图7-31 带补偿装置的串联液压缸同步回路

7.4.2.2 并联液压缸的同步回路

1.并联调速阀的同步回路

如图7-32所示,用两个调速阀分别串接在两个液压缸的回油路(进油路)上,再并联起来,用于调节两缸的运动速度,即可实现同步。这也是一种常用的比较简单的同步方法,但因为两个调速阀的性能不可能完全一致,同时还受到载荷的变化和泄漏的影响,因此同步精度较低。

2.采用电液比例调速阀的同步回路

图7-33所示为采用电液比例调速阀的同步回路。该回路中采用了一个普通调速阀C和一个电液比例调速阀D,它们设置在由单向阀组成的桥式回路中,并分别控制液压缸A和B的速度。当两个活塞出现位置误差时,检测装置(图中未画出)就会发出信号,自动控制电液比例调速阀D通流面积的大小,进而使液压缸B的活塞随着液压缸A的活塞的运动而实现同步运动。该回路的同步精度高,位置误差可控制在0.5 mm以内,已能满足大多数工作部件同步精度的要求。电液比例调速阀在性能上虽比不上伺服阀,但其费用低,对环境适应性强,因此用它来实现同步控制被认为是一个新的发展方向。

7.4.3 互不干扰回路

互不干扰回路的功能是使几个液压缸在完成各自的循环动作过程中彼此互不影响。在多缸液压系统中,往往由于其中一个液压缸快速运动,而造成系统压力下降,影响其他液压缸慢速运动的稳定性。因此,对于慢速要求比较稳定的多缸液压系统,需采用互不干扰回路,使各自液压缸的工作压力互不影响。

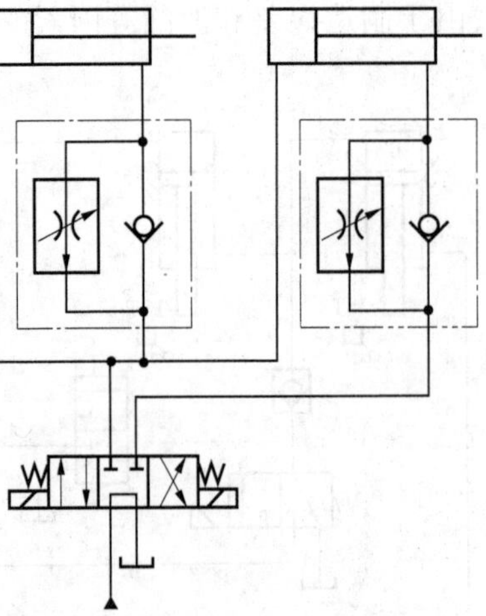

图 7-32　并联调速阀的同步回路

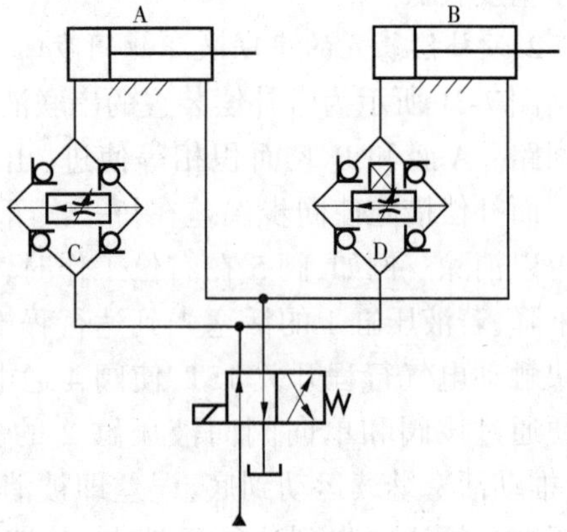

图 7-33　采用电液比例调速阀的同步回路

图 7-34 所示为多缸快慢速互不干扰回路。图中各液压缸(仅表示出两个液压缸)分别要完成快进、工进和快退的自动循环。回路采用双泵供油,高压小流量泵 1 提供各缸工进时所需的液压油,低压大流量泵 2 为各缸快进或快退时输送低压油,它们分别由溢流阀 3 和 4 调定供油压力。当电磁铁 3YA、4YA 通电时,液压缸 A(或 B)左右两腔由二位五通电磁换向阀 7、11(或 8、12)连通,由泵 2 供油来实现差动快进过程,此时泵 1 的供油路被

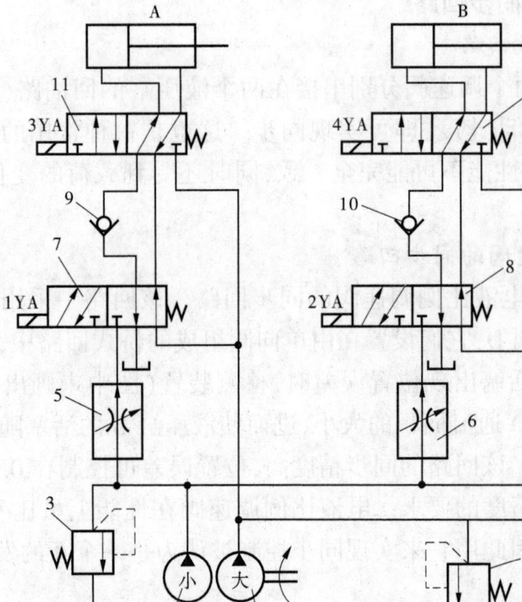

1—高压小流量泵;2—低压大流量泵;3、4—溢流阀;5、6—调速阀;

7、8、11、12—二位五通电磁换向阀;9、10—单向阀

图 7-34　多缸快慢速互不干扰回路

阀7(或8)切断。设液压缸A先完成快进,由行程开关使电磁铁1YA通电、3YA断电,此时泵2对液压缸A的进油路被切断,而泵1的进油路打开,液压缸A由调速阀5调速实现工进,液压缸B仍作快进,互不影响。当各缸都转为工进后,它们全由泵1供油。此后,若液压缸A又率先完成工进,行程开关应使阀7和阀11的电磁铁都通电,液压缸A由泵2供油快退。当各电磁铁皆通电时,各缸停止运动,并被锁止于当前所在位置。

习 题

1.在液压系统中,当工作部件停止运动以后,使泵卸荷有什么好处?举例说明几种常用的卸荷方法。

2.有些液压系统为什么要有保压回路?它应满足哪些基本要求?

3.在液压系统中为什么要设置背压回路?背压回路与平衡回路有何区别?

4.由不同操纵方式的换向阀组合的换向回路各有什么特点?

5.锁紧回路中三位换向阀的中位机能是否可任意选择?为什么?

6.如何调节执行元件的运动速度?常用的调速方法有哪些?

7.举例说明,如果一个液压系统要同时控制几个执行元件按规定的顺序动作,应采用什么液压回路。

8.在液压系统中为什么要设置快速运动回路?执行元件实现快速运动的方法有哪些?

9.在图7-35所示油路中,若溢流阀和减压阀的调定压力分别为5.0 MPa和2.0 MPa,试分析活塞在运动期间和碰到死挡铁后,溢流阀进油口、减压阀出油口处的压力。(主油路关闭不通,活塞在运动期间液压缸负载为0,不考虑能量损失)

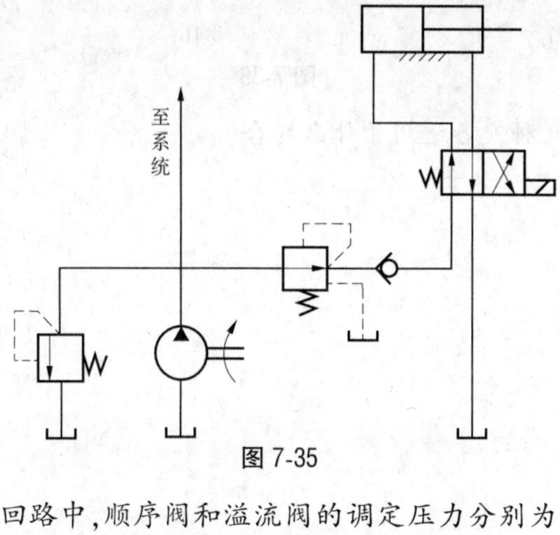

图7-35

10.在图7-36所示回路中,顺序阀和溢流阀的调定压力分别为3.0 MPa与5.0 MPa,问在下列情况下,A、B两处的压力各等于多少?

(1)液压缸运动,负载压力为4.0 MPa时。

(2)液压缸运动,负载压力为1.0 MPa时。

(3) 活塞碰到缸盖时。

11.试说明图 7-37 所示容积调速回路中单向阀 A 和 B 的功用。提示:按液压缸进、出流量的不同来考虑。

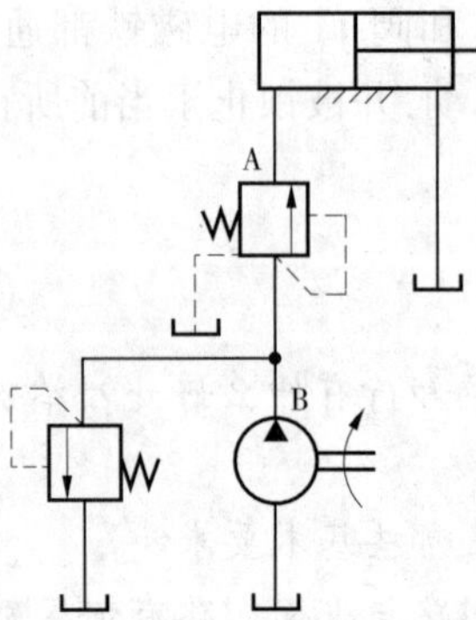

图 7-36

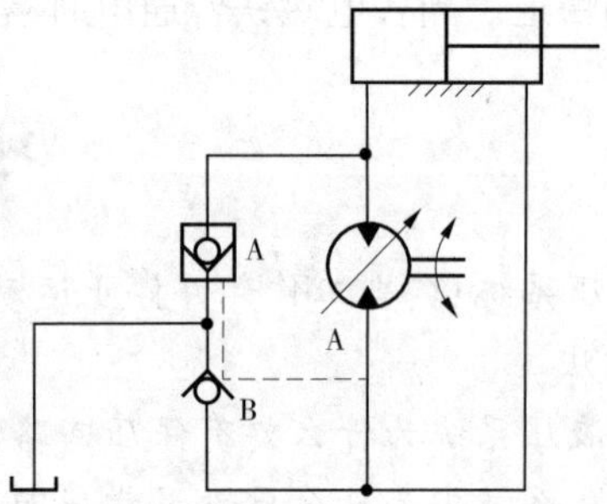

图 7-37

12.图 7-38 中各缸完全相同,负载 $F_A>F_B$。已知节流阀能调节缸速,并不计压力损失。试判断图 7-38(a)、(b) 中,哪一个缸先动,哪一个缸速度快,说明原因。

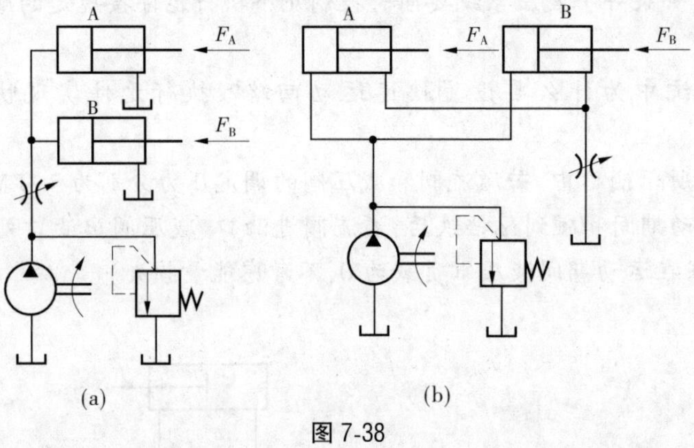

图 7-38

13.调速回路有哪几种?各适用于什么场合?

第8章 典型液压传动系统

【学习目标】

1.知识目标

◇了解组合机床动力滑台液压传动系统、数控车床液压传动系统、汽车起重机液压传动系统工作原理；

◇熟练掌握阅读和分析液压系统图的方法及步骤；

◇理解液压系统的元件组成及功用，进而理解系统的工作原理；

◇了解液压传动系统的故障诊断与分析方法。

2.能力目标

◇能根据动作要求和工艺循环、参照电磁铁动作顺序表，读懂液压系统图，理解整个液压系统的工作原理；

◇能在理解液压系统原理的基础上归纳液压系统的工作特点；

◇能初步对液压系统进行故障诊断与分析。

本章介绍几个典型液压系统，通过对它们的分析，可以帮助读者了解典型液压系统的基本组成和工作原理，以加深对各种液压元件和基本回路的理解，增强综合应用能力。

8.1 液压系统图及阅读方法

8.1.1 液压系统图

液压系统在机床、工程机械、冶金石化、航空、船舶等方面均有广泛的应用。液压系统是根据液压设备的工作要求，选用各种不同功能的基本回路构成的。液压系统一般用图形的方式来表示。由代表液压元件、液压辅件及连接形式的图形符号组成，用以表示一个液压系统工作原理的简图，称为液压系统图。液压系统图表示了系统内所有各类液压元件的连接情况以及执行元件实现各种运动的工作原理。

8.1.2 阅读液压系统图的步骤

对液压系统进行分析，最主要的就是阅读液压系统图。阅读一张复杂的液压系统图，大致可以按以下几个步骤进行：

(1)了解机械设备的功用、工况及其对液压系统的要求，明确液压设备的工作循环。

(2)初步阅读液压系统图，了解系统中包含哪些元件，根据设备的工况及工作循环，将系统分解为若干个子系统。

(3)逐步分析各子系统,了解系统中基本回路的组成情况。分析各元件的功用以及各元件之间的互相关系。根据执行机构的动作要求,参照电磁铁动作顺序表,搞清楚各个行程的动作原理及油路的流动路线。

(4)根据系统中对各执行元件间的互锁、同步、防干扰等要求,分析各个子系统之间的联系以及如何实现这些要求。

(5)在全面读懂液压系统图的基础上,根据系统所使用的基本回路的性能,对系统做出综合分析,归纳总结出整个液压系统的特点,以加深对液压系统的理解,为液压系统的调整、维护、使用奠定基础。

8.2 组合机床动力滑台液压传动系统

8.2.1 概述

组合机床是一种高效率的专用机床,它由具有一定功能的通用部件(包括机械动力滑台和液压动力滑台)和专用部件组成,加工范围较广,自动化程度较高,多用于大批量生产中。液压动力滑台由液压缸驱动,根据加工需要可在滑台上配置动力头、主轴箱或各种专用的切削头等工作部件,以完成钻、扩、铰、铣、镗、刮端面,加工倒角,加工螺纹等加工工序,并可实现多种进给工作循环。

液压动力滑台是系列化产品,不同规格的滑台,其液压系统的组成和工作原理基本相同。现以 YT4543 型动力滑台为例,分析其液压系统的工作原理和特点。图 8-1 所示为 YT4543 型动力滑台的液压系统图。YT4543 型动力滑台要求进给速度范围为 6.6～660 mm/min,最大移动速度为 7.3 m/min,最大进给力为 4.5×10^4 N。该液压系统的动力元件和执行元件为限压式变量泵和单杆活塞式液压缸,系统中有换向回路、调速回路、快速运动回路、速度换接回路、卸荷回路等基本回路。回路的换向由电液换向阀完成,其中位机能具有卸荷功能;快速进给由液压缸的差动连接来实现;用限压式变量泵和串联调速阀来实现二次进给速度的调节;用行程阀和电磁阀来实现速度的换接;为了保证进给的尺寸精度,采用了止位钉停留来限位。该系统能够实现的自动工作循环为:快进→第一次工进→第二次工进→止位钉停留→快退→原位停止。该系统中电磁铁和行程阀的动作顺序如表 8-1 所示。

表 8-1　YT4543 型动力滑台液压系统中电磁铁和行程阀的动作顺序

工作循环	电磁铁			行程阀
	1YA	2YA	3YA	
快进	+	−	−	−
第一次工进	+	−	−	+
第二次工进	+	−	+	+
止位钉停留	+	−	+	+
快退	−	+	−	+−
原位停止	−	−	−	−

注:表中"+"表示电磁铁得电或行程阀被压下,"−"表示电磁铁失电或行程阀抬起。

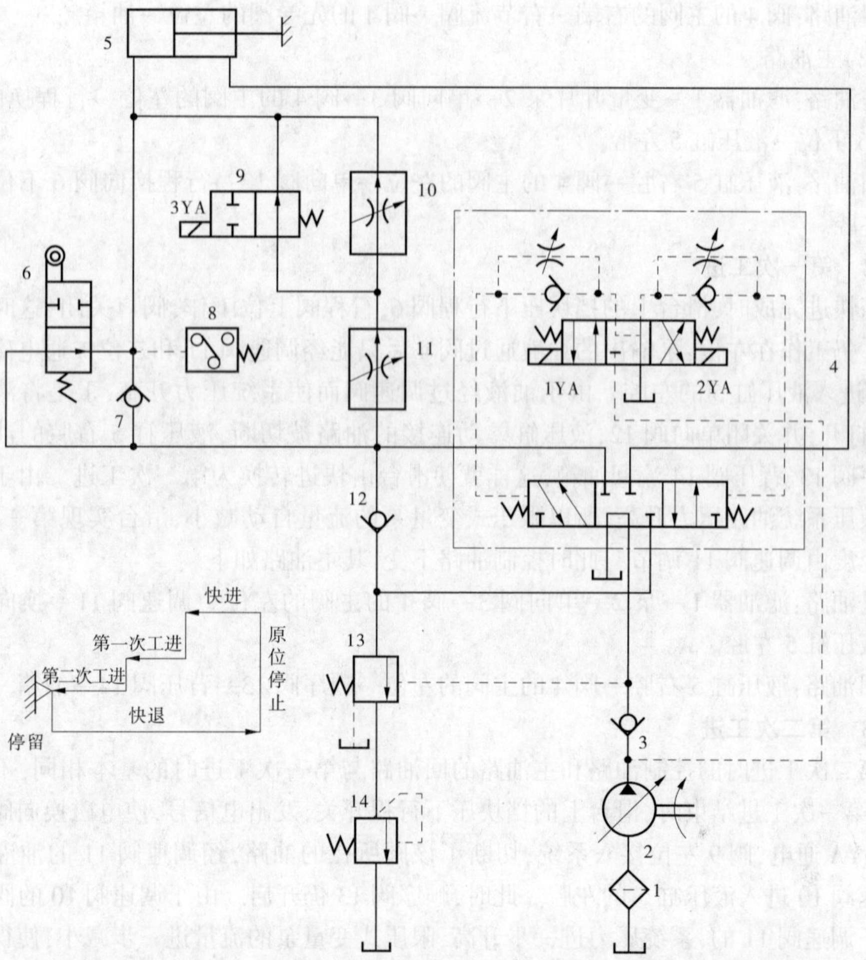

1—滤油器;2—变量叶片泵;3、7、12—单向阀;4—电液换向阀;5—液压缸;6—行程换向阀;8—压力继电器;9—二位二通电磁换向阀;10、11—调速阀;13—液控顺序阀;14—背压阀

图 8-1 YT4543 型动力滑台的液压系统图

8.2.2 YT4543 型动力滑台液压系统的工作原理

8.2.2.1 快进

按下启动按钮,电液换向阀 4 的电磁铁 1YA 通电,使电液换向阀 4 的先导阀左位工作,控制油经先导阀左位、单向阀进入主液动换向阀的左端,使其左位接入系统,泵 2 输出的油液经主液动换向阀左位进入液压缸 5 的左腔(无杆腔)。因为此时为空载,系统压力不高,顺序阀 13 仍处于关闭状态,故液压缸右腔(有杆腔)排出的油液经主液动换向阀左位也进入了液压缸的左腔(无杆腔)。这时液压缸 5 为差动连接,限压式变量泵输出流量最大,动力滑台实现快进。系统控制油路和主油路中油液的流动路线如下所示:

(1)控制油路。

进油路:滤油器 1→泵 2→阀 4 的先导阀的左位→左单向阀→阀 4 的主阀的左端。

回油路:阀 4 的主阀的右端→右节流阀→阀 4 的先导阀的左位→油箱。

(2) 主油路。

进油路:滤油器 1→变量叶片泵 2→单向阀 3→阀 4 的主阀的左位→行程换向阀(行程阀)6 下位→液压缸 5 左腔。

回油路:液压缸 5 右腔→阀 4 的主阀的左位→单向阀 12→行程换向阀 6 下位→液压缸 5 左腔。

8.2.2.2 第一次工进

当快进完成时,滑台上的挡块压下行程阀 6,行程阀上位工作,阀口关闭,这时电液换向阀 4 仍工作在左位,泵输出的油液通过阀 4 后只能经调速阀 11 和二位二通电磁换向阀 9 右位进入液压缸 5 的左腔。由于油液经过调速阀而使系统压力升高,于是将液控顺序阀 13 打开,并关闭单向阀 12,液压缸差动连接的油路被切断,液压缸 5 右腔的油液只能经顺序阀 13、背压阀 14 流回油箱,这样就使滑台由快进转换为第一次工进。由于工作进给时液压系统油路压力升高,所以限压式变量泵的流量自动减小,滑台实现第一次工进,工进速度由调速阀 11 调节。此时控制油路不变,其主油路如下。

进油路:滤油器 1→泵 2→单向阀 3→阀 4 的主阀的左位→调速阀 11→换向阀 9 右位→液压缸 5 左腔。

回油路:液压缸 5 右腔→阀 4 的主阀的左位→顺序阀 13→背压阀 14→油箱。

8.2.2.3 第二次工进

第二次工进时的控制油路和主油路的回油路与第一次工进时的基本相同,不同之处是:当第一次工进结束时,滑台上的挡块压下行程开关,发出电信号,使电磁换向阀 9 的电磁铁 3YA 通电,阀 9 左位接入系统,切断了该阀所在的油路,经调速阀 11 的油液必须通过调速阀 10 进入液压缸 5 的左腔。此时,顺序阀 13 仍开启。由于调速阀 10 的阀口开口量小于调速阀 11 的,系统压力进一步升高,限压式变量泵的流量进一步减小,使得进给速度降低,滑台实现第二次工进。工进速度可由调速阀 10 调节。其主油路如下。

进油路:滤油器 1→变量叶片泵 2→单向阀 3→阀 4 的主阀的左位→调速阀 11→调速阀 10→液压缸 5 左腔。

回油路:液压缸 5 右腔→阀 4 的主阀的左位→顺序阀 13→背压阀 14→油箱。

8.2.2.4 止位钉停留

当滑台完成第二次工进时,动力滑台与止位钉相碰撞,液压缸停止不动。这时液压系统压力进一步升高,当达到压力继电器 8 的调定压力后,压力继电器动作,发出电信号传给时间继电器,由时间继电器延时控制滑台停留的时间。在时间继电器延时结束之前,动力滑台将停留在止位钉限定的位置上,且停留期间液压系统的工作状态不变。停留时间可根据工艺要求由时间继电器来调定。设置止位钉的作用是可以提高动力滑台行程的位置精度。这时的油路与第二次工进的油路相同,但实际上,液压系统内的油液已停止流动,液压泵的流量已减至很小,仅用于补充泄漏油。

8.2.2.5 快退

动力滑台停留时间结束后,时间继电器发出电信号,使电磁铁 2YA 通电,电磁铁 1YA、3YA 断电。这时阀 4 的先导阀的右位接入系统,电液换向阀 4 的主阀也换为右位工作,主油路换向。因滑台返回时为空载,液压系统压力低,变量泵的流量又自动恢复到最大值,故滑台快速退回,其油路如下。

(1)控制油路。

进油路:滤油器1→变量叶片泵2→阀4的先导阀的右位→右单向阀→阀4的主阀的右端。

回油路:阀4的主阀的左端→左节流阀→阀4的先导阀的右位→油箱。

(2)主油路。

进油路:滤油器1→变量叶片泵2→单向阀3→电液换向阀4的主阀的右位→液压缸5右腔。

回油路:液压缸5左腔→单向阀7→电液换向阀4的主阀的右位→油箱。

8.2.2.6 原位停止

当动力滑台快退到原始位置时,挡块压下行程开关,使电磁铁2YA断电,这时电磁铁1YA、2YA、3YA都失电,电液换向阀4的先导阀及主阀都处于中位,液压缸5两腔被封闭,动力滑台停止运动,滑台锁紧在起始位置上。变量叶片泵2通过电液换向阀4的中位卸荷。其油路如下:

(1)控制油路。

回油路:阀4的主阀的左端→左节流阀→阀4的先导阀的中位→油箱;

阀4的主阀的右端→右节流阀→阀4的先导阀的中位→油箱。

(2)主油路。

进油路:滤油器1→变量叶片泵2→单向阀3→阀4的先导阀的中位→油箱。

回油路:液压缸5左腔→阀7→阀4的先导阀的中位(堵塞);

液压缸5右腔→阀4的先导阀的中位(堵塞)。

8.2.3 YT4543型动力滑台液压系统的特点

通过对YT4543型动力滑台液压系统的分析,可知该系统具有如下特点:

(1)该系统采用了由限压式变量泵和调速阀组成的进油路容积节流调速回路,这种回路能够使动力滑台得到稳定的低速运动和较好的速度负载特性,而且由于系统无溢流损失,系统效率较高。另外,回路中设置了背压阀,可以改善动力滑台运动的平稳性,并能使滑台承受一定的反向负载。

(2)该系统采用了限压式变量泵和液压缸的差动连接回路来实现快速运动,使能量的利用比较经济合理。当动力滑台停止运动时,换向阀使液压泵在低压下卸荷,减少了能量损失。

(3)系统采用行程阀和液控顺序阀来实现快进与工进的速度换接,动作可靠,速度换接平稳。同时,调速阀可起到加载的作用,在刀具与工件接触之前就能可靠地转入工作进给,因此不会引起刀具和工件的突然碰撞。

(4)在行程终点采用了止位钉,不仅提高了进给时的位置精度,还扩大了动力滑台的工艺范围,更适合于镗削阶梯孔、刮端面等加工工序。

(5)由于采用了调速阀串联的二次进给调速方式,可使启动和速度换接时的前冲量较小,并便于利用压力继电器发出信号进行控制。

8.3　液压机的液压系统

8.3.1　概述

液压机是对金属材料、塑料、橡胶、粉末冶金制品进行加工的设备。它在许多工业部门得到了广泛的应用。

四柱式液压机用得最多,也最典型。图 8-2(a)所示为液压机的外形图。它可以进行冲剪、弯曲、翻边、拉深、冷挤、成型等多种加工。为完成上述工作,液压机应能产生较大的压制力,因此其压力系统工作压力高,液压缸的尺寸大,流量也大,是较为典型的高压大流量系统。液压机在压制工件时系统压力高,但速度低,而空行程时速度快、流量大、压力低,因此各工作阶段的换接要平稳、功率的利用要合理。为满足不同工艺需要,系统的压力要能方便地变换和调节。由于压力机是立式设备,因此对工作时的安全亦要有可靠的保证。

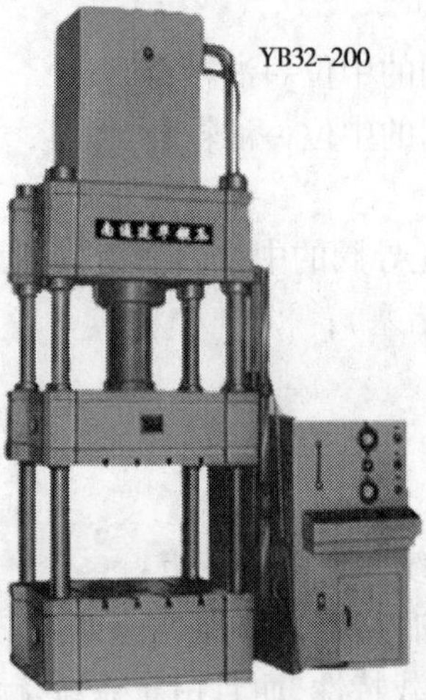

(a)外形图

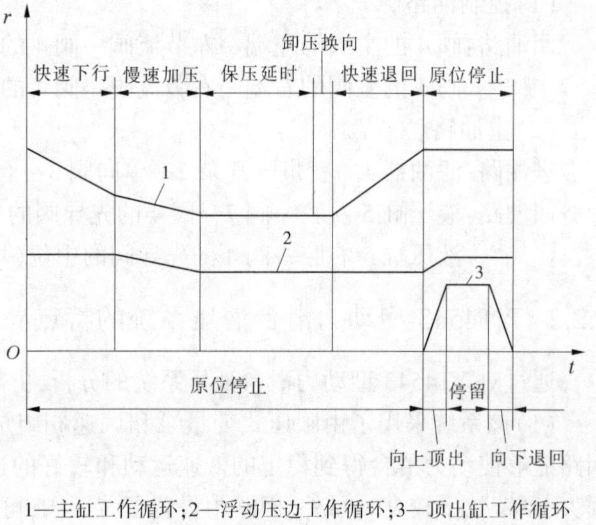

1—主缸工作循环;2—浮动压边工作循环;3—顶出缸工作循环

(b)工作循环图

图 8-2　YB32-200 型液压机外形图和工作循环图

现以 YB32-200 型四柱万能液压机为例,分析其液压系统的工作原理及特点。液压机的工作循环图如图 8-2(b)所示。该液压机有上、下两个液压缸,安装在四个立柱之间。上液压缸为主缸,驱动上滑块实现“快速下行→慢速加压→保压延时→卸压换向→快速退回→原位停止”的工作循环。下液压缸为顶出缸,驱动下滑块实现“向上顶出→停留→向下退回→原位停止”的工作循环。在进行薄板件拉伸压边时,要求下滑块实现“上位停留→浮动压边(下滑块随上滑块短距离下降)→上位停留”工作循环。YB32-200 型四柱万能液压机主缸最大压制力为 2 000 kN,其压力系统的最高工作压力为 32 MPa。图 8-3 所示是它的液压系统图。在分析其液压系统时,可参阅 YB32-200 型液压机电磁铁动作顺序表，如表 8-2 所示。

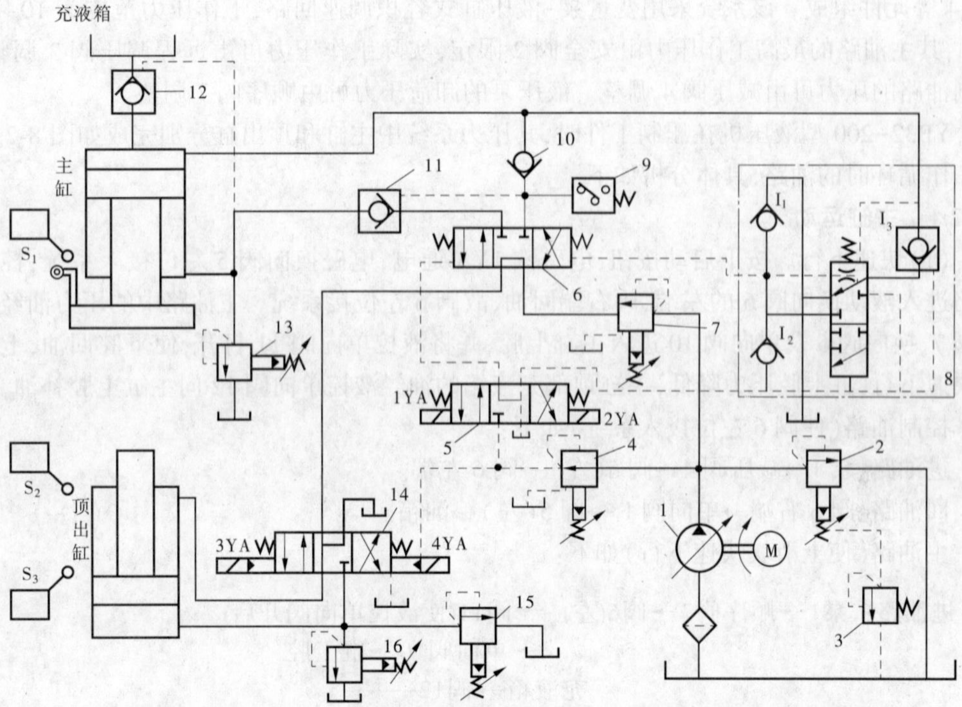

1—变量泵；2—安全阀；3—远程调压阀；4—减压阀；5—电磁换向阀；6—液动换向阀；7—顺序阀；8—预泄换向阀；9—压力继电器；10—单向阀；11、12—液控单向阀；13—安全阀；14—电液换向阀；15—背压阀；16—安全阀

图 8-3　YB32-200 型液压机液压系统图

表 8-2　电磁铁动作顺序

工作循环液压缸		信号来源	电磁铁			
			1YA	2YA	3YA	4YA
主缸	快速下行	按启动按钮	+	−	−	−
	慢速加压	上滑快压住工件	+	−	−	−
	保压延时	压力继电器发信号	−	−	−	−
	卸压换向	时间继电器发信号	−	+	−	−
	快速退回	预泄换向阀换为下位	−	+	−	−
	原位停止	行程开关 S_1	−	−	−	−
顶出缸	向上顶出	行程开关 S_1 或按钮	−	−	−	+
	向下退回	时间继电器发信号	−	−	+	−
	原位停止	终点开关 S_2	−	−	−	−

注：表中“+”表示电磁铁通电；“−”表示电磁铁断电。

8.3.2　YB32-200 型液压机液压系统工作原理

该压力机的液压系统由主缸、顶出缸、变量泵 1、安全阀 2、远程调压阀 3、减压阀 4、电磁换向阀 5、液动换向阀 6、顺序阀 7、预泄换向阀 8、主缸的安全阀 13、顶出缸的电液换向阀 14 等元件组成。该系统采用变量泵-液压缸式容积调速回路,工作压力范围为 10~32 MPa,其主油路的最高工作压力由安全阀 2 限定,实际工作压力可由远程调压阀 3 调整。控制油路的压力可由减压阀 4 调整。液压泵的卸荷压力可由顺序阀 7 调整。

YB32-200 型液压机在压制工件时,其压力系统中主缸和顶出缸分别完成如图 8-2 所示工作循环时的油路,具体分析如下。

8.3.2.1 主缸运动

(1)快速下行。按下启动按钮,电磁铁 1YA 通电,电磁换向阀 5 左位接入系统,控制油路进入液动换向阀 6 的左端,阀右端回油,故阀 6 左位接系统。主油路中的压力油经顺序阀 7、换向阀 6 及单向阀 10 进入主缸上腔,并将液控单向阀 11 打开,使下腔回油,上滑块快速下行,缸上腔压力降低,主缸顶部充液箱的油经液控单向阀 12 向主缸上腔补油。

控制油路(使阀 6 左位接入系统)如下:

进油路:泵 1→减压阀 4→阀 5(左)→阀 6 左端。

回油路:阀 6 右端→单向阀 I_2→阀 5(左)→油箱。

主油路(使上滑块快速下行)如下:

进油路:泵1→顺序阀7→阀6(左) → 阀11(使液控单向阀开启)
→ 单向阀10→缸上腔
充液箱→阀12→(缸上腔)

回油路:缸下腔→阀11→阀6(左)→阀14(中)→油箱。

(2)慢速加压。当主缸上滑块接触到被压制的工件时,主缸上腔压力升高,液控单向阀 12 关闭,且液压泵流量自动减小,滑块下移速度降低,慢速压制工件。这时除充液箱不再向液压缸上腔供油外,其余油路与快速下行油路完全相同。

(3)保压延时。当主缸上腔油压升高至压力继电器 9 的开启压力时,压力继电器发出信号,使电磁铁 1YA 断电,阀 5 换为中位。这时阀 6 两端油路均通油箱,因而阀 6 在两端弹簧力作用下换为中位,主缸上、下腔油路均被封闭保压;液压泵则经阀 6 中位、阀 14 中位卸荷。同时,压力继电器还向时间继电器发出信号,使时间继电器开始延时。保压时间由时间继电器在 0~24 min 范围内调节。

控制油路(使阀 6 换为中位)如下:

回油路:阀 6 左端→阀 5(中)→油箱;

阀 6 右端→单向阀 I_2→阀 5(中)→油箱。

主油路如下:

进油路:泵 1→顺序阀 7→阀 6(中)→阀 14(中)→油箱(泵卸荷)。

回油路:主缸上腔→单向阀 10(闭);

主缸上腔→液控单向阀 I_3(闭);

主缸下腔→液控单向阀 11(闭)。

该系统也可利用行程控制使系统由慢速加压阶段转为保压延时阶段,即当慢速加压,上滑块下移至预定的位置时,由与上滑块相连的动力件上的挡块压下行程开关(图中未画出）发出信号，使阀5、阀6换为中位停止状态，同时向时间继电器发出信号，使系统进入保压延时阶段。

（4）卸压换向。保压延时结束后，时间继电器发出信号，使电磁铁2YA通电，阀5换为右位。控制油经阀5进入液控单向阀I_3的控制油腔，顶开其卸荷阀芯（液控单向阀I_3带有卸荷阀芯），使主缸上腔油路的高压油经I_3卸荷阀芯上的槽口及预泄换向阀8上位（图示位置）的孔道流通，从而使主缸上腔油泄压。

控制油路如下：

进油路：泵1→阀4→阀5（右）→I_3（使I_3卸荷阀芯开启）。

主油路如下：

回油路：主缸上腔→I_3（卸荷阀芯槽口）→阀8（上）→油箱（主缸上腔泄压）。

（5）快速退回。主缸上腔泄压后，在控制油压作用下，阀8换为下位，控制油经阀8进入阀6右端，阀6左端回油，因此阀6右位接入系统。主油路中，压力油经阀6、阀11进入主缸下腔，同时将液控单向阀12打开，使主缸上腔油返回充液箱，上滑块则快速上升，退回至原位。

控制油路（使阀6换为右位）如下：

进油路：泵1→阀4→阀5（右）→阀8（下）→阀6右端。

回油路：阀6左端→阀5（右）→油箱。

主油路（上滑块快速退回）如下：

进油路：泵1→阀7→阀6(右)→阀11→主缸下腔
　　　　　　　　　　　　　　　　　└→阀12控制口

回油路：主缸上腔→阀12→充液箱。

（6）原位停止。当上滑块返回至原始位置，压下行程开关S_1时，电磁铁2YA断电，阀5和阀6换为中位（阀8复位），主缸上、下腔封闭，上滑块停止运动。阀13为上缸安全阀，起平衡上滑块重量的作用，可防止与上滑块相连的运动部件在上位时因自重而下滑。

8.3.2.2　顶出缸运动

（1）向上顶出。当主缸返回原位，压下行程开关S_1时，除电磁铁2YA断电，主缸原位停止外，电磁铁4YA通电，阀14换为右位。压力油经阀14进入顶出缸下腔，其上腔回油，下滑块上移，将压制好的工件从模具中顶出。这时系统的最高工作压力可由背压阀15调整。

主油路（使下滑块上移顶出工件）如下：

进油路：泵1→阀7→阀6（中）→阀14（右）→缸下腔。

回油路：缸上腔→阀14（右）→油箱。

（2）停留。当下滑块上移到其活塞碰到缸盖时，便可停留在这个位置上。同时碰到上位开关S_2时，时间继电器动作，延时停留。停留时间可由时间继电器调整。这时的油路未变。

（3）向下退回。当停留结束时，时间继电器发出信号，使电磁铁3YA通电（4YA断电),阀 14 换为左位。压力油进入顶出缸上腔,其下腔回油,下滑块下移。

主油路(使下滑块下移)如下:

进油路:泵 1→阀 7→阀 6(中)→阀 14(左)→缸上腔。

回油路:缸下腔→阀 14(左)→油箱。

(4)原位停止。当下滑块退至原位时,滑块压下下位开关 S_3,使电磁铁 3YA 断电,阀 14 换为中位,运动停止。

8.3.2.3 浮动压边

(1)上位停留。先使电磁铁 4YA 通电 ,阀 14 换为右位,顶出缸下滑块上升至顶出位置,由行程开关或按钮发出信号使 4YA 再断电,阀 14 换为中位,使下滑块停在顶出位置上。这时,顶出缸下腔封闭,上腔通油箱。

(2)浮动压边。浮动压边时主缸上腔进压力油(主缸油路同慢速加压油路),主缸下腔油进入顶出缸上腔,顶出缸下腔油可经阀 15 流回油箱。主缸上滑块下压薄板时,下滑块也在此压力下随之下行。这时阀 15 为背压阀,它能保证顶出缸下腔有足够的压力。阀 16 为安全阀,它能在阀 15 堵塞时起过载保护作用。

主油路(使上下滑块同时下移,浮动压边)如下:

进油路:主缸下腔→阀11→阀6(左)→阀14(中)→顶出缸上腔

油箱→顶出缸上腔

回油路:顶出缸下腔→阀15→油箱。

8.3.3 YB32-200 型液压机液压系统的特点

(1)采用了变量泵-液压缸式容积调速回路。所用液压泵为恒功率斜盘式轴向柱塞泵,它的特点是空载快速时,油压低而供油量大,压制工件时,压力高,泵的流量能自动减小,可实现低速。系统中无溢流损失和节流损失,效率高,功率利用合理。

系统中设置了远程高压阀,这样可在压制不同材质、不同规格的工件时,对系统的最高工作压力进行调节,以获得最理想的压制力,使用方便。

(2)两液压缸均采用电液换向阀换向,便于用小规格的、反应灵敏的电磁阀控制高压大流量的液动换向阀,使主油路换向。其控制油路采用了串联减压阀的减压回路,其工作压力比主油路低而平稳,既能减少功率消耗、降低泄漏损失,还能使主油路换向平稳。

(3)采用两主换向阀中位串联的互锁回路。即当主缸工作时,顶出缸油路被断开,停止运动;当顶出缸工作时,主缸油路被断开,停止运动。这样能避免操作不当引起的事故,保证了安全生产。当两缸主换向阀均为中位时,液压泵卸荷,其油路上串接一个顺序阀,其调整压力约为 2.5 MPa,可使泵的出口保持低压,以便于快速启动。

(4)液压机是大功率立式设备,压制工件时需要很大的力,主缸直径大,上滑块快速下行时需要很大的流量,但顶出缸工作时却不需要很大的流量。因此,该系统采用顶置充液箱,在上滑块快速下行时直接从缸的上方向主缸上腔补油。这样既可使系统采用流量较小的泵供油，又可避免在长管道中有高速大流量油流而造成能量的损耗和故障，还减小了下置油箱的尺寸（充液箱与下置油箱有管路连通，上箱油量超过一定量时可溢回下油箱）。此外，两立式液压缸各有一个安全阀，构成平衡回路，能防止上、下滑块在上位停止时因自重而下滑，起支撑作用。

（5）在保压延时阶段，由多个单向阀、液控单向阀组成主缸保压回路，利用管道和油液本身的弹性变形实现保压，方法简单。由于单向阀密封好、结构尺寸小、工作可靠，因而使用和维护也比较方便。

（6）系统中采用了预泄换向阀，使主缸上腔卸压后才能换向。这样可使换向平稳，无噪声和液压冲击。

8.4 数控车床液压系统

8.4.1 概述

装有程序控制系统的车床简称数控车床。图 8-4 所示为 MJ-50 型数控车床的结构。在数控车床上进行车削加工时，其自动化程度高，能获得较高的加工质量。目前，在数控车床上，大多采用了液压传动技术，下面介绍 MJ-50 型数控车床的液压系统，图 8-5 所示为该系统的原理图。

1—脚踏开关；2—对刀仪；3—主轴卡盘；4—主轴箱；5—防护门；6—压力表；
7、8—防护罩；9—转臂；10—操作面板；11—回转刀架；12—尾座；13—滑板；14—床身

图 8-4 MJ-50 型数控车床的结构

机床中由液压系统实现的动作有卡盘的夹紧与松开、刀架的夹紧与松开、刀架的正转与反转、尾座套筒的伸出与缩回。液压系统中各电磁阀的电磁铁动作由数控系统的 PC 控制实现，各电磁铁动作顺序如表 8-3 所示。

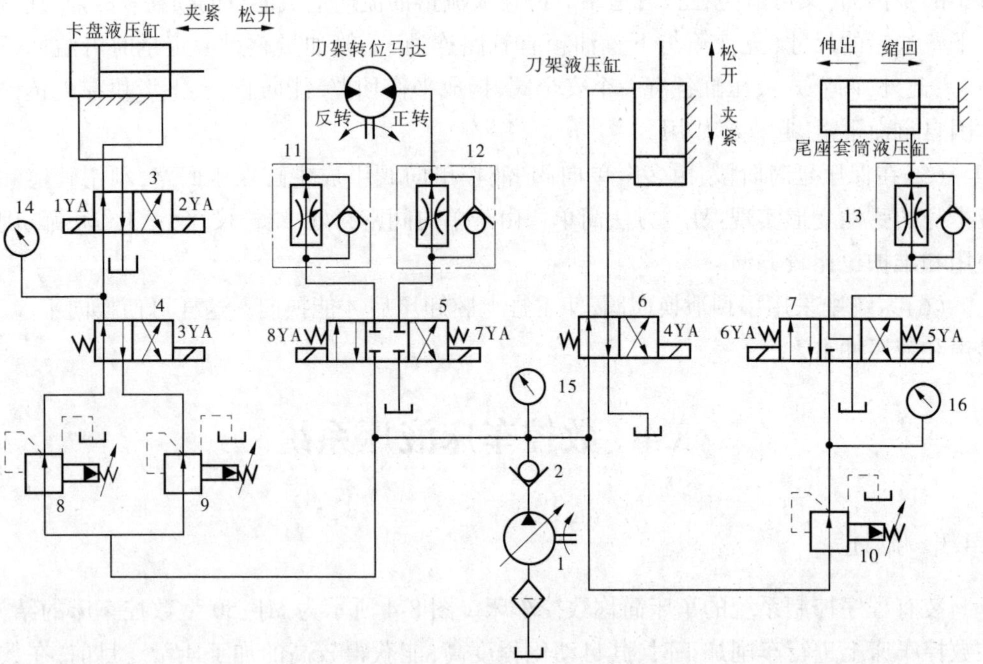

1—变量泵；2—单向阀；3、4、5、6、7—换向阀；

8、9、10—减压阀；11、12、13—单向调速阀；14、15、16—压力表

图 8-5　MJ-50 型数控车床的液压系统

表 8-3　电磁铁动作顺序表

各种项目			电磁铁							
			1YA	2YA	3YA	4YA	5YA	6YA	7YA	8YA
卡盘正卡	高压	夹紧	+	−	−	−	−	−	−	−
		松开	−	+	−	−	−	−	−	−
	低压	夹紧	+	−	+	−	−	−	−	−
		松开	−	+	+	−	−	−	−	−
卡盘反卡	高压	夹紧	−	+	−	−	−	−	−	−
		松开	+	−	−	−	−	−	−	−
	低压	夹紧	−	+	+	−	−	−	−	−
		松开	+	−	+	−	−	−	−	−
刀架	正转		−	−	−	−	−	−	−	+
	反转		−	−	−	−	−	−	+	−
	松开		−	−	−	+	−	−	−	−
	夹紧		−	−	−	−	−	−	−	−
尾座套筒	伸出		−	−	−	−	−	+	−	−
	缩回		−	−	−	−	+	−	−	−

注：表中“+”号表示通电；“−”号表示断电。

8.4.2 液压系统的工作原理

机床的液压系统采用单向变量泵供油,系统压力调至 4 MPa,压力由压力表 15 显示。泵输出的压力油经过单向阀进入系统,其工作原理分析如下。

8.4.2.1 卡盘的夹紧与松开

当卡盘处于正卡(或称外卡)且在高压夹紧状态下,夹紧力的大小由减压阀 8 来调整,夹紧力由压力表 14 来显示。当 1YA 通电时,阀 3 左位工作,系统压力油经阀 8、阀 4、阀 3 到液压缸右腔,液压缸左腔的油液经阀 3 直接回油箱。这时,活塞杆左移,卡盘夹紧。当 2YA 通电时,阀 3 右位工作,系统压力油经阀 8、阀 4、阀 3 到液压缸左腔,液压缸右腔的油液经阀 3 直接回油箱,活塞杆右移,卡盘松开。

当卡盘处于正卡且在低压夹紧状态下,夹紧力的大小由减压阀 9 来调整。这时,3YA 通电,阀 4 右位工作。阀 3 的工作情况与高压夹紧状态时的相同。卡盘反卡(或称内卡)时的工作情况与正卡时的相似,不再赘述。

8.4.2.2 刀架的回转

当刀架换刀时,首先是刀架松开,然后刀架转位到指定的位置,最后刀架复位夹紧。当 4YA 通电时,阀 6 右位工作,刀架松开。当 8YA 通电时,液压马达带动刀架正转,转速由单向调速阀 11 控制。当 7YA 通电时,则液压马达带动刀架反转,转速由单向调速阀 12 控制。当 4YA 断电时,阀 6 左位工作,液压缸使刀架夹紧。

8.4.2.3 尾坐套筒的伸缩运动

当 6YA 通电时,换向阀 7 左位工作,系统压力油经减压阀 10、换向阀 7 到尾座套筒液压缸的左腔,液压缸右腔油液经单向调速阀 13、换向阀 7 回油箱,缸筒带动尾座套筒伸出,伸出时的预紧力大小通过压力表 16 显示。当 5YA 通电时,换向阀 7 右位工作,液压系统压力油经减压阀 10、换向阀 7、单向调速阀 13 到液压缸右腔,液压缸左腔的油液经换向阀 7 流回油箱,套筒缩回。

8.4.3 液压系统的特点

(1)采用单向变量液压泵向系统供油,能量损失小。

(2)用换向阀控制卡盘,实现高压和低压夹紧的转换,并且分别调节高压夹紧压力或低压夹紧压力的大小。这样可根据工作情况调节夹紧力,操作方便简单。

(3)用液压马达实现刀架的转位,可实现无级调速,并能控制刀架正、反转。

(4)用换向阀控制尾座套筒液压缸的换向,以实现套筒的伸出或缩回,并能调节尾座套筒伸出工作时的预紧力大小,以适应不同的需要。

(5)压力表 14、15、16 可分别显示系统相应的压力,以便于故障诊断和调试。

8.5 汽车起重机液压系统

8.5.1 概述

汽车起重机是一种安装在汽车底盘上的起重运输设备。它主要由起升机构、回转机构、变幅机构、伸缩机构和支腿部分等组成,这些工作机构动作的完成由液压系统来驱动。一般要求输出力大,动作平稳,耐冲击,操作灵活、方便、安全、可靠。

Q2-8 型汽车起重机的外形结构如图 8-6 所示。它由汽车 1、转台 2、支腿 3、吊臂变幅液压缸 4、基本臂 5、吊臂伸缩液压缸 6 和起升机构 7 等组成。该起重机采用液压传动,最大起重量为 80 kN,最大起重高度为 11.5 m,起重装置可连续回转。由于起重机具有较高的行走速度和较大的承载能力,所以其调动与使用起来非常灵活,机动性能也很好,并可在有冲击、振动、温度变化较大和环境较差的条件下工作。起重机一般采用中、高压手动控制系统。对于汽车起重机来说,无论是在机械方面还是在液压方面,对工作系统的安全和可靠性要求都是特别重要的。

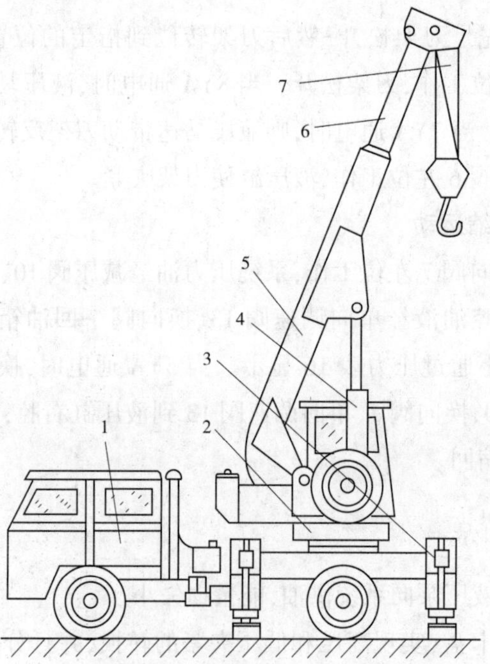

1—汽车;2—转台;3—支腿;4—吊臂变幅液压缸;
5—基本臂;6—吊臂伸缩液压缸;7—起升机构

图 8-6 Q2-8 型汽车起重机的外形结构

8.5.2 Q2-8 型汽车起重机液压系统的工作原理

Q2-8 型汽车起重机液压系统如图 8-7 所示。该系统为中高压系统,动力源采用轴

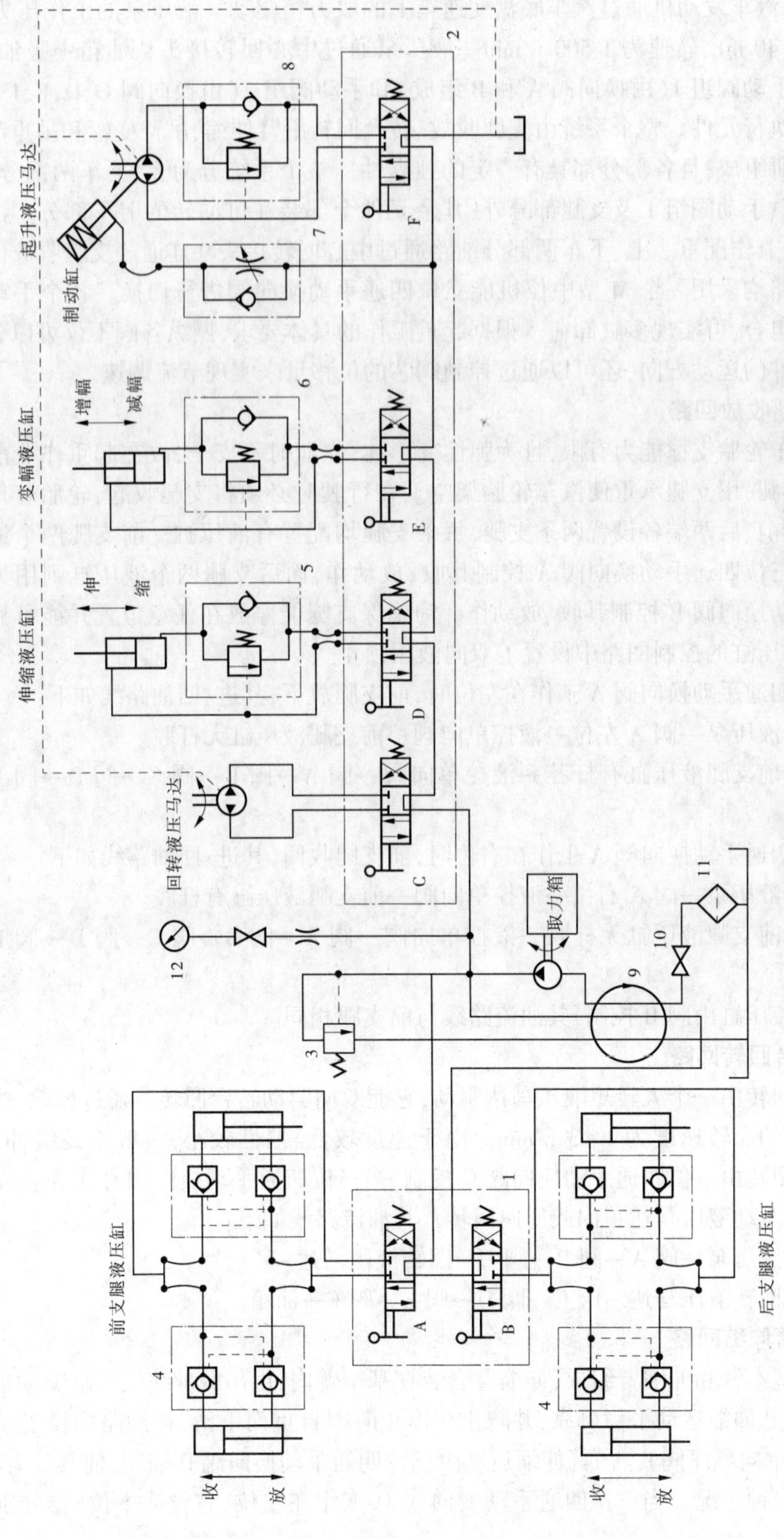

图 8-7　Q2-8 型汽车起重机液压系统

1、2—手动阀组;3—溢流阀;4—双向液压锁;5、6、8—平衡阀;7—单向节流阀;9—中心回转接头;10—开关;11—过滤器;12—压力表

向柱塞泵，由汽车发动机通过汽车底盘变速箱上的取力箱驱动。液压泵的工作压力为 21 MPa，排量为 40 mL，转速为 1 500 r/min。液压泵通过中心回转接头从油箱中吸油，输出的液压油经手动阀组 1（由换向阀 A 和 B 组成）和手动阀组 2（由换向阀 C、D、E、F 组成）输送到各个执行元件。整个系统由支腿收放、转台回转吊臂伸缩、吊臂变幅和吊重起升五个工作回路所组成，且各部分都具有一定的独立性。整个系统分为上、下车两部分，除液压泵、溢流阀、手动阀组 1 及支腿部分外，其余元件全部装在可回转的上车部分。油箱装在上车部分，兼作配重。上、下车两部分油路通过中心回转接头 9 连通。支腿收放回路和其他动作回路均采用一个 M 型中位机能三位四通手动换向阀进行切换。各个手动换向阀相互串联组合，可实现多缸卸荷。根据起重工作的具体要求，操纵各阀不仅可以分别控制各执行元件的运动方向，还可以通过控制阀芯的位移量来实现节流调速。

8.5.2.1　支腿收放回路

由于汽车轮胎支撑能力有限，且为弹性变形体，作业时不安全，故在起重作业前必须放下前、后支腿，用支腿承重使汽车轮胎架空。在行驶时必须将支腿收起，轮胎着地。为此，在汽车的前、后两端各设置两条支腿，每条支腿均配置有液压缸。前支腿两个液压缸同时用一个三位四通手动换向阀 A 控制其收、放动作，而后支腿两个液压缸则用另一个三位四通手动换向阀 B 控制其收、放动作。为确保支腿能停放在任意位置并能可靠地锁住，在支腿液压缸的控制回路中设置了双向液压锁 4。

当三位四通手动换向阀 A 工作在左位时，前支腿放下，其进、回油路线如下：

进油路：液压泵→阀 A 左位→液控单向阀→前支腿液压缸无杆腔。

回油路：前支腿液压缸有杆腔→液控单向阀→阀 A→阀 B→阀 C→阀 D→阀 E→阀 F→油箱。

当三位四通手动换向阀 A 工作在右位时，前支腿收回，其进、回油路线如下：

进油路：液压泵→阀 A 右位→液控单向阀→前支腿液压缸有杆腔。

回油路：前支腿液压缸无杆腔→液控单向阀→阀 A→阀 B→阀 C→阀 D→阀 E→阀 F→油箱。

后支腿液压缸由阀 B 控制，其油流路线与前支腿相同。

8.5.2.2　转台回转回路

转台的回转由一个大转矩液压马达驱动，它能双向驱动转台回转。通过齿轮、蜗杆机构减速，转台的回转速度为 1~3 r/min。由于速度较低、惯性较小，一般不设缓冲装置。液压马达的回转由三位四通手动换向阀 C 控制，当三位四通手动换向阀 C 工作在左位或右位时，分别驱动液压马达正向或反向回转。其油流路线如下：

进油路：液压泵→阀 A→阀 B→阀 C→回转液压马达。

回油路：回转液压马达→阀 C→阀 D→阀 E→阀 F→油箱。

8.5.2.3　吊臂伸缩回路

吊臂由基本臂和伸缩臂组成，伸缩臂套装在基本臂内，由吊臂伸缩液压缸驱动进行伸缩运动，为使其伸缩运动平稳可靠，并防止在停止时因自重而下滑，在油路中设置了平衡阀 5（外控式单向顺序阀）。吊臂伸缩运动由三位四通手动换向阀 D 控制，使其具有伸出、缩回和停止三种工况。当三位四通手动换向阀 D 工作在左位、右位或中位时，分别驱动伸缩液压缸缩回、伸出或停止。

当阀D处于右位时，吊臂伸出，其油流路线如下：

进油路：液压泵→阀A→阀B→阀C→阀D→平衡阀5中的单向阀→伸缩液压缸无杆腔。

回油路：伸缩液压缸有杆腔→阀D→阀E→阀F→油箱。

当阀D处于左位时，吊臂缩回，其油流路线如下：

进油路：液压泵→阀A→阀B→阀C→阀D→伸缩液压缸有杆腔。

回油路：伸缩液压缸无杆腔→平衡阀5中的顺序阀→阀D→阀E→阀F→油箱。

8.5.2.4 吊臂变幅回路

吊臂变幅是通过改变吊臂的起落角度来改变作业高度的。吊臂的变幅运动由变幅液压缸驱动，变幅要求能带载工作，动作要平稳可靠。为防止吊臂在停止阶段因自重而减幅，在油路中设置了平衡阀6，提高了变幅运动的稳定性和可靠性。吊臂变幅运动由三位四通手动换向阀E控制，在其工作过程中，通过改变手动换向阀E开口的大小和工作位，即可调节变幅速度和变幅方向。

当吊臂增幅时，三位四通手动换向阀E右位工作，其油流路线如下：

进油路：液压泵→阀A→阀B→阀C→阀D→阀E→阀6中的单向阀→变幅液压缸无杆腔。

回油路：变幅液压缸有杆腔→阀E→阀F→油箱。

当吊臂减幅时，三位四通手动换向阀E左位工作，其油流路线如下：

进油路：液压泵→阀A→阀B→阀C→阀D→阀E→变幅液压缸有杆腔。

回油路：变幅液压缸无杆腔→平衡阀6中的顺序阀→阀E→阀F→油箱。

8.5.2.5 吊重起升回路

吊重起升回路是系统的主要工作回路。吊重的起吊和落下作业由一个大转矩液压马达驱动卷扬机来完成。起升液压马达的正、反转由三位四通手动换向阀F控制。马达转速（起吊速度）可通过改变发动机转速及手动换向阀F的开口大小来调节。回路中设有平衡阀8，用以防止重物因自重而下滑。由于液压马达的内泄漏比较大，当重物吊在空中时，尽管回路中设有平衡阀，重物仍会向下缓慢滑落，为此，在液压马达的驱动轴上设置了制动器。当起升机构工作时，在系统油压的作用下，制动器液压缸使闸松开。当液压马达停止转动时，在制动器弹簧的作用下，闸块将轴抱死进行制动。当重物在空中停留的过程中重新起升，有可能出现在液压马达的进油路还未建立起足够的压力以支撑重物时，制动器便解除了制动，造成重物短时间失控而向下滑落。为避免这种现象的出现，在制动器油路中设置了单向节流阀7。通过调节该单向节流阀开口的大小，能使制动器抱闸迅速，而松闸则能缓慢地进行。

8.5.3 Q2-8型汽车起重机液压系统的特点

Q2-8型汽车起重机液压系统有如下几个特点：

（1）该系统为单泵、开式、串联系统，采用了换向阀串联组合，不仅各机构的动作可以独立进行，而且在轻载作业时，可实现起升和回转复合动作，以提高工作效率。

(2)系统中采用了平衡回路、锁紧回路和制动回路,保证了起重机的工作可靠,操作安全。

(3)采用了三位四通手动换向阀换向,不仅可以灵活方便地控制换向动作,还可通过手柄操纵来控制流量,实现节流调速。在起升工作中,将此节流调速方法与控制发动机转速的方法结合使用,可以实现各工作部件微速动作。

(4)各三位四通手动换向阀均采用了 M 型中位机能,换向阀处于中位时能使系统卸荷,可减少系统的功率损失,适宜于起重机进行间歇性工作。

8.6　液压系统的安装和调试

8.6.1　液压系统的安装

安装液压系统时,应注意以下事项:

(1)安装前检查各油管是否完好无损并进行清洗。对液压元件要用煤油或柴油进行清洗,自制重要元件应进行密封和耐压试验。试验压力可取工作压力的 2 倍或最高工作压力的 1.5 倍。

(2)液压泵、液压马达与电动机、工作机构间的同轴度偏差应在 0.1 mm 以内,轴线间倾角不大于 1°。避免用过大的力敲击泵轴和液压马达轴,以免损伤转子。同时泵与马达的旋转方向及进出油口方向不得接反。

(3)液压缸安装时,要保证符合活塞杆的轴线与运动部件导轨面平行度的要求。活塞杆轴线对两端支座的安装基面,其平行度误差不得大于 0.05 mm。对于行程较长的油缸,活塞杆与工作台的连接应保持浮动,以补偿安装误差造成的活塞杆卡住和补偿热膨胀的影响。

(4)电磁阀的回油、减压阀和顺序阀等的卸油与回油管连通时不应有背压,否则应单设回油管;溢流阀的回油管口与液压泵的吸油口不能靠得太近,以免吸入温度较高的油液;方向阀一般应保持轴线水平安装。

(5)辅助元件应严格按设计要求的位置安装,并注意整齐、美观,在符合设计要求的情况下,尽量考虑使用、维护和调整的方便。例如,蓄能器应保持轴线竖直安装,并安装在易用气瓶充气的地方;过滤器应安装在易于拆卸、检查的位置等。

(6)液压元件在安装时用力要恰当,防止用力过大使元件变形,从而造成漏油或某些零件不能运动。安装时需清除被密封零件的尖角,防止损坏密封件。

(7)各油管接头处要装紧和密封良好,管道尽可能短,避免急拐弯,拐弯的位置越少越好,以减少压力损失。吸油管宜短、粗,一般吸油口都装有滤油器,滤油器必须至少在油面以下 200 mm。回油管应远离吸油管并插入油箱液面之下,可防止回油飞溅而产生气泡并很快被吸入泵内,回油管口应切成 45°斜面并朝向箱壁,以扩大通流面积。

(8)系统全部管道应进行两次安装,即第一次配管试装合适后拆下管路,用 20%的硫酸或盐酸溶液进行酸洗,再用 10%的苏打水中和 15 min,最后用温水冲洗,待干燥涂油后进行第二次正式安装。

(9)系统安装完毕后,应用清洗油对内部进行清洗,油温在50~80 ℃。清洗时在回油路上设置滤油器,开始使液压泵间歇运转,然后长时间运转8~12 h,清洗到滤油器的滤芯上不再有杂质时为止。复杂系统可分区清洗。

8.6.2 液压系统的调试

新设备在安装以后以及设备经过修理之后,必须对液压设备按有关标准进行调试,以保证系统能够安全可靠地工作。

在调试前,应弄清液压系统的工作原理和性能要求;明确机械、液压和电气三者的功能和彼此联系;熟悉系统的各种操作和调节手柄的位置及旋向等;检查各液压元件的连接是否正确可靠,液压泵的转向、进出油口的位置是否正确,油箱中是否有足够的油液,检查各控制手柄是否在关闭或卸荷的位置、各行程挡块是否紧固在合适的位置等。检查无问题时,可按照以下步骤进行试车。

8.6.2.1 空载试车

空载试车时先启动液压泵,检查泵在卸荷状态下的运转。正常后,即可使其在工作状态下运转。一般运转开始时要点动三五次,每次点动时间可逐渐延长,直到使液压泵在额定转速下运转。

液压泵运转正常后,可调节压力控制元件。各压力阀应按其实际所处位置,从溢流阀开始依次调整,将溢流阀逐渐调到规定的压力值,使泵在工作状态下运转,检查溢流阀在调节过程中有无异常声响、压力是否稳定,必须检查系统各管道接头、元件结合面处有无漏油。其他压力阀可根据工作需要进行调整。压力调定后,应将压力阀的调整螺杆锁紧。

按压相应的按钮,使液压缸作全行程的往复运动,往返数次将系统中的空气排掉。如果缸内混有空气,会影响其运动的平稳性,导致工作台在低速运动时产生爬行现象,同时会影响机床的换向精度。

其后调整自动工作循环和顺序动作,检查各动作的协调性和顺序动作的正确性,检查启动、换向和速度换接的平稳性,有无泄漏、爬行、冲击等现象。

在各项调试完毕后,应在空载条件下动作2 h后,再检查液压系统工作是否正常。一切正常后,方可进入负载试车。

8.6.2.2 负载试车

负载后,检查是否能实现预定的工作要求,即负载试车。为避免设备损坏,一般先低负载试车,若正常,则在额定负载下试车。

负载试车时,应检查系统在发热、噪声、振动、冲击和爬行等方面的情况,并做出书面记录,以便日后查对;检查各部分的漏油情况,若发现问题,及时排除。若系统工作正常,便可正式投入使用。

8.7 液压系统的使用维护

液压系统的正确使用与及时的维护保养是保证设备正常运行的基本条件。

8.7.1 使用时应注意的事项

(1)使用前必须熟悉液压设备的操作要领,对各液压元件所控制的相应执行元件和调节旋钮的转动方向与压力、流量变化的关系等要充分弄清楚,防止调节错误造成事故。对导轨及活塞杆外露部分进行擦拭。

(2)在液压系统运行时,应密切注意油温的变化。低温下,油温应达到20 ℃以上才准许顺序动作;油温高于60 ℃时应注意系统工作情况,异常升温时,应停车检查。

(3)停机4 h以上的设备应先使液压泵空载运行5 min,然后启动执行机构工作。

(4)液压油要定期检查和更换,保持清洁。新设备使用三个月即应清洗油箱更换新油,以后每隔半年至一年进行清洗和换油。过滤器的滤芯应定期清洗或更换。

(5)设备若长时间不用,应将各调节手柄放松,防止弹簧产生永久变形(弹簧力丧失)而影响元件性能。

8.7.2 设备的维护

设备的维护主要分为日常维护、定期维护和综合维护。

8.7.2.1 日常维护

日常维护保养是指液压设备的操作人员每天在设备使用前、使用中及使用后对设备进行的例行检查。通常借助眼、耳、手、鼻等感觉器官和装在设备上的仪表(如压力表等)对设备进行观察和检查。

(1)使用前的检查主要包括油箱内油量的检查、室温与油温的检查和压力表的检查。

(2)使用中的检查主要包括溢流阀调节压力的检查,油温、泵壳温度、电磁铁温度的检查,漏油情况的检查,噪声、振动检查和压力表的检查。

(3)停机后的检查主要包括油箱油面的检查,油箱、各液压元件、油缸等裸露表面污物的清扫和擦洗,各阀手柄位置应恢复到"卸荷"、"停止"、"后退"等位置上,关闭电源并填写交接班记录。

8.7.2.2 定期维护

这一工作是以专业维修人员为主,生产工人参与的一种有计划的预防性检查。与日常检查一样,其是为使设备保养工作更可靠、寿命更长,并及早发现故障苗头和趋势的一项工作。检查手段除人的感官外,还要用一定的检查工具和仪器。检查的内容主要包括对各种液压元件的检查、对过滤器的拆开清洗、对液压系统的性能检查以及对规定必须定期维修的部件认真加以保养。定期检查间隔一般为3个月或半年。定期维护检查做好了,可使日常检查更简单。

8.7.2.3 综合检查

综合检查1~2年进行一次。检查的内容和范围力求广泛,尽量做彻底的全面性的检查。综合检查对所有液压元件进行解体,根据解体后发现的情况和问题,进行修理或更换。综合检查时,对修过或更换过的液压元件要做好记录,这对今后查找和分析故障以及要准备哪些备件都可以作为参考依据。综合检查前,要预先准备好诸如密封件、滤芯、蓄能器的皮囊、管接头、硬软管及电磁铁等易损件,这是因为这些零件都是可以预计到要更换的。综合检查时如发现液压设备使用说明书等资料丢失,要设法备齐归档。

8.8 液压系统故障诊断和排除

液压系统和液压元件在运转状态下,出现丧失其规定性能的状态,称为故障。液压系统的常见故障有噪声和振动、系统发热和油温过高、工作台爬行、工作台速度不够以及失压、冲击等。不同行业的液压设备,其故障也有所不同。造成故障的各种内部及外界因素虽然很复杂,但其主要原因是空气杂质和水分混入油液,液压油的性能、泵阀的质量不好以及安装调试使用不当。下面介绍主要的常见故障及其排除方法。

8.8.1 运动部件速度不够

运动部件速度不够的故障原因及排除方法如表 8-4 所示。

表 8-4 运动部件速度不够的故障原因及排除方法

故障原因	排除方法
泵供油不足、压力不足,液压泵磨损	轴向间隙大或径向间隙大,应进行修配,保证轴向间隙在 0.04~0.06 mm,或更换泵体和齿轮
电动机功率不足	检查电动机功率
安全溢流阀失灵	检查溢流阀调定压力或更换弹簧
流量阀的节流小孔被堵塞	清洗、疏通节流孔
过滤器堵塞	及时清洗过滤器
系统漏油	检修并更换纸垫,消除内漏
活塞与液压缸配合间隙太大使油液串腔,活塞密封圈损坏,缸内泄漏严重	修复液压缸,保证密封,消除内漏
导轨无润滑油或润滑不充分,摩擦阻力大	调节润滑油量和压力,使润滑充分
导轨的锲铁、压板调得过紧	调整锲铁、压板,使松紧合适

8.8.2 液压系统流量不足

液压系统流量不足的故障原因及排除方法如表 8-5 所示。

表 8-5 液压系统流量不足的故障原因及排除方法

故障原因	排除方法
液压泵反转或转速过低	检查电动机接线,调整泵的转速使之符合要求
油液黏度不合适	更换适合黏度的油液
油箱油位太低	补充油液至油标处
液压元件磨损,内泄漏增加	拆修或更换有关元件
控制阀动作不灵活	调整或更换相关元件
液压系统吸油不良	加大吸油管径,增加吸油过滤器的通油能力,清洗滤网,检查是否有空气进入

8.8.3 液压系统无压力或压力不足

液压系统无压力或压力不足的故障原因及排除方法如表 8-6 所示。

表 8-6 液压系统无压力或压力不足的故障原因及排除方法

故障原因	排除方法
电动机电源接错	调换电动机接线
液压系统不供油(轴断或联轴节部分的键损坏)	更换泵或配键
溢流阀弹簧折断或永久变形	更换弹簧
控制阀阻尼孔被堵塞	清洗、疏通阻尼孔
液压油黏度过高,吸不进油或吸不足油	用指定黏度的液压油
液压油黏度过低,泄漏太多	用指定黏度的液压油

8.8.4 液压系统产生噪声和振动

液压系统产生噪声和振动的故障原因及其排除方法如表 8-7 所示。

表 8-7 液压系统产生噪声和振动的故障原因及排除方法

故障原因	排除方法
液压泵本身或其进油管路密封不良或密封圈损坏,漏气	拧紧泵的连接螺栓及管螺母,或更换密封元件
液压泵吸空(油箱油量不足,进油口处的过滤器堵塞,油箱不透空气,油液黏度过大)产生噪声	将油箱油量加至油标处,清洗过滤器,清理空气滤清器,油液黏度应合适
液压泵内零件卡死或损坏	修复或更换液压泵
液压泵与电动机联轴器不同心或松动	重新安装紧固
溢流阀阻尼小孔被堵塞,阀座损坏或调压弹簧永久变形、损坏	清洗、疏通阻尼小孔,修复阀座或更换弹簧
阀开口小,流速高,产生空穴现象	应尽量减小进、出口压差
电液换向阀动作失灵	修复该阀
液压缸缓冲装置失灵,造成液压冲击	进行检修和调整
油管互相撞击	油管应分开固定,不与床身接触,增加支撑和固定夹

8.8.5 液压系统发热和油温过高

液压系统发热和油温过高的故障原因及其排除方法如表 8-8 所示。

表8-8 液压系统发热和油温过高的故障原因及其排除方法

故障原因	排除方法
液压泵调整压力过高	在保证系统工作压力下,尽量降低液压泵压力,使其不超过额定压力
运动零件磨损使密封间隙增大	检修更换磨损件
工作管路连接处密封不好和损坏	检查各连接处,更换已损密封件
油液黏度过高	选择适当黏度的液压油
压力调节不当,选用的阀类元件规格小,造成压力损失增大,导致系统发热	重新选用符合系统要求的阀类
液压系统背压过高,使其在非工作循环中有大量压力油损失,造成油温升高	改进系统设计,重新选择回路或液压泵
油箱容量小,散热面积不足	增大油箱容量,若受结构限制,可增添冷却器

8.8.6 工作台爬行

工作台爬行的故障原因及其排除方法如表8-9所示。

表8-9 工作台爬行的故障原因及其排除方法

故障原因	排除方法
液压泵性能不良,流量脉动大	将流量脉动控制在允许范围内
流量阀的节流阀口有污物,通油量不均匀	检修或清洗流量阀
油液不干净,堵塞进油小孔	保持系统清洁,及时换油
液压缸端盖密封圈压得太死	调整好压盖螺钉
液压缸中进入空气	利用排气装置排气
润滑油量不足或选用不当	调节润滑油量,或选用合适的润滑油
系统内、外泄漏量大	检查泵及管道连接处的密封情况,修理或更换元件

8.8.7 压力波动及冲击的故障原因及其排除方法

压力波动及冲击的故障原因及其排除方法,如表8-10所示。

表 8-10　压力波动及冲击的故障原因及其排除方法

故障原因	排除方法
吸油管插入油面太浅或吸油口密封不好,吸油口靠近回油口,有空气吸入	增加油面高度,使吸油管深入油箱油面高度的2/3处,修理吸油口的管接头,改善密封,远离回油口位置
系统密封不好,有泄漏,使系统内存在大量的空气	防止泄漏,排除空气
活塞杆与运动部件连接不牢	检查并紧固连接螺栓
电液换向阀中的节流螺钉松动或单向阀卡住	检修此阀
节流阀口有污物,运动部件运动不稳	清洗节流阀口
工作压力调整得过高	调整压力阀,减小工作压力
背压阀调整不当,压力太低	调整背压阀,适当提高背压阀压力
导轨润滑油量过多	调节润滑油压力和流量

习　题

1.根据图 8-1 所示的 YT4543 型动力滑台液压系统图,完成以下各项工作:

(1)写出差动快动时液压缸左腔压力 p_1 与右腔压力 p_2 的关系式。

(2)说明当滑台进入工作状态,但切削刀具尚未触及被加工工件时,使系统压力升高并将液控顺序阀打开的原因。

2.根据图 8-8 填写电磁铁动作顺序表(见表 8-11)。第一次工进走 A,第二次工进走 B,并说明快进、第一次工进和第二次工进的进、回油路线。

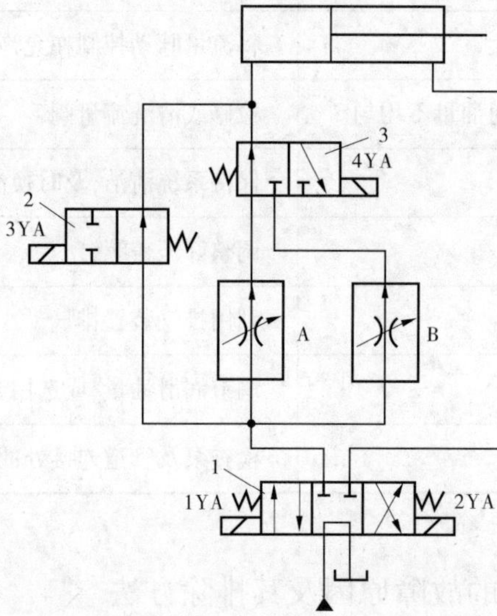

1—三位四通电磁换向阀;2—二位二通电磁换向阀;3—二位三通电磁换向阀

图 8-8

表 8-11　电磁铁动作顺序表

工作循环	电磁铁			
	1YA	2YA	3YA	4YA
快进				
第一次工进				
第二次工进				
快退				
原位停留				

3.根据图 8-9 填写电磁铁动作顺序表(见表 8-12),指出序号 2、4、6、8、10、13 的名称,指出快进、第一次工进的进、回油路线。

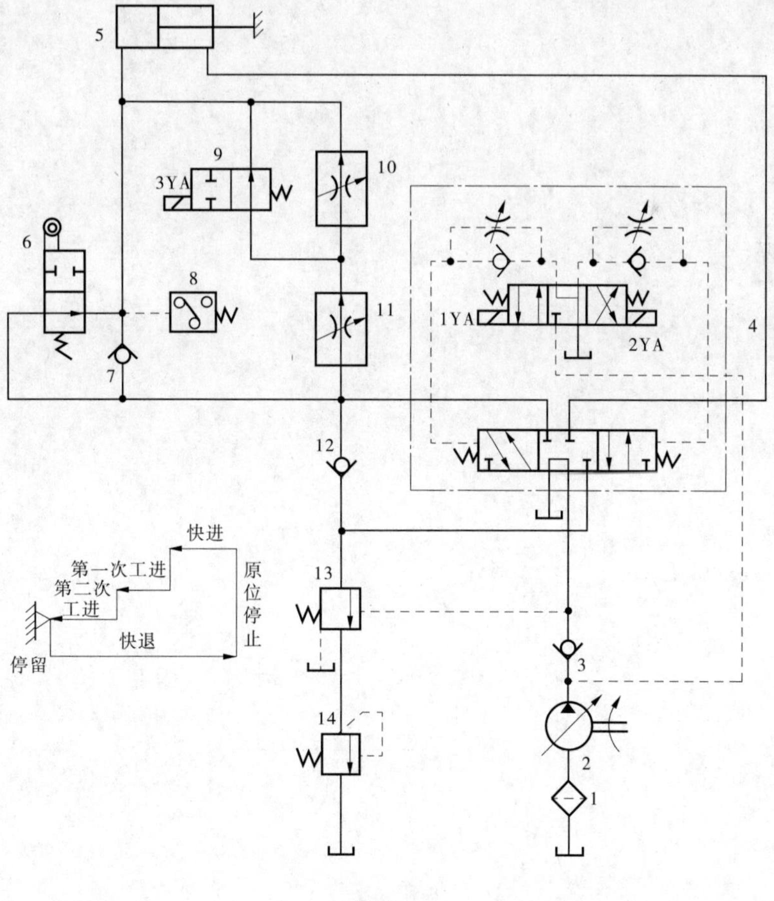

图 8-9

表 8-12　电磁铁动作顺序表

工作循环	电磁铁			行程阀
	1YA	2YA	3YA	
快进				
第一次工进				
第二次工进				
止位钉停留				
快退				
原位停止				

第9章　液压系统的设计与计算

【学习目标】

1.知识目标

◇了解液压系统设计的一般步骤；

◇掌握系统计算的内容、方法。

2.能力目标

◇能根据工作要求，拟订液压系统图；

◇能计算液压系统的工作参数；

◇会合理选择液压元件。

液压系统的设计是机器整体设计的一个组成部分。它的任务是根据整机的用途、特点和要求，明确整机对液压系统设计的要求；进行工况分析，确定液压系统的主要参数；拟订出合理的液压系统原理图；计算和选择液压元件的规格；验算液压系统的性能；绘制工作图，编制技术文件。本章主要介绍液压系统设计的基本方法。

在明确设计要求之后，液压系统的设计一般可按以下步骤进行：

(1)明确系统设计要求与运动、负载分析；

(2)确定执行元件主要参数；

(3)拟订液压系统原理图；

(4)计算和选择液压元件；

(5)验算液压系统技术性能；

(6)绘制正式工作图和编制技术文件。

9.1　设计要求与运动、负载分析

9.1.1　明确设计要求

设计要求是进行每项工程设计的依据，在制订基本方案并进一步着手液压系统各部分设计之前，必须要明确主机对液压系统提出的要求，具体内容如下：

(1)主机的用途、主要结构、工艺流程、总体布局，主机对液压系统执行元件在空间位置和尺寸上的限制。

(2)液压执行元件的工作方式(移动、转动或摆动)及其工作范围，液压执行元件的动作顺序和互锁要求，液压执行元件的负载和运动速度的大小及其变化范围。

(3)对液压系统工作性能(工作平稳性、转换精度等)、工作效率、自动化程度和操作控制方式的要求。

(4)液压系统的工作环境,如温度、湿度、振动、污染以及是否有腐蚀性和易燃性物质的存在等。

(5)其他要求,如液压装置的质量、外形尺寸及其经济性方面的限制。

9.1.2　运动、负载分析

运动、负载分析就是分析液压系统各执行元件在工作过程中速度和负载的变化规律,也称作工况分析。通过运动、负载分析可以进一步明确主机在性能方面对液压系统的要求,为确定系统及各执行元件的参数提供依据。

9.1.2.1　运动分析

运动分析是研究各执行元件按工艺要求,以怎样的运动规律完成一个工作循环。对于自动化程度不高的机器,根据液压驱动件的运动方式(移动、摆动或转动)及运动间的关系,确定各运动同时动作或依次动作的顺序;对于自动化程度高的机器,要确定它的自动工作循环;对于工作循环较复杂的单个液压执行元件,或相互动作关系复杂的多个液压执行元件,应绘出其动作循环,如图 9-1 所示,或整机的动作周期表,以表示出各运动部件间的动作顺序、转换方式和互相联锁作用;然后根据工作循环阶段中的行程 S 与时间 t,算出各阶段的速度,并绘出速度循环图(见图 9-2),为选定系统方案,选择液压元件提供依据。

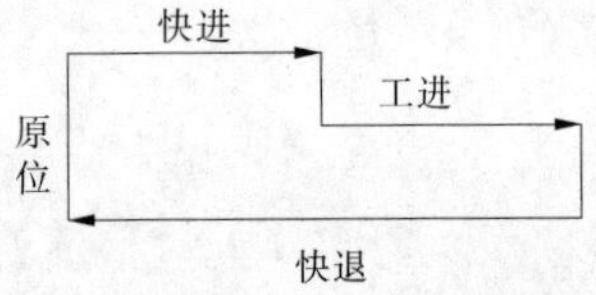

图 9-1　组合机床动作循环图

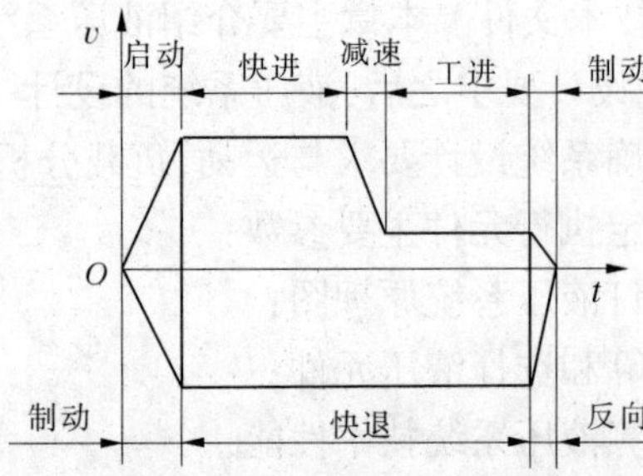

图 9-2　组合机床速度循环图

9.1.2.2　负载分析

根据上述运动分析所绘制的速度循环图,确定液压执行元件的空行程速度、工作行程速度及调速范围,通过计算或实验,对工作部件进行动力分析,确定液压执行元件所要求的最大进给力。对于某些设备,若负载变化较复杂,在条件许可时,应绘出负载循环图,为确定液压执行元件的工作压力提供依据。液压系统的工作性能还包括工作的平稳性、可靠性、转换精度、停留时间、冲击力等方面的要求。一般情况下,液压执行元件带动工作部件作直线往复运动时,所需克服的外负载包括工作负载、摩擦负载和惯性负载。

1.工作负载 F_g

不同液压设备工作负载的形式各不相同。对于金属切削机床,工作负载是作用在工作部件运动方向上的切削力;对于提升机械,其重物的重力就是工作负载。工作负载的方向与活塞的运动方向相同的为负,相反的为正。

2.摩擦负载 F_f

液压缸驱动工作部件移动时,需要克服导轨或支承面上的摩擦力,这个摩擦力称为摩擦负载。

对于平导轨

$$F_f = f(G + F_n) \tag{9-1}$$

对于V型导轨

$$F_f = \frac{f(G + F_n)}{\sin(\alpha/2)} \tag{9-2}$$

式中 G——运动部件所受的重力,N;

F_n——外负载作用于导轨上的正压力,N;

f——摩擦系数,一般,静摩擦系数 $f_s = 0.2 \sim 0.3$,动摩擦系数 $f_d = 0.06 \sim 0.1$;

α——V型导轨的夹角,一般 $\alpha = 90°$。

3.惯性负载 F_a

惯性负载是工作部件在启动加速和制动减速时的惯性力。启动时为正值,制动时为负值。其大小可根据牛顿第二定律计算:

$$F_a = \frac{G}{g}\frac{\Delta v}{\Delta t} \tag{9-3}$$

式中 G——工作部件的重量;

g——重力加速度;

Δt——启动加速或减速的时间,一般机床 $\Delta t = 0.1 \sim 0.5$ s,对轻载低速运动部件取小值,对重载高速运动部件取大值;

Δv——Δt 时间内速度的变化量。

以上三种负载之和称为液压缸的外负载 F_w。

启动加速时,$F_w = F_g + F_f + F_a$。

稳态运动时,$F_w = F_g + F_f$。

减速制动时,$F_w = F_g + F_f - F_a$。

实际上液压缸工作时,还需克服内部密封装置产生的摩擦阻力和液压缸回油腔的背压阻力。由于各种缸的密封材质和密封形式不同,所以密封装置的摩擦阻力难以精确计算,一般用液压缸的机械效率加以考虑,常取 $\eta_{cm} = 0.9 \sim 0.95$;而背压阻力在系统方案和结构未确定以前是无法计算的,通常在确定系统工作压力时再考虑。

9.2 执行元件主要参数的确定

液压执行元件的主要参数是压力和流量,它们是设计液压系统、选择液压执行元件的依据。压力取决于外负载,流量取决于液压执行元件的运动速度和结构尺寸。由此可见,液压执行元件主要参数的确定可通过以下步骤完成。

9.2.1 初定系统工作压力

液压执行元件的工作压力选定是否合适,直接关系到液压系统设计的合理程度。在负载一定的条件下,工作压力选得低,则元件尺寸和质量增大,经济性变差。若选用工作压力高,能获得紧凑的结构,但是对元件的性能和密封性能要求提高,成本增加。因此,必须结合实际情况选取适当的工作压力。

液压缸的工作压力,可以根据液压缸的总负载和液压设备的类型,按表 9-1 和表 9-2 初选。

表 9-1 按负载选择执行元件的工作压力

负载(kN)	<5	5~10	10~20	20~30	30~50	>50
工作压力(MPa)	0.8~1	1.5~2	2.5~3	3~4	4~5	≥5

表 9-2 按主机类型选择执行元件的工作压力

主机类型	机床				农业机械、小型工程机械、建筑机械、液压凿岩机	液压机、中大型挖掘机、重型机械、起重运输机械
	磨床	组合机床	龙门刨床	拉床		
工作压力(MPa)	0.8~2	3~5	2~8	8~10	10~18	20~32

9.2.2 确定执行元件的主要尺寸

液压缸的主要尺寸是指缸筒内径 D、活塞杆直径 d 和缸筒长度 L 等。根据液压缸的负载、运动速度、行程长度和选取的工作压力,即可确定上述尺寸。

当工作速度很低时,需按液压缸最低运动速度的要求,验算液压缸的有效作用面积 A_c,使其满足:

$$A_c = \frac{q_{min}}{v_{min}} \tag{9-4}$$

式中 q_{min}——流量阀的最小稳定流量,可从流量阀产品目录上查得;

v_{min}——液压缸的最低运动速度。

若验算结果不能满足式(9-4)的要求,则需加大液压缸的内径 D。

如在计算液压缸尺寸时需考虑背压,则可初定一参考值,待回路确定之后再修正。液压缸参考背压如表 9-3 所示。

表 9-3 液压缸参考背压

系统类型	背压 p(MPa)
回油路上有节流阀的调速系统	0.2~0.5
回油路上有调速阀的调速系统	0.5~0.8
回油路上装有背压阀	0.5~1.5
带补油泵的闭式回路	0.8~1.5

9.2.3　绘制执行元件工况图

液压系统中执行元件的工况图是在执行元件结构参数确定之后,根据设计任务要求,算出不同阶段中的实际工作压力、流量和功率之后作出的。工况图显示液压系统在实现整个工作循环时这三个参数的变化情况,它包括压力循环图、流量循环图和功率循环图,图9-3所示为组合机床动力滑台液压缸的工况图。将系统中各执行元件的工况图相叠加,就可得到整个系统的工况图。

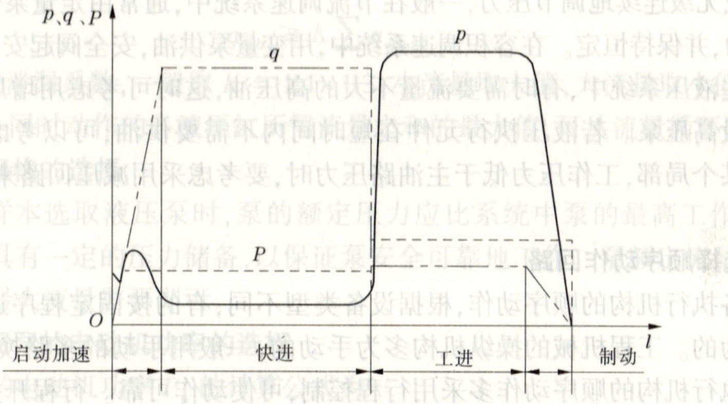

图9-3　液压缸的工况图

9.3　液压系统原理图的拟订

拟订液压系统原理图,是液压系统设计的一个重要步骤。拟订时,要根据整机的性能和动作要求,先确定系统类型,再选择液压基本回路,最后合成基本回路,便可组成一个完整的液压系统。

9.3.1　确定系统类型

液压系统在类型上采用的是开式还是闭式,主要取决于它的调速方式和散热要求。一般说来,凡具有较大空间可以存放油箱且不另设置散热装置的系统,或要求结构尽可能简单的系统,或采用节流调速、容积节流调速的系统,都宜采用开式,即执行元件的排油回油箱,油液经过沉淀、冷却后再进入液压泵进行循环;凡对工作稳定和效率有较高要求的系统,或采用容积调速的系统,都宜采用闭式,即执行元件的排油直接进入液压泵进行循环。

9.3.2　选择液压基本回路

9.3.2.1　选择调速回路

液压执行元件确定之后,其运动方向和运动速度的控制是拟订液压回路的核心问题。调速回路主要根据调速范围、功率、低速稳定性、允许温升以及经济性等因素来考虑选择。

节流调速的结构简单、低速稳定性好,但是这种系统必须用溢流阀,故效率低、发热量

和管接头的简便方法,是使它们的规格与它所连接的液压元件油口的尺寸一致。

油箱容积一般根据泵的额定流量 q_p 参照第 6 章中油箱设计中有关内容进行确定。

9.4.4 液压元件配置形式的选择

在液压系统中,液压元件的配置形式常有板式配置和集成式配置两种。其中,集成式配置结构紧凑、油管少、安装方便、压力损失小,应用广泛。具体内容可参考有关设计手册。

9.5 液压系统技术性能的验算

液压系统初步确定之后,就需对系统的有关性能加以验算,以判别系统的设计质量,并对液压系统进行完善和改进。液压系统技术性能的验算是一个复杂的工作,目前只是采用一些简化公式进行近似估算,以便定性地说明情况。液压系统性能验算的项目很多,常见的有回路压力损失验算和发热温升验算。

9.5.1 回路压力损失的验算

压力损失包括管道内的沿程压力损失和局部压力损失,以及阀类元件处的局部压力损失三项。管道内的两种损失可用第 2 章中的有关公式估算;阀类元件处的局部压力损失则需从产品样本中查出。当通过阀类元件的实际流量 q 不是其公称流量 q_n 时,它的实际压力损失 Δp 与其额定压力损失 Δp_n 间将形成如下的近似关系:

$$\Delta p = \Delta p_n\left(\frac{q}{q_n}\right)^2 \tag{9-8}$$

计算液压系统的回路压力损失时,不同的工作阶段要分开来计算。回油路上的压力损失一般都折算到进油路上。如果算出的管路压力损失 Δp 与初算时假定值相差太大,则必须以此 Δp 值代替假定值,进行重新计算,或对原设计进行修改,以降低 Δp 值。对于较简单的液压系统,压力损失的验算可以省略。

9.5.2 系统发热温升的验算

在液压系统工作时,液压泵和执行元件存在着容积损失和机械损失,管路和各种阀类元件通过液流时要产生压力损失和泄漏。所有的这些损失所消耗的能量均变成热能,使油温升高。不同的主机,因工作条件与工况不同,最高允许油温是不同的。系统发热温升的验算,就是计算系统的实际油温,如果实际油温小于最高允许温度,则系统满足要求。一般机床 $\Delta T \leqslant 35$ ℃,数控机床 $\Delta T \leqslant 25$ ℃,工程机械 $\Delta T \leqslant 40$ ℃。

系统的总发热量为

$$H = P_{pi}(1-\eta) \tag{9-9}$$

式中 P_{pi}——液压泵的输入功率;

η——液压系统的总效率。

液压系统中散发热量的元件主要是油箱,则油箱散发到空气中的热量为

$$H_c = C_T A \Delta T \tag{9-10}$$

式中 ΔT——液压系统的温升；

A——油箱的散热面积；

C_T——铁制油箱的散热系数，当自然通风很差时，$C_T=(8\sim9)\times10^{-3}$；当自然通风良好时，$C_T=(15\sim17.5)\times10^{-3}$；当加有专用冷却器时，$C_T=(110\sim170)\times10^{-3}$。

系统达到热平衡时，系统温升为

$$\Delta T = \frac{H_c}{C_T A} \tag{9-11}$$

当油箱的长、宽、高的比例为1∶1∶1到1∶2∶3，油面高度是油箱高度的80%时，其散热面积A的近似值为

$$A = 0.065\sqrt[3]{V^2} \quad (\mathrm{m}^2) \tag{9-12}$$

式中 V——油箱有效容积，L。

按式(9-11)计算出来的ΔT值若超过允许数值，则必须增大油箱的容量或设置冷却装置。

9.6 绘制正式工作图和编制技术文件

所设计的液压系统经过验算后，即可对初步拟订的液压系统进行修改，并绘制正式的工作图和编制技术文件。

9.6.1 绘制正式工作图

正式工作图包括液压系统原理图、液压系统装配图、非标准元件的零件图和装配图。

液压系统原理图，是对初步拟订的系统经反复修改完善，选定了液压元件之后所绘制的液压系统图。图中应列出液压元件明细表，注明它们的规格、型号和压力调整值；绘出执行元件的工作循环图，列出相应电磁铁的动作顺序表；注明操纵说明及特殊要求等。

液压系统装配图是液压系统的安装施工图，应包括液压泵站装配图、液压元件和辅助元件配置装配图、管路系统安装图和电器线路图。其中，在管路系统安装图上应表示出各液压部件和元件在设备和工作地的安装位置、固定方式，油管的规格和分布位置，各种管接头的形式和规格等。

对于自行设计的非标准元件，如液压缸、油箱等，必须绘制出零件图和装配图。

9.6.2 编制技术文件

编制技术文件是液压系统设计的最后一个内容。技术文件主要包括设计任务书、设计计算书、使用说明书、易损件明细表、标准件、通用件及外购件总表等。

习 题

1.简述液压传动系统的设计计算内容。

2.设计一卧式单面多轴钻孔组合机床动力滑台的液压系统。按加工需要,动力滑台的工作循环是:快速前进→工作进给→快速退回→原位停止。液压系统的主要参数:切削力 F_g = 20 000 N,移动部件(工作台、夹具及工件)总重力 G = 10 000 N,快进行程 l_1 = 100 mm,工进行程 l_2 = 50 mm,快进快退的速度为 4 m/min,工进速度为 0.05 m/min,加速、减速时间 Δt = 0.2 s。该动力滑台采用水平放置的平导轨,静摩擦系数 f_s = 0.2,动摩擦系数 f_d = 0.1。

第 10 章 气压传动概述

【学习目标】

1.知识目标

◇了解气压传动的特点及应用;

◇熟悉气压传动的特点;

◇掌握气压传动的工作原理及系统组成。

2.能力目标

◇能区分气压传动与其他传动形式的不同之处;

◇能分析气压设备的主要组成部分。

10.1 气压传动系统的工作原理及组成

气压传动是以空气压缩机为动力源,以压缩空气为工作介质,进行能量和信号传递的一门技术,是实现生产自动化的有效技术之一。

10.1.1 气压传动系统的工作原理

气压传动系统的工作原理是利用空压机把电动机或其他原动机输出的机械能转换为空气的压力能,然后在控制元件的作用下,通过执行元件把压力能转换为直线运动或回转运动形式的机械能,从而完成各种动作,并对外做功。

10.1.2 气压传动系统的组成

典型的气压传动系统如图 10-1 所示,一般由以下五部分组成:

(1)气压发生装置。它将原动机输出的机械能转变为空气的压力能。其主要设备是空气压缩机。

(2)控制元件。用来控制压缩空气的压力、流量和流动方向,以保证执行元件具有一定的输出力和速度,并按设计的程序正常工作,如压力阀、流量阀、方向阀和逻辑阀等。

(3)执行元件。它是将空气的压力能转变为机械能的能量转换装置,如汽缸和气马达。

(4)辅助元件。它是用于辅助保证气动系统正常工作的一些装置,如除油器、干燥器、空气过滤器、消声器和油雾器等。

(5)工作介质。系统中传递能量的流体即为工作介质,如压缩空气。

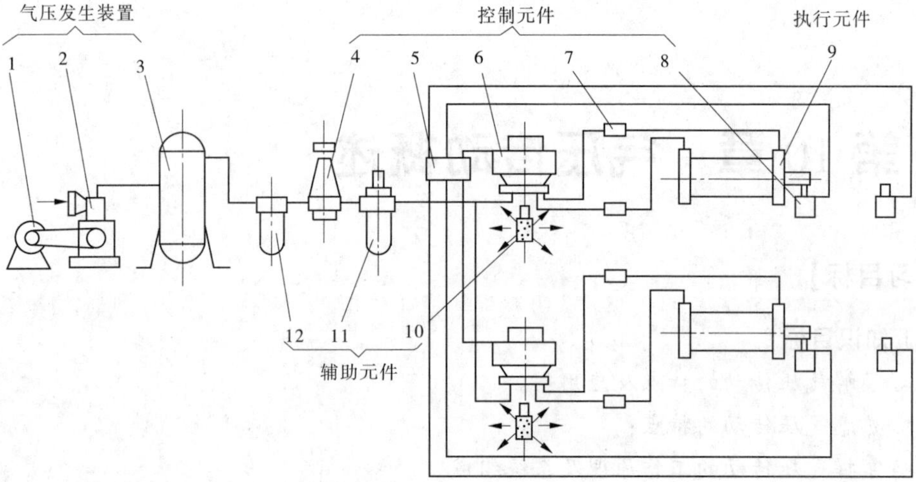

1—电动机;2—空气压缩机;3—储气罐;4—压力控制阀;5—逻辑元件;6—方向控制阀;
7—流量控制阀;8—机控阀;9—汽缸;10—消声器;11—油雾器;12—空气过滤器

图 10-1 气动系统的组成示意图

10.2 气压传动的特点及应用

10.2.1 气压传动的特点

10.2.1.1 气压传动的优点

(1)以空气为工作介质,工作介质获得比较容易,用后的空气排到大气中,处理方便,与液压传动相比,不必设置回收的油箱和管道。

(2)因空气的黏度很小(约为液压油动力黏度的万分之一),其损失也很小,所以便于集中供气、远距离输送。外泄漏不会像液压传动那样严重污染环境。

(3)与液压传动相比,气压传动动作迅速,反应快,维护简单,工作介质清洁,不存在介质变质等问题。

(4)工作环境适应性好,特别在易燃、易爆、多尘埃、强磁、辐射、振动等恶劣工作环境中,比液压、电子、电气控制优越。

(5)成本低,过载能自动保护。

10.2.1.2 气压传动的缺点

(1)由于空气具有可压缩性,因此工作速度稳定性稍差。但采用气液联动装置会得到较满意的效果。

(2)因工作压力低(一般为 0.3~1.0 MPa),又因结构尺寸不宜过大,总输出力不宜大于 10~40 kN。

(3)噪声较大,在高速排气时要加消声器。

(4)气动装置中的气信号传递速度在声速以内,比电子及光速慢,因此气动控制系统不宜用于元件级数过多的复杂回路。

10.2.2 气压传动的应用

(1)在机械工业中,如组合机床的程序控制、轴承的加工、零件的检测、汽车制造、农业机械的生产线、木工机械设备和工业机器人中已得到广泛的应用。

(2)在冶金工业中,如金属的冶炼、烧结、冷轧、热轧、线轧、连铸连轧的生产线上已有大量应用。一个现代化钢铁厂中仅汽缸就需3 000个左右。

(3)在轻工、纺织、食品工业中,如缝纫机、自行车、手表、彩色电视机、洗衣机、电冰箱、纺织机械、皮鞋、制革、卷烟、食品加工等生产线上已得到广泛应用。

(4)在化工、军工企业中,如化工原料的输送、有害液体的灌装、炸药的包装、石油钻采等设备上已有大量应用。

(5)在交通运输中,如列车的制动闸、车辆门窗的开闭,气垫船、鱼雷的自动控制装置等设备中已大量应用。

(6)在航天工业中,因气动除能承受辐射、高温外还能承受大的加速度,所以在近代的飞机、火箭、导弹的控制装置中逐渐得到广泛应用。

习 题

1.什么是气压传动?气压传动有哪些优、缺点?

2.气压传动由哪几部分组成?每部分的功能是什么?

第 11 章　气动元件

【学习目标】

1.知识目标

◇了解气动辅助元件的类型和功用；

◇熟悉气源装置的组成及工作原理；

◇掌握气动执行元件和气动控制元件的工作原理。

2.能力目标

◇能区分气压传动的各个组成部分；

◇能理解气压传动各组成部分的工作原理。

11.1　气源装置及辅件

气压传动系统中的气源装置用于为气动系统提供满足一定质量要求的压缩空气，它是气压传动系统的重要组成部分。由空气压缩机产生的压缩空气，必须经过降温、净化、减压、稳压等一系列处理后，才能供给控制元件和执行元件使用。气动辅助元件是连接元件和提高系统可靠性、使用寿命以及改善工作环境等所必需的。

11.1.1　气源装置

11.1.1.1　对压缩空气的要求

由空气压缩机排出的压缩空气虽然可以满足气动系统工作时的压力和流量要求，但其温度高达 140~180 ℃。这时空气压缩机汽缸中的润滑油也部分成为气态，这样油分、水分以及灰尘便形成混合的胶体微尘与杂质混在压缩空气中一同排出。如果将此压缩空气直接输送给气动装置使用，将会产生下列影响：

(1)混在压缩空气中的油蒸气可能聚集在储气罐、管道、气动系统的容器中形成易燃物，有引起爆炸的危险；润滑油被汽化后，会形成一种有机酸，对金属设备、气动装置有腐蚀作用，影响设备的寿命。

(2)混在压缩空气中的杂质能沉积在管道和气动元件的通道内，减小了通道面积，增加了管道阻力。特别是对内径只有 0.2~0.5 mm 的某些气动元件会造成阻塞，使压力信号不能正确传递，整个气动系统不能稳定工作甚至失灵。

(3)压缩空气中含有的饱和水分，在一定的条件下会凝结成水，并聚集在个别管道中。在寒冷的冬季，凝结的水会使管道及附件结冰而损坏，影响气动装置的正常工作。

(4)压缩空气中的灰尘与杂质，对气动系统中作往复运动或转动的气动元件(如汽缸、气马达、气动换向阀等)的运动副会产生研磨作用，使这些元件因漏气而降低效率，影响它的使用寿命。

因此,气源装置必须设置一些除油、除水、除尘,并使压缩空气干燥,提高压缩空气质量,进行气源净化处理的辅助设备。

11.1.1.2　气源装置的组成

压缩空气站的设备一般包括产生压缩空气的空气压缩机(可简称空压机)和使气源净化的辅助设备。图 11-1 是压缩空气站设备组成及布置示意图。

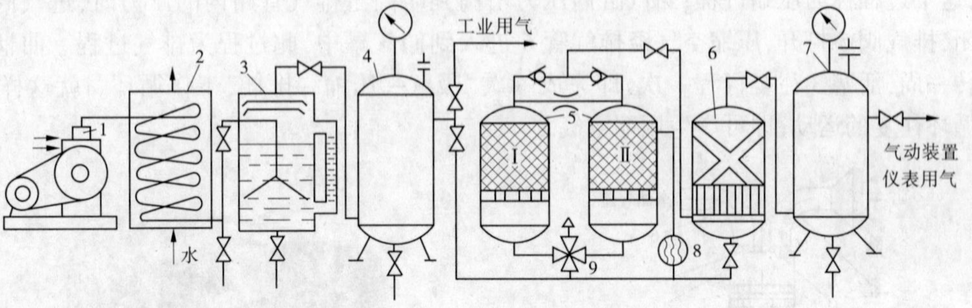

1—空气压缩机;2—后冷却器;3—油水分离器;4、7—储气罐;5—干燥器;6—过滤器;8—加热器;9—四通阀

图 11-1　压缩空气站设备组成及布置示意图

在图 11-1 中,1 为空气压缩机,用以产生压缩空气,一般由电动机带动。其吸气口装有空气过滤器,以减少进入空气压缩机的杂质。2 为后冷却器,用以降温冷却压缩空气,使汽化的水、油凝结出来。3 为油水分离器,用以分离并排出降温冷却的水滴、油滴、杂质等。4、7 为储气罐,用以储存压缩空气、稳定压缩空气的压力并除去部分油分和水分。5 为干燥器,用以进一步吸收或排出压缩空气中的水分和油分,使之成为干燥空气。6 为过滤器,用以进一步过滤压缩空气中的灰尘、杂质颗粒。储气罐 4 输出的压缩空气可用于一般要求的气压传动系统,储气罐 7 输出的压缩空气可用于要求较高的气压传动系统(如气动仪表及射流元件组成的控制回路等)。

11.1.1.3　压缩空气发生装置

空气压缩机是一种压缩空气发生装置,它是将机械能转化成气体压力能的能量转换装置,其种类很多。

1.空气压缩机的分类

(1)按工作原理分为容积型压缩机和速度型压缩机。容积型压缩机的工作原理是:压缩气体的体积,使单位体积内气体分子的密度增大,以提高压缩空气的压力。速度型压缩机的工作原理是:提高气体分子的运动速度,然后使气体的动能转化为压力能,以提高压缩空气的压力。

(2)按输出压力可分为低压型(0.2~1.0 MPa)、中压型(1.0~10 MPa)、高压型(10~100 MPa)和超高压型(>100 MPa)空气压缩机。低压空气压缩机为单级式,中压、高压和超高压空气压缩机为多级式,最多级数可达 8 级,目前国外已制成压力达 343 MPa 的超高压压缩机。

(3)按输出流量分为小型(1~10 m^3/s)、中型(10~100 m^3/s)和大型(>100 m^3/s)空气压缩机。

2. 空气压缩机的工作原理

图 11-2 所示为空气压缩机的工作原理示意图及外形图。在电动机驱动下，曲柄 1 作回转运动，连杆 2 带动活塞 3 作往复直线运动(是一个曲柄滑块机构)。当活塞 3 向下运动时，缸体 4 的密封工作腔体积增大，形成局部真空，排气阀 5 关闭，进气阀 7 打开，外界空气在大气压作用下经空气过滤器 9 进入缸体 4 的密封工作腔内，此过程称为吸气过程；当活塞 3 向上运动时，缸体 4 的密封工作腔体积减小，汽缸内的空气受到压缩而使压力升高，这个过程称为压缩过程；当汽缸内压力增高到略高于排气管路内的压力时，进气阀 7 关闭，排气阀 5 打开，压缩空气经排气管 6 进入到储气罐中，此过程为排气过程。曲柄 1 旋转一周，活塞 3 往复行程一次，即完成一次"吸气—压缩—排气"工作循环。就这样进行循环往复的运动，即可产生压缩空气。

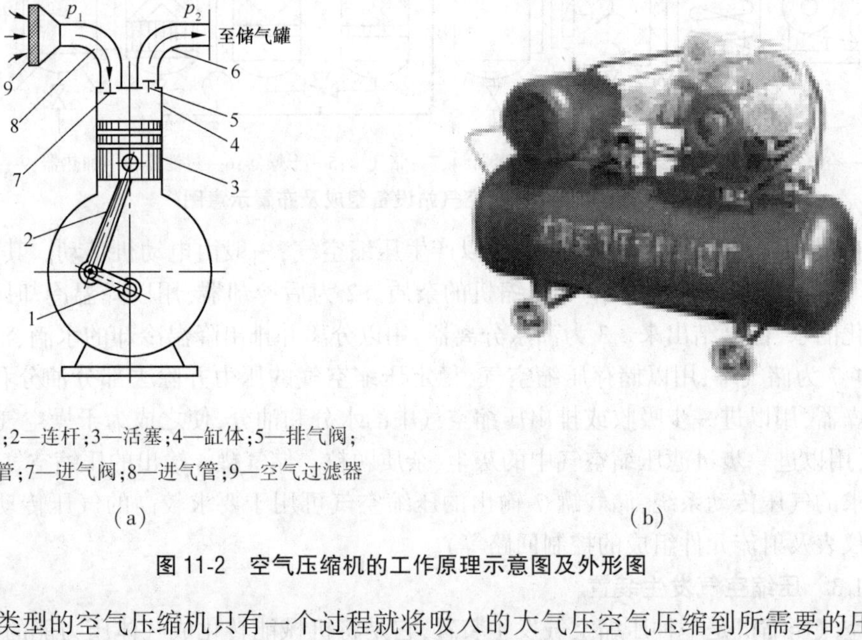

1—曲柄；2—连杆；3—活塞；4—缸体；5—排气阀；6—排气管；7—进气阀；8—进气管；9—空气过滤器

(a)　(b)

图 11-2　空气压缩机的工作原理示意图及外形图

这种类型的空气压缩机只有一个过程就将吸入的大气压空气压缩到所需要的压力，因此称为单级活塞式空气压缩机。单级活塞式空气压缩机通常用于需要 0.3 ~ 0.7 MPa 压力范围的系统。在单级压缩机中，若空气压力超过 0.6 MPa，产生的过热将大大降低压缩机的效率。因此，当输出压力较高时，应采取多级压缩。多级压缩可降低排气温度，节省压缩功，提高容积效率，增加压缩气体排量。

工业中使用的活塞式空气压缩机通常是两级的。图 11-3 所示为两级活塞式空气压缩机。由两级三个阶段将吸入的大气压空气压缩到最终的压力。如果最终压力为 0.7 MPa，第一级活塞通常将大气压空气压缩到 0.3 MPa，然后经过中间冷却器被冷却，压缩空气通过中间冷却器后温度大大下降，再输送到第二级活塞，压缩到 0.7 MPa。

3. 空气压缩机的选用

根据气动系统所需要的工作压力和流量确定空气压缩机的供气压力和供气流量，可以参照有关书籍计算。有了供气压力与供气流量，按空气压缩机的特性要求，选择空气压缩机的类型和型号。

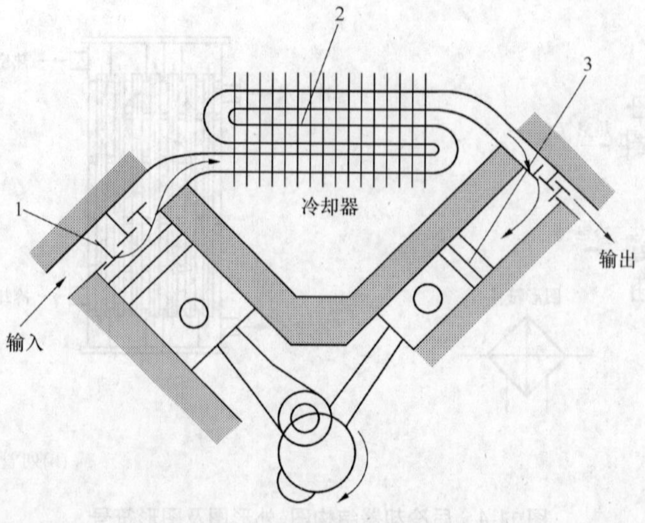

1—第一级活塞;2—中间冷却器;3—第二级活塞

图11-3 两级活塞式空气压缩机

4.空气压缩机使用时应注意的事项

(1)空气压缩机的安装地点必须清洁,应无粉尘、通风好、湿度小、温度低,且要留有维护保养的空间,所以一般要安装在专用机房内。

(2)因为空气压缩机一运转就产生噪声,所以必须考虑噪声的防治,如设置隔声罩、设置消声器、选择噪声较低的空压机等。一般而言,螺杆式空压机的噪声较小。

(3)使用专用润滑油并定期更换,启动前应检查润滑油位,并用手拉动传动带使机轴转动几圈,以保证启动时的润滑。启动前和停车后都应及时排出空气压缩机储气罐中的水分。

11.1.1.4 压缩空气净化、储存设备

压缩空气净化装置一般包括后冷却器、油水分离器、储气罐、空气干燥器、空气过滤器等。

1.后冷却器

压缩气体时,由于气体体积减小,压力增高,温度也增高。一般的空气压缩机输出的压缩空气温度可达120 ℃以上,此时压缩空气中含有的油、水均呈气态,成为易燃、易爆的气源,且腐蚀作用很强,会损坏气动装置。后冷却器安装在空气压缩机排气口处,其作用就是将空气压缩机出口的高压空气冷却到40~50 ℃,将大量水蒸气和油雾冷凝成液态水滴和油滴,从空气中分离出来。

后冷却器一般采用水冷换热方式,其结构形式有蛇管式、套管式、列管式和散热片式等。蛇管式和列管式后冷却器如图11-4所示。

2.油水分离器

油水分离器用于分离压缩空气中所含有的油分和水分,安装在后冷却器和储气罐之间,按结构形式分有环形回转式、撞击折回式、离心旋转式、水浴式及以上形式的组合等。其中,撞击折回式油水分离器如图11-5所示。其工作原理是:当压缩空气由进气管进入油水分离器内时,气流先受到隔板的阻挡,产生流向和速度的急剧变化,此时压缩空气中

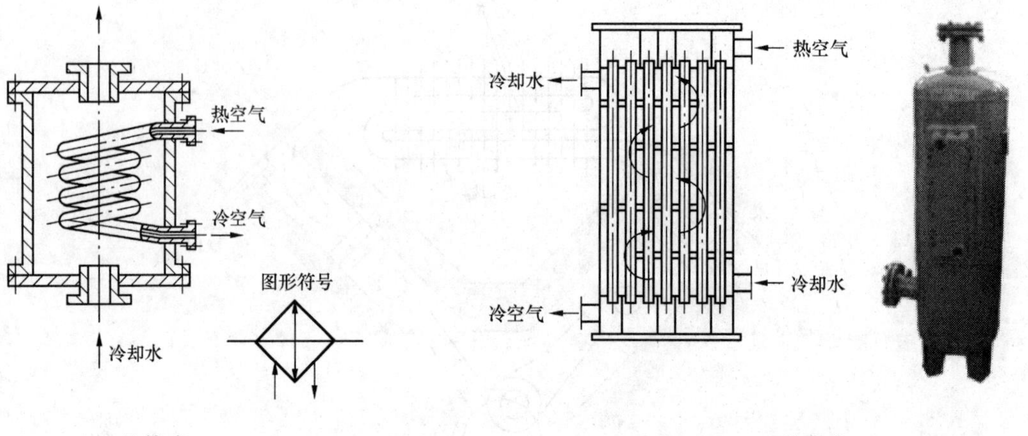

(a)蛇管式　　(b)列管式

图 11-4　后冷却器结构图、外形图及图形符号

的水滴、油滴等杂质,受到惯性力作用而分离出来,沉降在容器底部,从底部的排油、水阀定期排出。

3.储气罐

储气罐有立式和卧式两种,一般以立式居多,其结构及图形符号如图 11-6 所示。进气口在下,出气口在上,两者间的距离应尽可能大。储气罐上应设置安全阀、压力表、排污管(阀)等。

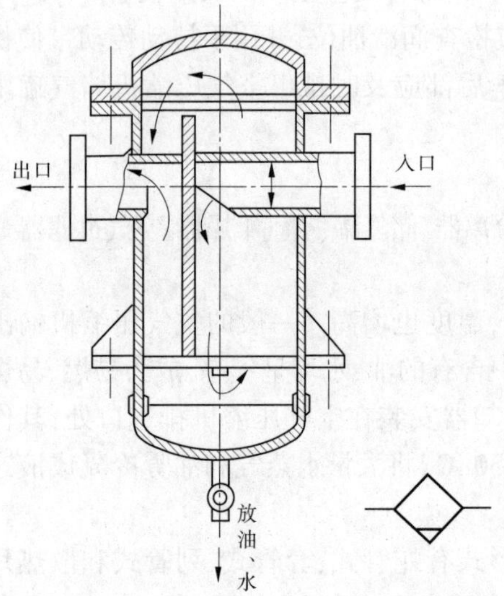

(a)结构图　　(b)图形符号

图 11-5　撞击折回式油水分离器

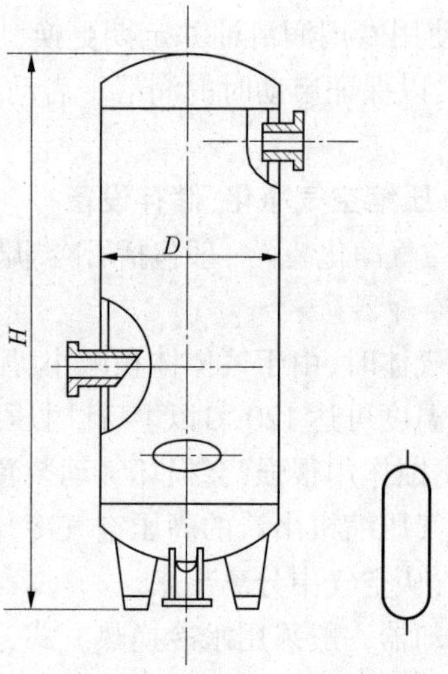

(a)结构图　　(b)图形符号

图 11-6　立式储气罐

储气罐的作用如下:

(1)消除压力波动,保证输出气流的稳定性。

(2)储存一定量的压缩空气,当空压机发生意外事故,如停机或突然停电时,储气罐中储存的压缩空气可作为应急使用。

(3)进一步分离压缩空气中的水分和油分。

4.空气干燥器

从空压站出来的压缩空气已经经过了初步的净化,可以满足一般气动系统的要求,但对于精密气动装置,如气动仪表、射流装置等,还必须经过干燥、过滤等进一步净化处理后才能使用。空气干燥器的作用就是吸收和排出压缩空气中的水分、油分和杂质,使湿空气变成干空气。

目前使用的干燥方法很多,主要有冷冻法、吸附法、机械法和离心法等。在工业上常用的是冷冻法和吸附法。

1)冷冻式干燥器

冷冻式干燥器利用制冷设备使空气冷却到一定的露点温度,析出空气中的多余水分。此方法适用于处理低压大流量,并对干燥度要求不高的压缩空气。

2)吸附式干燥器

吸附式干燥器是利用具有吸附性能的吸附剂(如硅胶、活性氧化铝、分子筛等)吸附压缩空气中水分的一种空气净化装置。吸附剂吸附了压缩空气中的水分后将达到饱和状态而失效。为了能够连续工作,必须排出吸附剂中的水分,使吸附剂恢复到干燥状态,这称为吸附剂的再生。目前吸附剂的再生方法有两种,即加热再生和无热再生。

图11-7所示为一种不加热再生式干燥器,它有两个填满吸附剂的容器1、2。当压缩空气从容器1的下部流到上部时,空气中的水分被吸附剂吸收而得到干燥,一部分干燥后的空气又从容器2的上部流到下部,把吸附在吸附剂中的水分带走并放入大气,即实现了不需外加热源而使吸附剂再生。两容器定期交替工作,使吸附剂产生吸附和再生,这样便可得到连续输出的干燥压缩空气。

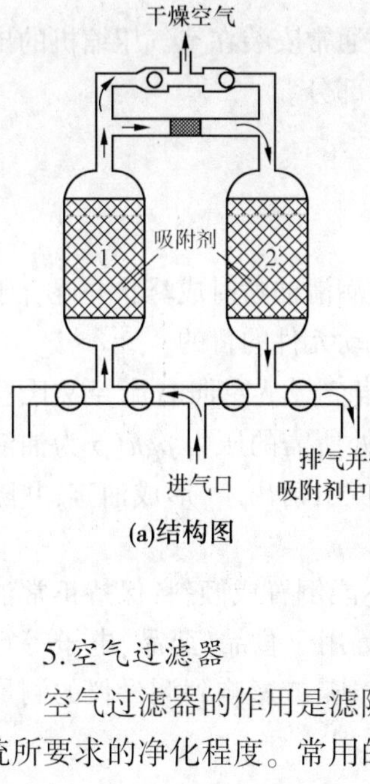

(a)结构图

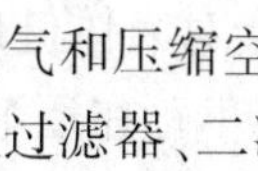

(b)图形符号

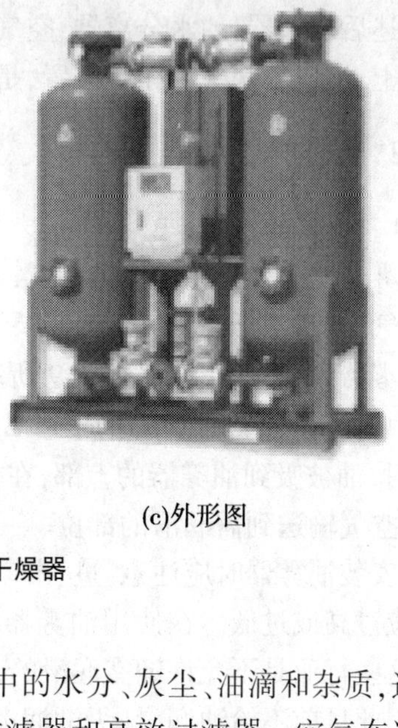

(c)外形图

图11-7 不加热再生式干燥器

5.空气过滤器

空气过滤器的作用是滤除外界空气和压缩空气中的水分、灰尘、油滴和杂质,达到系统所要求的净化程度。常用的有一次过滤器、二次过滤器和高效过滤器。空气在进入空压机之前,必须经过简易的一次过滤器,以滤除空气中所含的一部分灰尘和杂质。一次过滤器通常采用纸质过滤器和金属过滤器。

在空气压缩机的输出端使用二次过滤器来过滤压缩空气,二次过滤器常与减压阀、油雾器一起构成气动三联件,安装在气动系统的入口处。图 11-8 所示为二次过滤器,其工作原理是:压缩空气从输入口进入后,被引入旋风叶子 1,旋风叶子上有许多成一定角度的缺口,迫使空气沿缺口的切线方向高速旋转,这样夹杂在压缩空气中的较大水滴、油滴等便依靠自身的惯性与存水杯 3 的内壁碰撞,从空气中分离出来并沉到杯底,而灰尘、杂质则由滤芯 2 滤除。

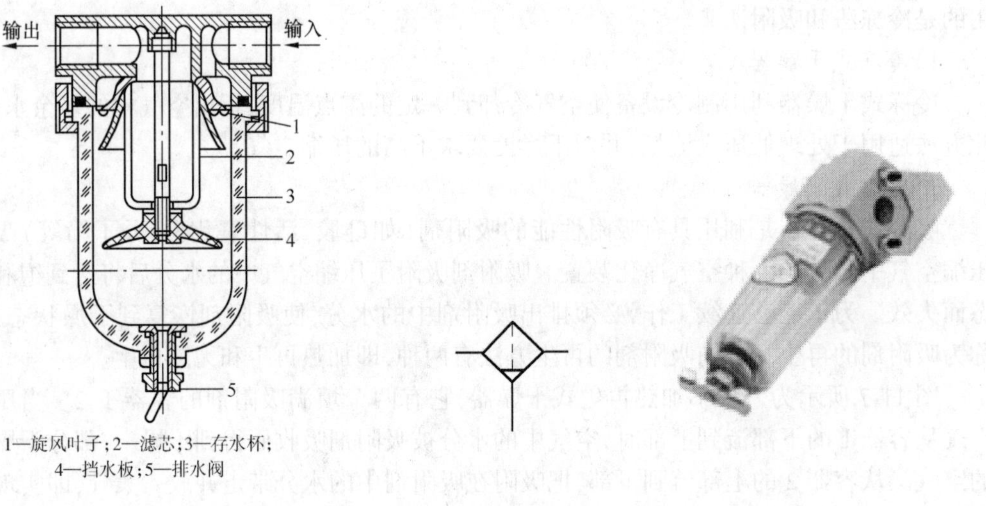

1—旋风叶子;2—滤芯;3—存水杯;
4—挡水板;5—排水阀

(a) (b) (c)

图 11-8 二次过滤器

上述后冷却器、油水分离器、空气过滤器和储气罐等元件通常安装在空气压缩机的出口管路上,组成一套气源净化装置,是压缩空气站的重要组成部分。

11.1.2 气动辅助元件

11.1.2.1 油雾器

油雾器是一种特殊的注油装置,它以压缩空气为动力,将润滑油喷射成雾状并混合于压缩空气中,随着压缩空气进入需要润滑的部位,达到润滑气动元件的目的。

油雾器的工作原理如图 11-9 所示。当压力为 p_1 的压缩空气从左向右流经文氏管后,压力将为 p_2,当 p_1 和 p_2 的压差 Δp 大于把油吸到排出口处所需的压力 ρgh(ρ 为油液密度)时,油被吸到油雾器的上部,在排出口被主通道中的气流引射出来,形成油雾,并随着压缩空气输送到需润滑的部位。

在安装油雾器时应注意:进、出口不能接错;垂直安装,不能倒置或倾斜;保持正常油面,不应过高或过低。在使用油雾器时应注意:许多气动装置用于食品、药品、电子等行业,但这些行业是不允许油雾润滑的,它会对人体健康造成危害,或影响到测量仪的测量精度,因此目前不给油润滑(无油润滑)技术正在逐渐普及。

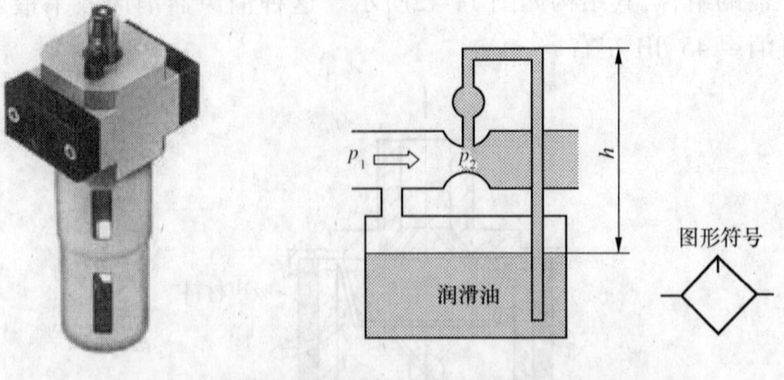

图 11-9　油雾器的工作原理图、外形图及图形符号

空气过滤器、油雾器和对系统压力进行调整的减压阀一起被称为气动三联件，是气动系统中不可缺少的辅助装置。其外形图和图形符号如图 11-10 所示。

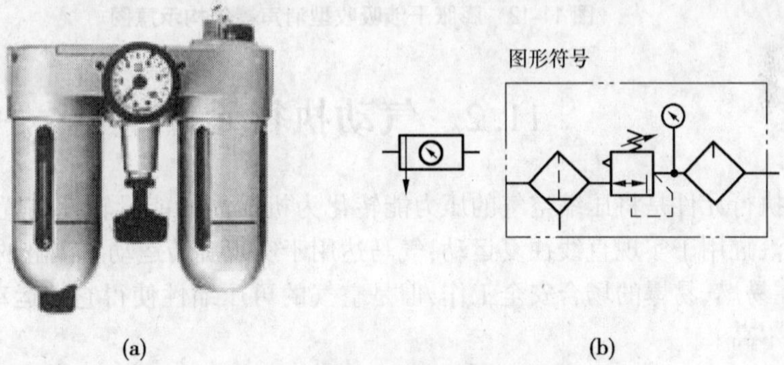

图 11-10　气动三联件外形图及图形符号

11.1.2.2　消声器

在气动系统中，当压缩空气直接从汽缸或换向阀排向大气时，较高的压差使气体流动速度很高，产生强烈的排气噪声，一般可达 100~120 dB，对人体的健康造成危害，并使作业环境恶化。为了消除或减弱这种噪声，应在气动装置的排气口安装消声器。消声器是一种能阻碍声音传播而让气流通过的、防止空气动力性噪声的主要设备。常用的消声器有以下 3 种类型：

(1)吸收型消声器。吸收型消声器是利用吸声材料(玻璃纤维、毛毡、泡沫塑料、烧结材料等)来降低噪声的。如图 11-11 所示，当气流通过消声罩 1 时，气流受阻，可使噪声降低 20 dB 左右。吸收型消声器主要用于消除中高频噪声。

(2)膨胀干涉型消声器。膨胀干涉型消声器相当于一段比排气孔口径大的管件，当气流通过时，在其内部扩散、膨胀、反射、相互干涉而消声。主要用于消除中、低频噪声。

(3)膨胀干涉吸收型消声器。此类消声器是

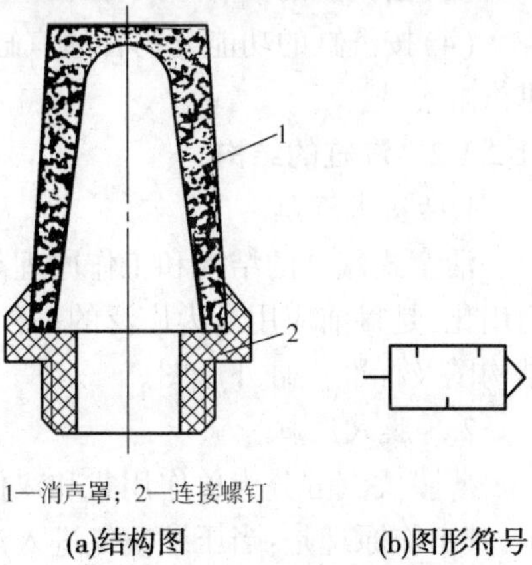

1—消声罩；2—连接螺钉

(a)结构图　(b)图形符号

图 11-11　吸收型消声器

上述两类消声器的组合,其结构如图 11-12所示。这种消声器消声效果最好,低频可消声 20 dB,高频可消声 45 dB 左右。

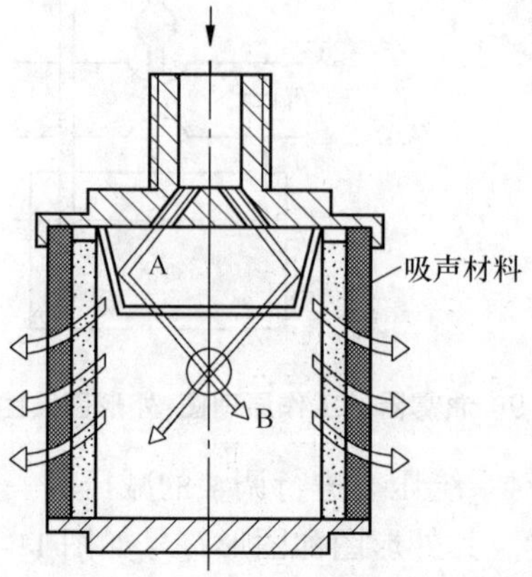

图 11-12　膨胀干涉吸收型消声器结构示意图

11.2　气动执行元件

气动执行元件是将压缩空气的压力能转化为机械能的能量转换装置,它包括汽缸和气马达。汽缸用于实现直线往复运动,气马达用于实现旋转运动。汽缸的结构简单,成本低,可以在易燃、易爆的场合安全工作,但是空气的可压缩性使得它的运动速度和位置控制的精度不高。

11.2.1　汽缸

11.2.1.1　汽缸的分类

汽缸的分类有以下几种:

(1)按压缩空气对活塞端面的作用力分为单作用汽缸、双作用汽缸。

(2)按汽缸的结构特征分为活塞式汽缸、薄膜式汽缸、伸缩式汽缸。

(3)按汽缸的安装形式分为固定式汽缸、轴销式汽缸、回转式汽缸、嵌入式汽缸。

(4)按汽缸的功能分为普通汽缸、缓冲汽缸、气-液阻尼汽缸、摆动汽缸、冲击汽缸、步进汽缸。

11.2.1.2　汽缸的结构

1.活塞式汽缸

活塞式汽缸的结构和工作原理与液压缸基本类似,其结构和参数已系列化、标准化、通用化,是目前应用最为广泛的一种汽缸。图 11-13 所示为 QGA 系列无缓冲标准型汽缸结构图及标准汽缸外形图。

2.薄膜式汽缸

薄膜式汽缸分为单作用式和双作用式两种。单作用式薄膜汽缸的结构如图 11-14 所示,其工作原理是:当压缩空气进入汽缸的左腔时,膜片 3 在气压作用下产生变形使活塞杆 2 伸出,撤掉压缩空气后,活塞杆 2 在弹簧力作用下缩回,使膜片复位。活塞的位移较小，一般小于40 mm。这种汽缸的结构紧凑、重量轻、密封性能好、维修方便、制造成本低，广泛应用于各种自锁机构及夹具中。

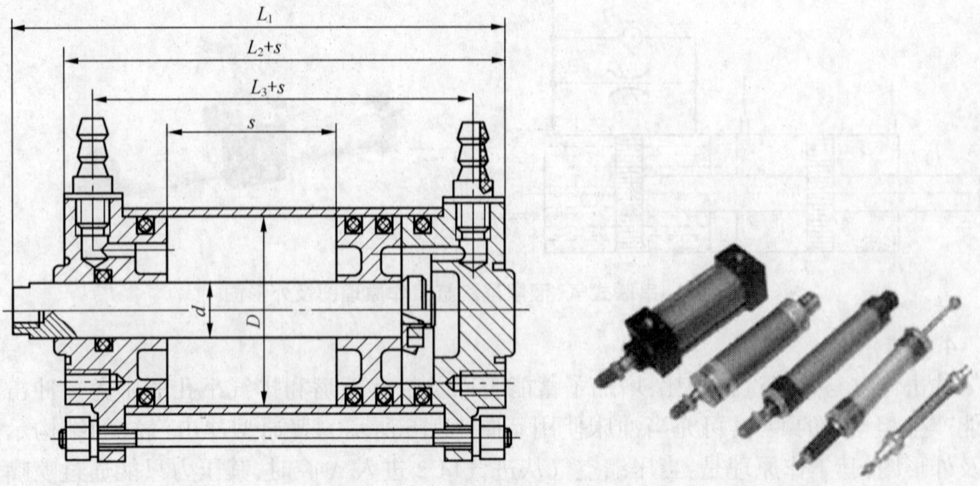

图 11-13　QGA 系列无缓冲标准型汽缸结构图及标准汽缸外形图

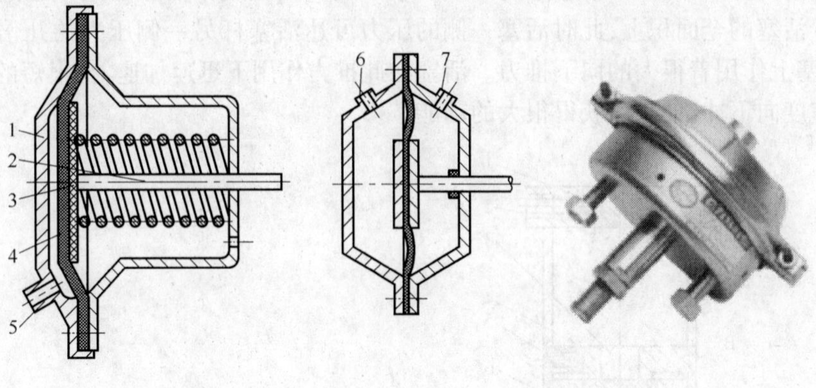

(a)单作用式　　(b)双作用式

1—缸体；2—活塞杆；3—膜片；4—膜盘；5—进气口；6、7—进、出气口

图 11-14　单作用式薄膜汽缸结构图及外形图

3. 气-液阻尼汽缸

气-液阻尼汽缸是由汽缸和液压缸组合而成的，它以压缩空气为能源，利用油液的不可压缩性来控制流量，以获得活塞的平稳运动和调节活塞的运动速度。与汽缸相比，它传动平稳，停位准确，噪声小。与液压缸相比，它不需要液压源，经济性好。它同时具有了气动和液压的优点，因此得到了越来越广泛的应用。

如图 11-15 所示为串联式气-液阻尼汽缸的工作原理图及外形图。液压缸和汽缸串联成一体，两个活塞固定在一个活塞杆上。当汽缸右腔进气时，带动液压缸活塞向左运动。此时液压缸左腔排油，油液只能经节流阀缓慢流回右腔，调节节流阀就能调节活塞运动速度。当压缩空气进入汽缸的左腔时，液压缸右腔排油，单向阀开启，活塞快速退回。

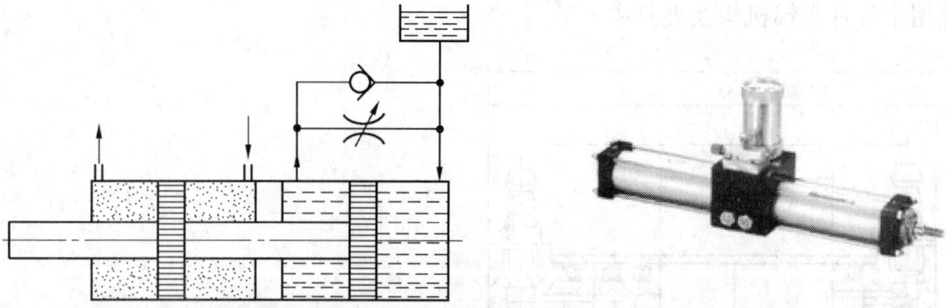

图 11-15　串联式气-液阻尼汽缸工作原理图及外形图

4.冲击汽缸

冲击汽缸与普通汽缸相比，增加了蓄能腔以及带有喷嘴和排气小孔的中盖。冲击汽缸能产生相当大的冲力，可充当冲床使用。图 11-16 所示为普通型冲击汽缸的结构示意图及外形图，其工作原理是：当压缩空气从进气口 2 进入 A 腔时，其压力只能通过喷嘴口 3 作用在活塞 6 上，此时作用面积小，还不能克服 C 腔的排气压力所产生的向上推力以及活塞与缸体的摩擦力，喷嘴处于关闭状态，从而使 A 腔内压力升高。当 A 腔内压力升高到能使活塞向下移动时，活塞下移离开喷嘴，喷嘴打开，A 腔中的压缩空气通过喷嘴口突然作用于活塞的全面积上，此时活塞一侧的压力可达活塞杆另一侧压力的几倍乃至几十倍，使活塞上作用着很大的向下推力。活塞在此推力作用下迅速加速，在很短的时间内以极高的速度向下冲击，从而获得很大的动能。

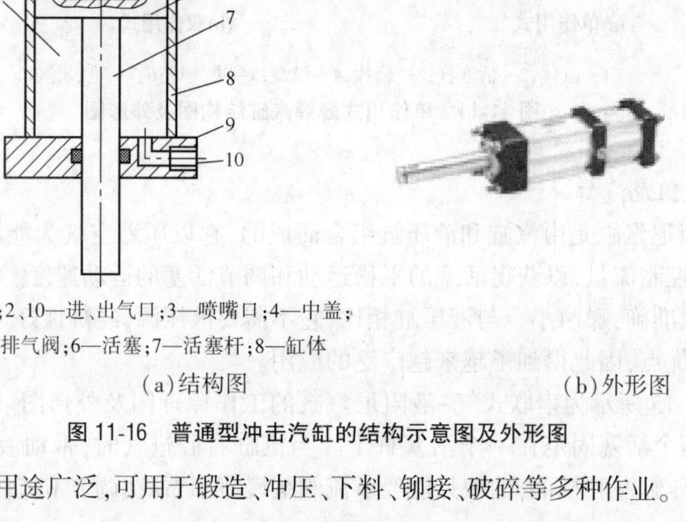

1、9—端盖；2、10—进、出气口；3—喷嘴口；4—中盖；
5—低压排气阀；6—活塞；7—活塞杆；8—缸体

(a)结构图　　(b)外形图

图 11-16　普通型冲击汽缸的结构示意图及外形图

冲击汽缸的用途广泛，可用于锻造、冲压、下料、铆接、破碎等多种作业。

汽缸的运动速度和推力的计算同液压缸,这里从略。

11.2.2 气马达

11.2.2.1 气马达的工作原理

气马达是将压缩空气的压力能转换成旋转运动的机械能的能量转换装置。按结构形式可分为叶片式、活塞式、齿轮式等,最为常用的是叶片式和活塞式两种。叶片式气马达制造简单、结构紧凑,但低速启动转矩小,低速性能不好,适宜于性能要求低或中等功率的机械,目前在矿山机械及风动工具中应用普遍。活塞式气马达在低速情况下有较大的输出功率,它的低速性能好,适宜于载荷较大和要求低速转矩大的机械,如起重机、绞车绞盘、拉管机等。

图11-17所示为叶片式气马达的工作原理图(其工作原理与液压马达相似)。当压缩空气从进气口A进入定子与转子之间的密封容腔内后,立即喷向叶片Ⅰ和叶片Ⅱ,作用在叶片的外伸部分。由于两叶片外伸部分的长度不等,故得到一个逆时针的转矩,从而带动转子作逆时针的转动,输出旋转的机械能。做完功的气体从排气口C排出,残余气体则经B排出(称为二次排气)。若将A、B互换,则转子反转。转子转动时产生的离心力和叶片底部的气压力、弹簧力使得叶片紧紧地抵在定子的内壁上,以保证密封,提高容积效率。

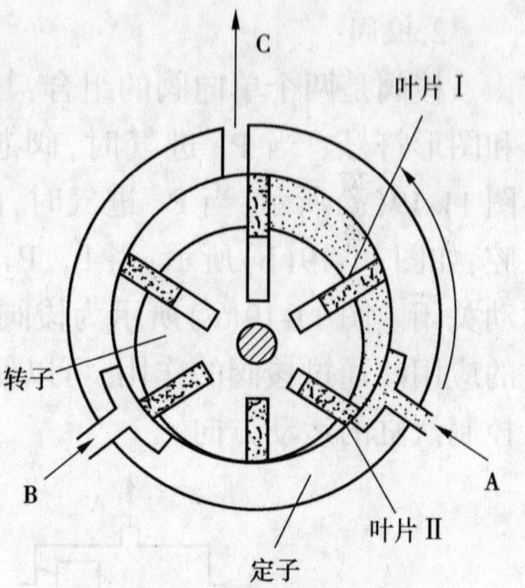

图11-17 叶片式气马达的工作原理图

11.2.2.2 气马达的选用

选择气马达时主要从负载状态出发,在变负载场合,主要考虑速度的变化范围和所需的转矩;在均衡负载场合,则主要考虑工作速度。叶片式气马达比活塞式气马达转速高,当工作速度低于空载最大转速的25%时,最好选用活塞式气马达。

当使用气马达时应在气源入口处设置油雾器,并定期补油,以保证气马达得到良好的润滑。

11.3 气动控制元件

气动系统的控制元件主要是控制阀,它用来控制和调节压缩空气的方向、压力和流量,按其作用和功能可分为方向控制阀、压力控制阀和流量控制阀。气动控制阀在功用和工作原理等方面与液压控制阀相似,仅在结构上有所不同。

11.3.1 方向控制阀

方向控制阀按压缩空气在阀内的作用方向,可分为单向型控制阀和换向型控制阀。

11.3.1.1 单向型控制阀

1.单向阀

气动单向阀的工作原理、结构和用途与液压单向阀基本相同,用来控制气流只能沿一个方向流动而不能反向流动。单向阀结构和图形符号如图 11-18 所示。

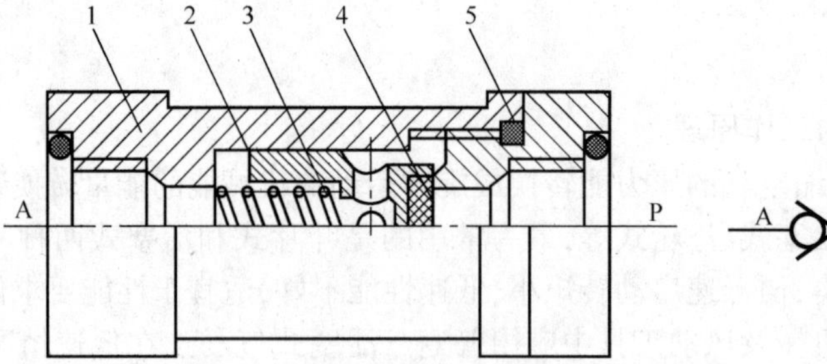

1—阀套;2—阀芯;3—弹簧;4—密封垫;5—密封圈

图 11-18　单向阀结构和图形符号

2.梭阀

梭阀是两个单向阀的组合,其作用相当于“或门”。图 11-19 所示为梭阀的工作原理和图形符号。当 P_1 进气时,阀芯被推向右边,P_1 与 A 相通,气流从 P_1 进入 A 腔,如图 11-19(a)所示;当 P_2 进气时,阀芯被推向左边,P_2 与 A 相通,于是,气流从 P_2 进入 A 腔,如图 11-19(b)所示;当 P_1、P_2 同时进气时,哪端压力高,A 就与哪端相通,另一端就自动关闭。图 11-19(c)所示为梭阀的图形符号。图 11-20 所示为梭阀在手动-自动回路上的应用。通过梭阀的作用,可以使手动阀和电磁阀分别单独控制气控换向阀的换向,从而控制汽缸的运动方向。

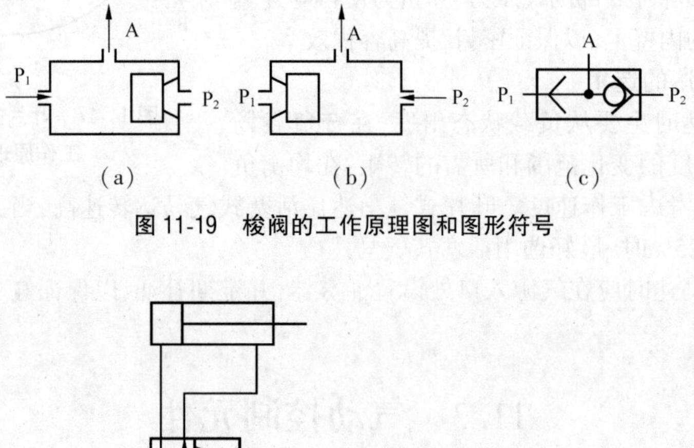

图 11-19　梭阀的工作原理图和图形符号

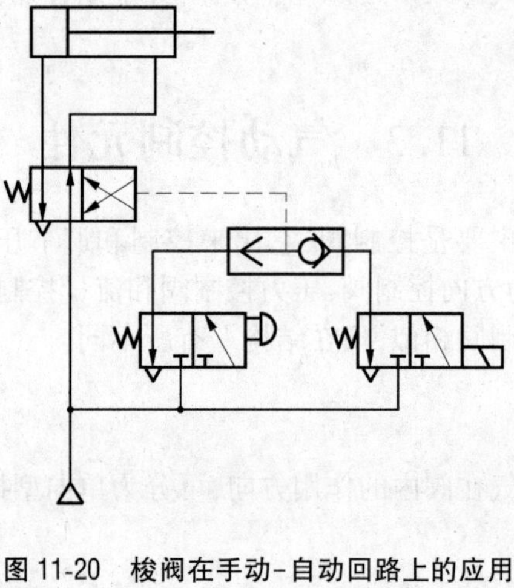

图 11-20　梭阀在手动-自动回路上的应用

3.双压阀

双压阀是两个单向阀的组合，其作用相当于“与门”。图 11-21(a)~(c)所示为双压阀的工作原理。当 P_1 进气时，阀芯被推向右边，A 无输出，如图 11-21(a)所示；当 P_2 进气时，阀芯被推向左边，A 无输出，如图 11-21(b)所示；当 P_1 与 P_2 同时进气时，A 有输出，如图 11-21(c)所示；若两端气体压力不等，则气压低的气体通过 A 输出，图 11-21(d)所示的是双压阀的图形符号。

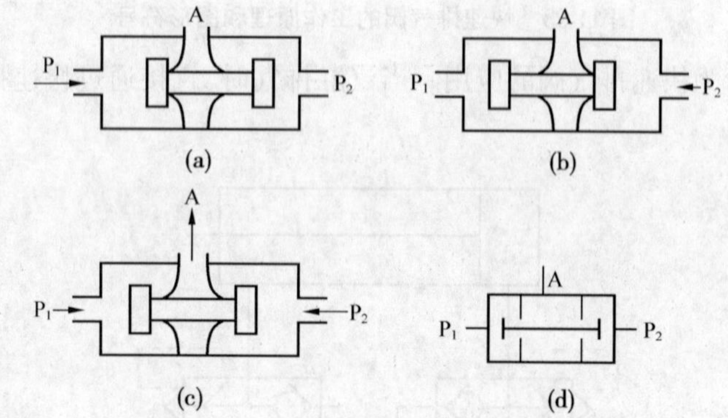

图 11-21　双压阀的工作原理和图形符号

图 11-22 是双压阀在互锁回路中的应用。只有工件的定位信号 1 和加紧信号 2 同时存在，双压阀才有输出，使换向阀换向，从而使汽缸运动。

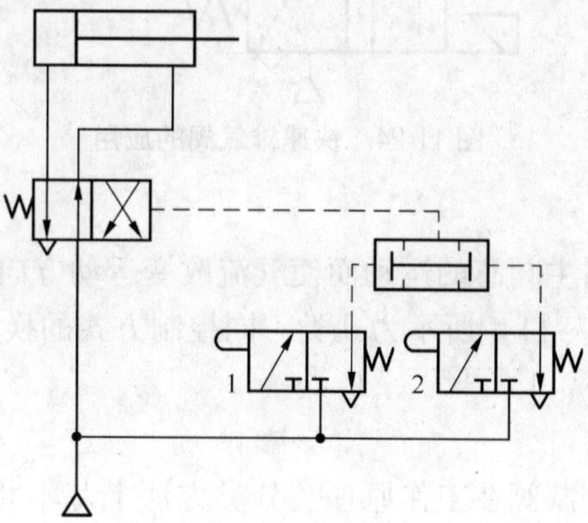

图 11-22　双压阀在互锁回路中的应用

4.快速排气阀

快速排气阀常装在换向阀和汽缸之间，它使汽缸不通过换向阀而快速排出气体，从而加快汽缸的往复运动速度，缩短工作周期。图 11-23 所示为快速排气阀的工作原理和图形符号。当 P 进气时，将活塞向下推，P 与 A 相通，如图 11-23(a)所示；当 P 腔没有压缩空气时，在 A 腔与 P 腔压力差的作用下，活塞上移，封住 P 口，此时 A 与 O 相通，如图 11-23(b)所示，A 腔气体通过 O 直接排入大气。图 11-23(c)所示的是快速排气阀的图形符号。

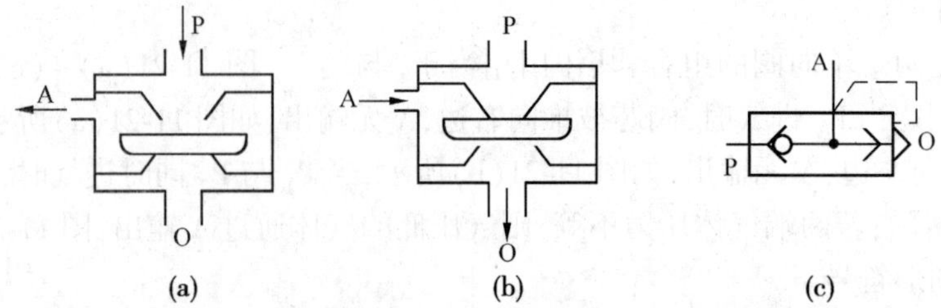

图 11-23　快速排气阀的工作原理和图形符号

图 11-24 所示为快速排气阀的应用。当汽缸排气时,直接通过快速排气阀而不通过换向阀。

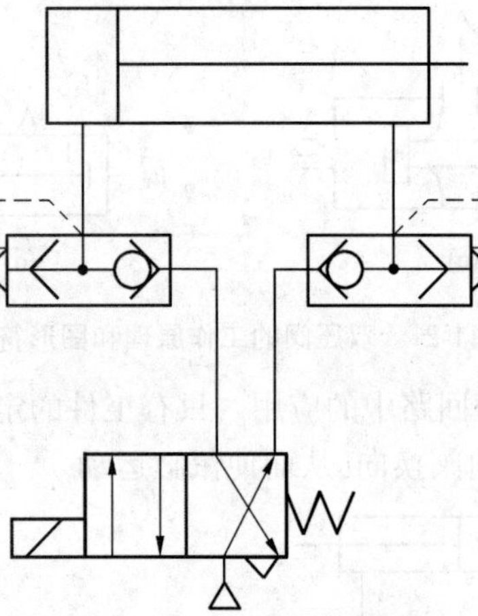
图 11-24　快速排气阀的应用

11.3.1.2　换向型控制阀

换向型控制阀是利用主阀芯的运动而使气流改变运动方向的,其分类、工作原理和功用都与液压换向阀相同,表 11-1 所示为几类不同控制方式的换向型控制阀及其特点。

11. 3. 2　压力控制阀

压力控制阀与液压控制阀在工作原理及分类方法上基本相同,现介绍几种目前应用较多、有代表性的压力控制阀。

11.3.2.1　减压阀

减压阀的减压和稳压原理是:靠进气口的节流作用减压,通过输出压力的负反馈,使膜片上产生的力与弹簧力平衡。调节阀口的开度,可实现对压力的控制并稳定输出压力。调节手柄可使输出压力在规定范围内变化。下面以直动式和先导式减压阀为例来说明减压阀的工作原理。

1. 直动式减压阀

图 11-25 所示的是 QTY 型直动式减压阀。当顺时针旋转手柄 1 时,经弹簧 2、3 推动膜片 5 下凹,首先关闭溢流孔 4,随着膜片 5 和阀芯 8 下移,打开进气阀孔 10,压缩空气通过进气阀孔 10 的节流作用,使输出压力低于输入压力,这就是减压作用。在压缩空气从

表 11-1　不同控制方式的换向型控制阀及其特点

	名称	图形符号	特点
换向型控制阀	气压控制换向阀	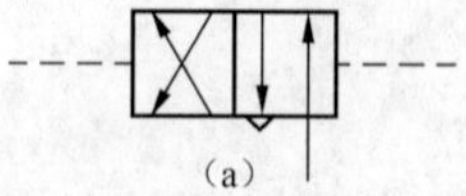 (a) 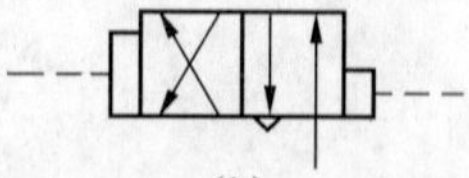 (b)	利用气体压力使主阀芯运动而使气流改变流向。按作用原理可分为如下几种： (1)加压控制：所加的气控信号压力逐渐上升，当气压增加到阀芯的动作压力时，主阀芯换向； (2)卸压控制：所加的气控信号压力逐渐减小，当气压减小到某一压力值时，主阀芯换向； (3)差压控制：主阀芯在两端压力差的作用下换向。图(a)为加压或卸压控制，图(b)为差压控制
	电磁控制换向阀	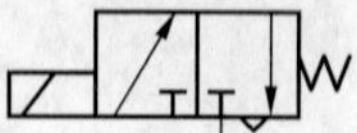 (a) 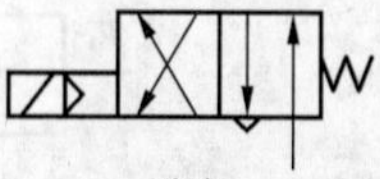 (b) 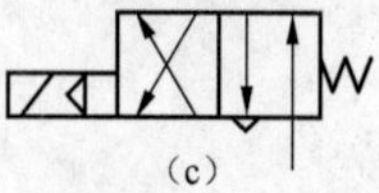 (c)	利用电磁力的作用来实现主阀芯的换向而使气流改变方向。分为直动式和先导式两种。图(a)为直动式电磁阀，图(b)、(c)为先导式电磁阀。其中，图(b)为气压加压控制，图(c)为气压卸压控制
	机动换向阀	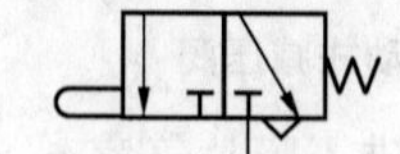 (a) 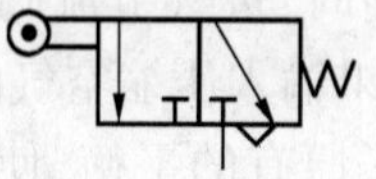 (b)	利用机械外力推动阀芯使其换向。多用于行程程序控制系统，也称行程阀。图(a)为直动式机动控制阀，图(b)为滚轮式机动控制阀
	手动换向阀	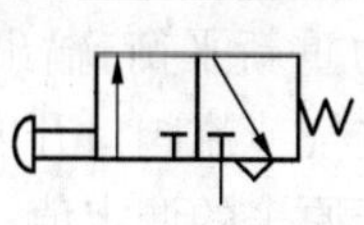 (a) 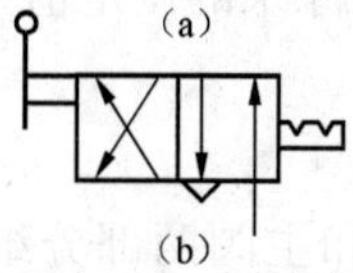 (b)	利用人工作用推动阀芯使其换向。图(a)为按钮式，图(b)为手柄式
	时间控制换向阀	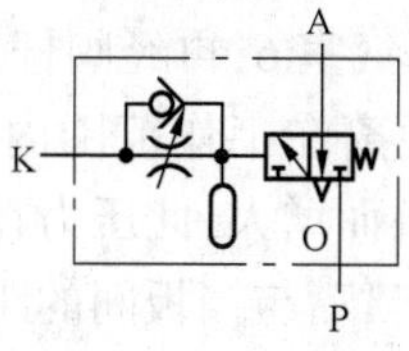 	使气流通过气阻、气容等延迟一定时间后再使阀芯换向

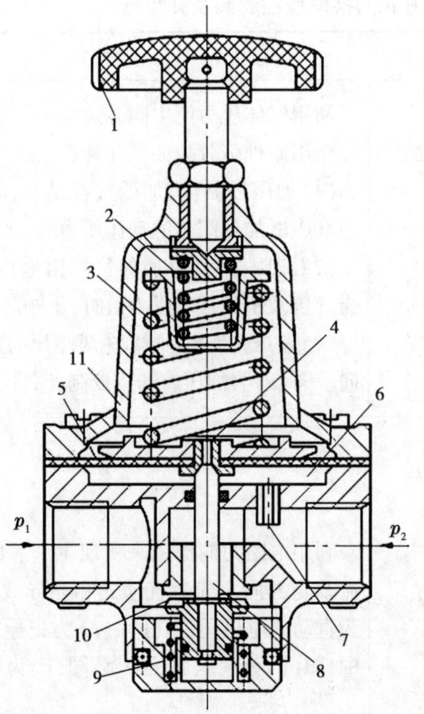

1—手柄；2、3、9—弹簧；4、11—溢流孔；5—膜片；
6—膜片气室；7—阻尼孔；8—阀芯；10—进气阀孔

(a)结构原理

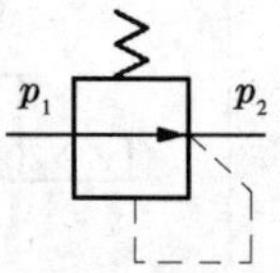

(b)图形符号

图 11-25　QTY 型直动式减压阀

输出口输出的同时，有一部分气流经过阻尼孔 7 进入膜片气室 6，在膜片 5 的下方产生一个向上的推力。当此力与弹簧向下的作用力平衡时，进气节流阀口通流面积就稳定在某一值上，减压阀就有一个确定的压力值输出。如果输入压缩空气的压力升高，瞬间输出压力也随之升高，膜片气室内的压力也升高，破坏了原有的平衡，使膜片 5 上移。同时阀芯在弹簧 9 的作用下也随之上移，进气阀孔 10 开度减小，即节流阀口通流面积减小，节流能力增强，压缩空气输出压力下降，使膜片两端作用力重新平衡，输出压力恢复到接近于原来的调定值。反之，当输入压缩空气压力下降时，进气节流阀口开度增大，节流作用减小，输出压力上升，通过反馈，使输出压力稳定地接近于原来的调定值。当输入压缩空气压力低于调定值时，减压阀不起作用。

2.先导式减压阀

图 11-26 所示的是先导式减压阀，它由先导阀和主阀两部分组成。当压缩空气从进气口流入阀体后，气流的一部分经阀口 9 流向输出口，另一部分经恒节流孔 1 进入中气室 5，经喷嘴 2、挡板 3、上气室 4、右侧孔道反馈至下气室 6，再经阀杆 7 中心孔及排气孔 8 排至大气。把手柄旋到一定位置，使喷嘴挡板的距离在工作范围内，减压阀就进入工作状态。中气室 5 的压力随喷嘴与挡板间的距离减小而增大，此压力在膜片上产生的作用力，相当于直动式减压阀的弹簧力。调节手柄，控制喷嘴与挡板间的距离，即能实现减压阀在规定的范围内工作。当输入压力瞬时升高时，输出压力也相应升高，通过孔口的气流使下

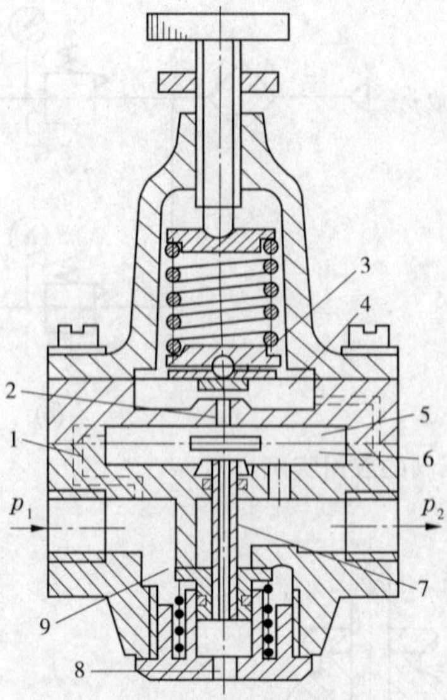

1—恒节流孔;2—喷嘴;3—挡板;4—上气室;5—中气室;
6—下气室;7—阀杆;8—排气孔;9—阀口
(a)结构原理

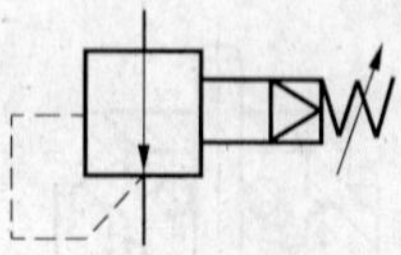

(b)图形符号

图 11-26 先导式减压阀

气室6内的压力升高,破坏了膜片原有的平衡,使阀杆7上移,节流阀口减小,节流作用增强,输出压力下降,使膜片两端作用力重新平衡,输出压力恢复到原有的调定值。当输出压力瞬时下降时,经喷嘴挡板的放大,也会引起中气室5的压力明显升高,而使阀杆下移,阀口开大,输出压力上升,并且稳定在原有的调定值上。

3.减压阀的选择

(1)要求调压精度高的系统,应选择先导式减压阀;无特殊调压精度要求的系统,可选择直动式减压阀。

(2)根据最大输出流量,确定减压阀的通径。

(3)根据气源压力,确定减压阀的额定输入压力。最低输入压力应大于最高输出压力0.1 MPa。

(4)减压阀如串联在回路中,为提高使用寿命,常安装在水分滤清器之后、油雾器之前。

(5)不用减压阀时,应旋松手柄,放松弹簧,避免膜片长期受压变形。

4.减压阀应用回路

图11-27所示是减压阀的应用实例。该回路常用于气动设备之前,可根据需要用同一气源系统得到两种工作压力,也称为二次压力控制回路。

11.3.2.2 溢流阀

溢流阀也称安全阀,有直动式和先导式两种结构,如图11-28和图11-29所示。将溢流阀P口与系统相连通,O口通大气,当系统内压缩空气的压力大于溢流阀调定压力值时,气体推开阀芯,经过阀口从O口排至大气,使系统压力稳定在调定值,保证系统安全运行。当系统压力低于调定值时,在弹簧力作用下阀口关闭,排气口没有流量溢出。

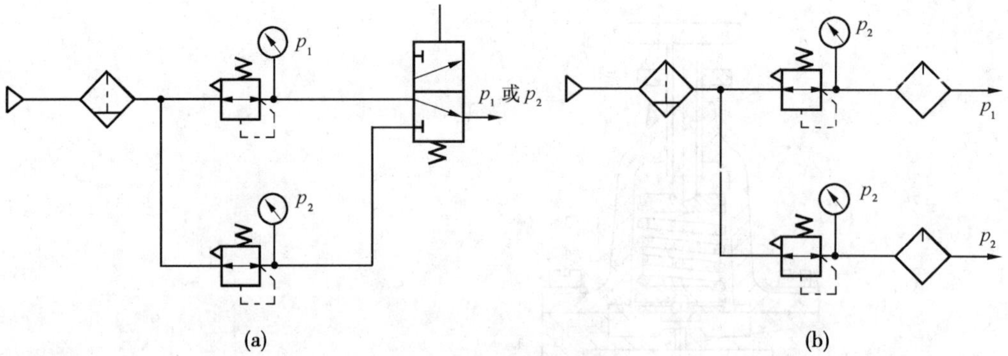

图 11-27　减压阀的应用实例

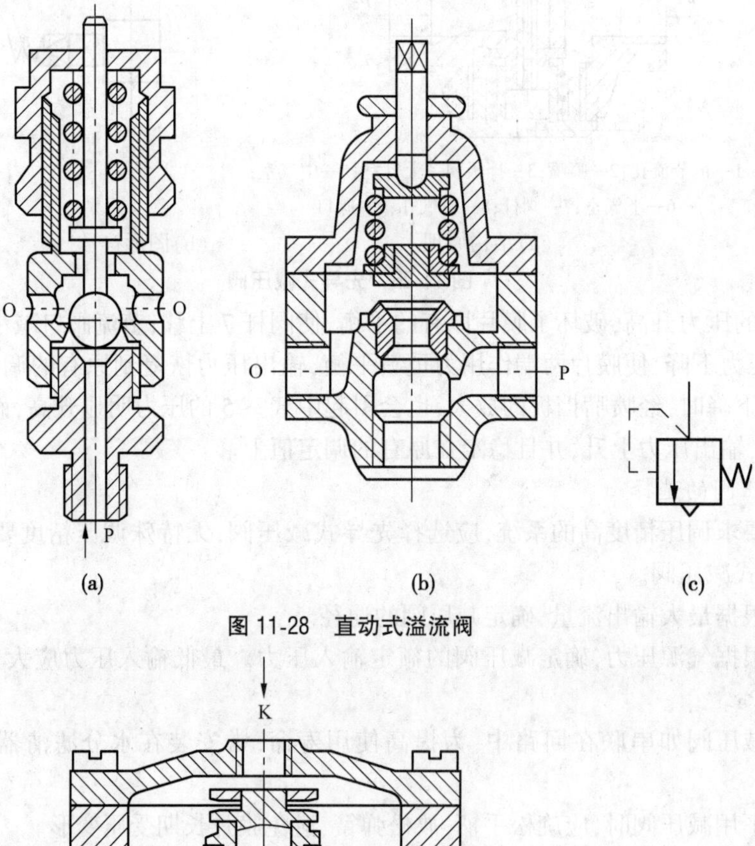

图 11-28　直动式溢流阀

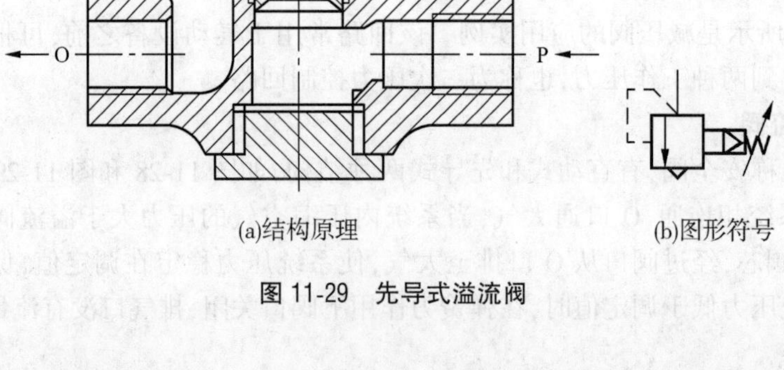

图 11-29　先导式溢流阀

调整弹簧的预压缩量，就设定了开启压力的大小。先导式溢流阀中的控制口 K，接收来自于小型直动式减压阀所提供的控制信号，并用该信号的压力代替弹簧实现对溢流阀开启压力的控制。在选用溢流阀时，其最高工作压力应略高于所需控制的压力。

图 11-30 所示是溢流阀的应用实例。图中溢流阀与减压阀组合起来起补充溢流和稳压作用，溢流阀的调压值比减压阀的调压值高，当汽缸右行时，溢流阀补充减压阀排气口溢流。

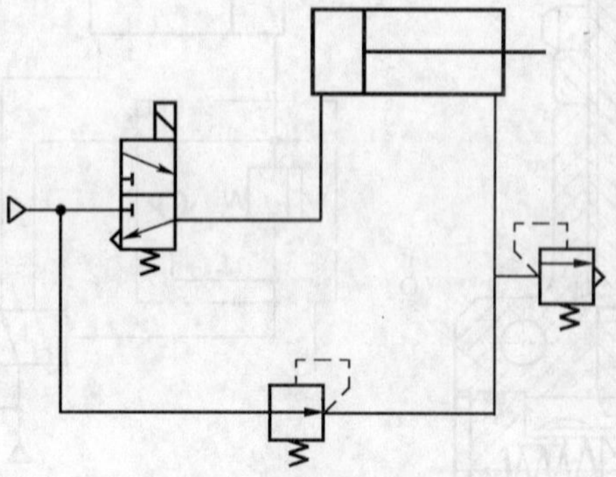

图 11-30　溢流阀的应用实例

11.3.2.3　顺序阀

顺序阀常与单向阀并联组合成一体，称为单向顺序阀。如图 11-31 所示是单向顺序阀的工作原理图。压缩空气从 P 口进入阀左腔 4 作用在阀板 3 上，当气体推力小于弹簧力时，阀处于关闭状态，A 口无输出。当气体推力大于弹簧力时，阀板被顶起，阀处于开启状态，压缩空气经 A 口进入阀后系统。此时，单向阀是关闭的。当切换气源后，阀左腔 4 内压力下降，顺序阀关闭，单向阀打开，使阀后系统经单向阀向外排气。图 11-32 所示是单向顺序阀的结构。图 11-33 所示是单向顺序阀的应用实例，图中利用单向顺序阀控制汽缸完成一次往复动作。工作原理是：当手动换向阀 1 输入一个信号后，气源经手动换向阀 1 输出一个脉冲信号，使气动换向阀 2 切换到右位工作，汽缸活塞杆则伸出；待活塞杆伸出到终点，汽缸左腔压力升高到单向顺序阀的调定值时，单向顺序阀输出气动信号，阀 2 切换到左位工作，使汽缸右腔进气、左腔排气，活塞杆缩回，同时作为气动信号的压缩气体，经单向顺序阀中的单向阀回到阀 2 的排气口排出，汽缸完成了一次工作循环。

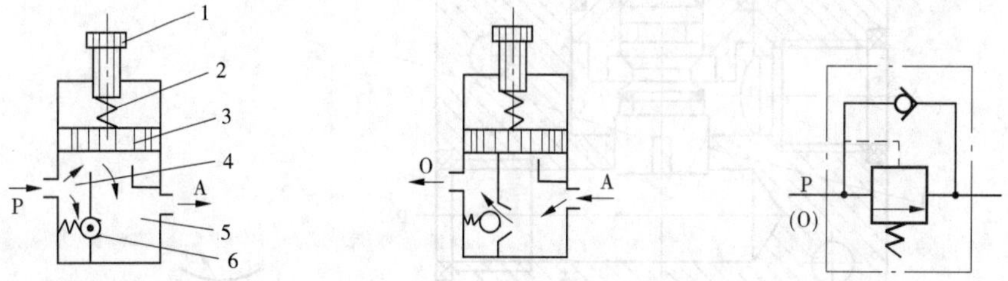

1—调压手柄；2—调压弹簧；3—阀板；
4—阀左腔；5—阀右腔；6—单向阀

(a)开启状态　(b)关闭状态　(c)图形符号

图 11-31　单向顺序阀的工作原理图

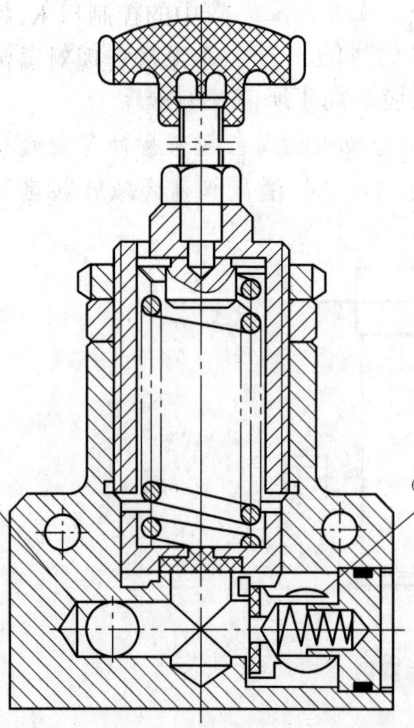

图 11-32 单向顺序阀的结构

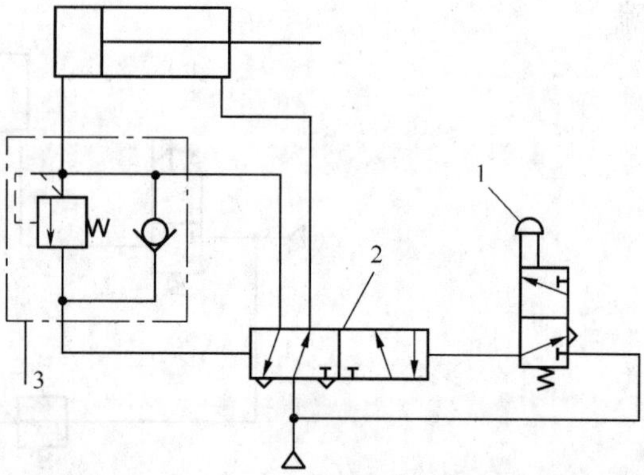

1—手动换向阀;2—气动换向阀;3—单向顺序阀

图 11-33 单向顺序阀的应用实例

11.3.3 流量控制阀

11.3.3.1 节流阀

图 11-34 所示的是节流阀的结构,它由阀体、阀座、阀芯和调节螺杆组成。气体从输入口 P 进入阀内,经过阀座与阀芯间的节流通道从输出口 A 输出。通过调节螺杆使阀芯上下移动,从而改变节流口的通流面积,实现流量的调节。

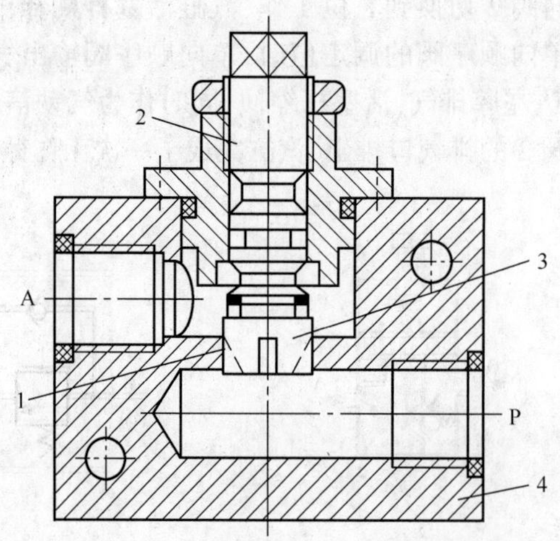

1—阀座;2—调节螺杆;3—阀芯;4—阀体

(a)结构原理

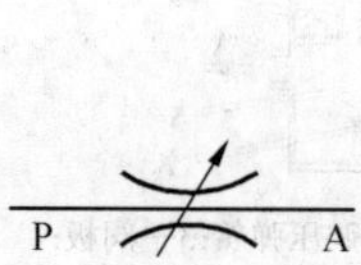

(b)图形符号

图 11-34 节流阀的结构

11.3.3.2　**单向节流阀**

图 11-35 所示是单向节流阀的工作原理。当压缩空气正向流动(P→A)时,单向阀在弹簧和气压作用下关闭,气流经节流阀节流后从 A 口流出;而当气流反向流动(A→O)时,单向阀被气体推开,大部分气体从阻力小、通流面积大的单向阀流过,较少部分气体经节流口流过,汇集至 O 口排出。图 11-36 所示是单向节流阀的结构。单向节流阀主要用来调节汽缸进口或出口流量,组成调速回路。

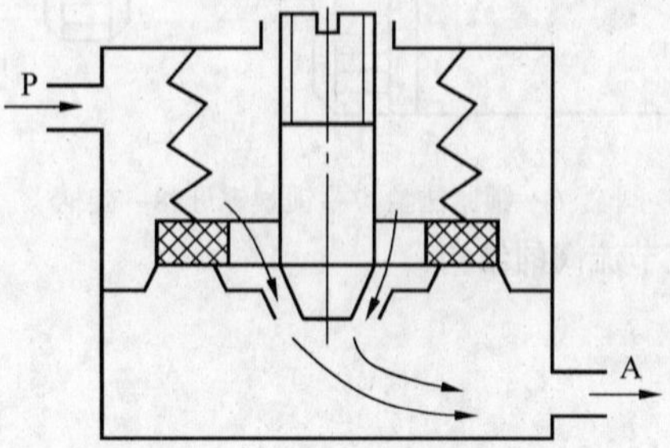

图 11-35　单向节流阀的工作原理

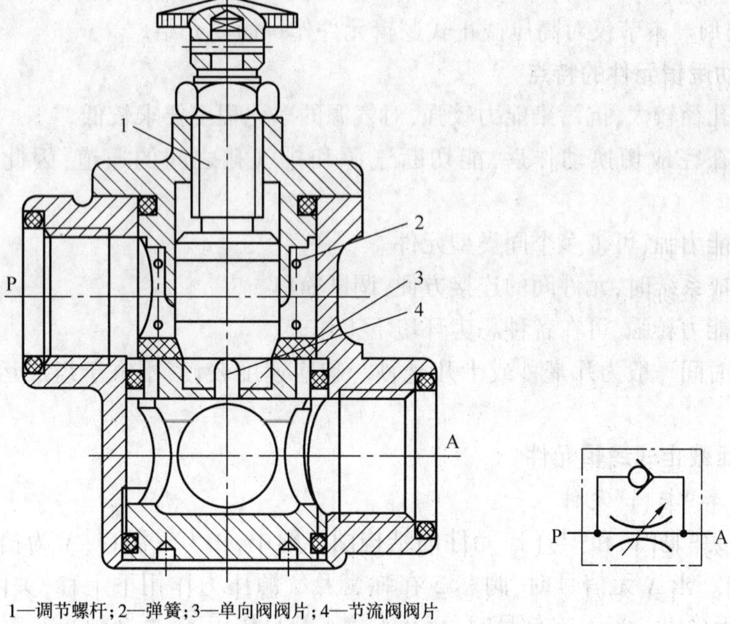

1—调节螺杆;2—弹簧;3—单向阀阀片;4—节流阀阀片

(a)结构原理　(b)图形符号

图 11-36　单向节流阀的结构

11.3.3.3　**排气节流阀**

排气节流阀的工作原理与节流阀相同,其安装在元件的排气口处,用来控制执行元件的运动速度并降低排气的噪声。图 11-37 所示是排气节流阀的结构,调节旋柄可控制气体排放速度。

在安装流量控制阀时，应尽量设在汽缸管接头附近，缩短与汽缸的距离。

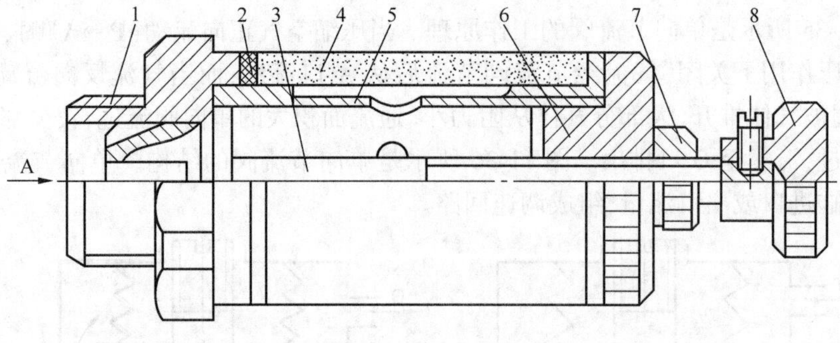

1—阀座；2—密封圈；3—阀芯；4—消声套；5—阀套；6—锁紧法兰；7—锁紧螺母；8—旋柄

图 11-37　排气节流阀的结构

11. 3. 4　气动逻辑元件

气动逻辑元件是一种以压缩空气为工作介质，通过元件内部可动部件的动作，改变气流流动的方向，从而实现一定逻辑功能的流体控制元件。气动逻辑元件种类很多，按工作压力分为高压、低压、微压三种。按结构形式分类，主要包括截止式、膜片式、滑阀式和球阀式等几种类型。本节仅对高压截止式逻辑元件作一简要介绍。

11.3.4.1　气动逻辑元件的特点

(1)元件孔径较大，抗污染能力较强，对气源的净化程度要求较低。

(2)元件在完成切换动作后，能切断气源和排气孔之间的通道，因此无功耗气量较低。

(3)负载能力强，可带多个同类型元件。

(4)在组成系统时，元件间的连接方便，调试简单。

(5)适应能力较强，可在各种恶劣环境下工作。

(6)响应时间一般为几毫秒或十几毫秒。响应速度较慢，不宜于组成运算很复杂的系统。

11.3.4.2　高压截止式逻辑元件

1.“是门”和“与门”元件

图 11-38 为“是门”和“与门”元件的结构图。图中，P 为气源口，A 为信号输入口，S 为信号输出口。当 A 无信号时，阀芯 2 在弹簧及气源压力作用下上移，关闭阀口，封住 P→S通路，S 无输出。当 A 有信号时，膜片在输入信号作用下，推动阀芯下移，封住 S 与排气孔通道，同时接通 P→S 通路，S 有输出。即元件的输入和输出始终保持相同状态。

当气源口 P 改为信号口 B 时，则成“与门”元件，即只有当 A 和 B 同时输入信号时，S 才有输出，否则 S 无输出。

2.“或门”元件

图 11-39 为“或门”元件的结构图。当只有 A 有信号输入时，阀片 a 被推动下移，打开上阀口，接通 A→S 通路，S 有输出。类似地，当只有 B 有信号输入时，B→S 接通，S 也有

输出。显然，当A、B均有信号输入时，S定有输出。

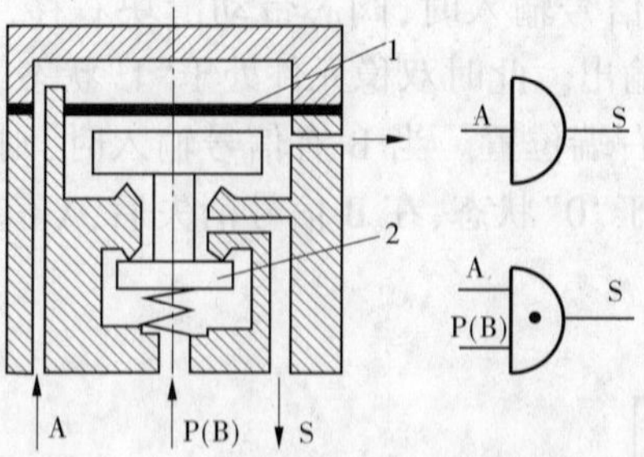

1—膜片；2—阀芯

图11-38 “是门”和“与门”元件的结构图

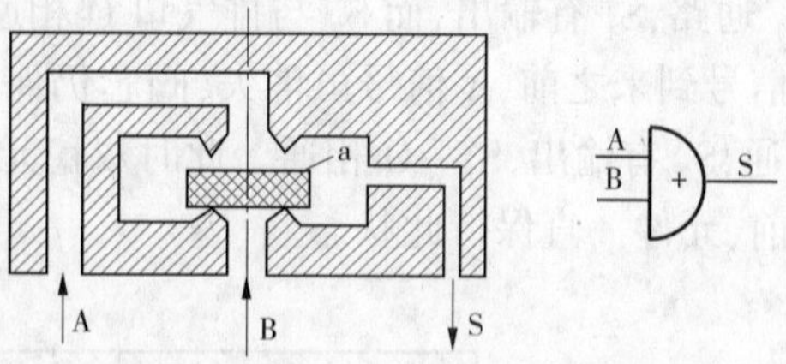

a—阀片

图11-39 “或门”元件的结构图

3.“非门”和“禁门”元件

图11-40为“非门”和“禁门”元件的结构图。图中，A为信号输入口，S为信号输出口，P为气源口。在A无信号输入时，膜片2在气源压力作用下上移，开启下阀口，关闭上阀口，接通P→S通路，S有输出。当A有信号输入时，膜片2在输入信号作用下，推动阀芯3下移，开启上阀口，关闭下阀口，S无输出。显然此时为“非门”元件。若将气源口P改为信号口B，该元件就成为“禁门“元件。在A、B均有信号时，膜片2及阀芯3在输入信号作用下封住B孔，S无输出；在A无信号输入、而B有信号输入时，S就有输出，即A输入信号起“禁止“作用。

4.“或非”元件

图11-41为“或非”元件的结构图。P为气源口，S为输出口，A、B、C为三个信号输入口。当三个输入口均无信号输入时，阀芯在气源压力作用下上移，开启下阀口，接通P→S通路，S有输出。三个输入口只要有一个有信号输入，都会使阀芯下移关闭阀口，截断P→S通路，S无输出。

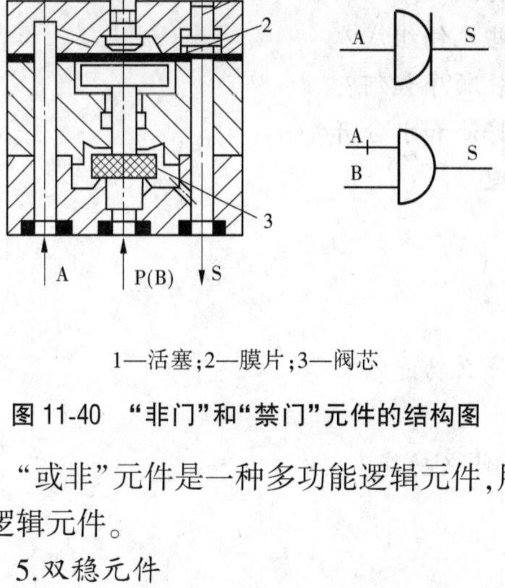

1—活塞；2—膜片；3—阀芯

图11-40 “非门”和“禁门”元件的结构图

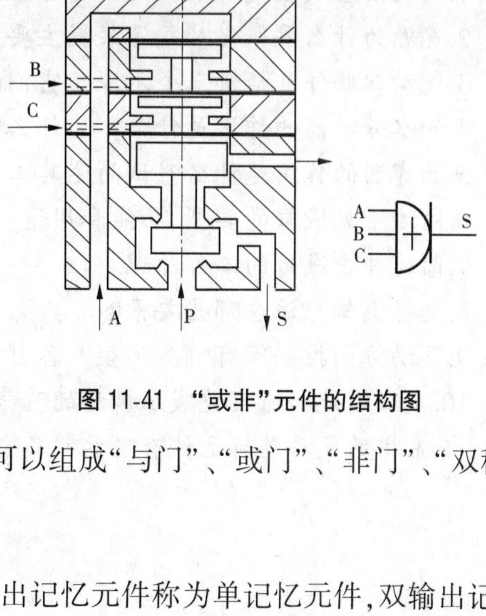

图11-41 “或非”元件的结构图

“或非”元件是一种多功能逻辑元件，用它可以组成“与门”、“或门”、“非门”、“双稳”等逻辑元件。

5.双稳元件

记忆元件分为单输出和双输出两种。单输出记忆元件称为单记忆元件，双输出记忆元件称为双稳元件,下面介绍双稳元件。

图 11-42 为双稳元件的结构图。当 A 有控制信号输入时,阀芯带动滑块右移,接通 P→S_1 通路,S_1 有输出,而 S_2 与排气口 O 相通,无输出。此时双稳元件处于“1”状态,在 B 输入信号到来之前,A 信号虽消失,阀芯仍保持在右端位置。当 B 有信号输入时,则 P→S_2 相通,S_2 有输出,S_1→O 相通。此时双稳元件处于“0”状态,在 B 信号消失后,A 信号未到来前,元件一直保持此状态。

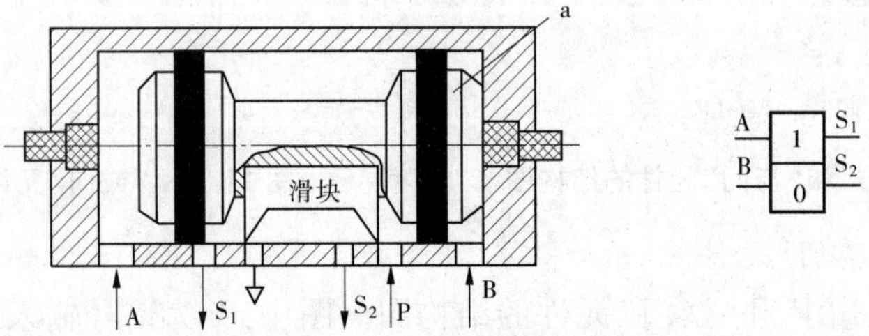

图 11-42　双稳元件

11.3.4.3　气动逻辑元件的应用

每个气动逻辑元件都对应于一个最基本的逻辑单元,逻辑控制系统的每个逻辑符号可以用对应的气动逻辑元件来实现。气动逻辑元件设计有标准的机械和气信号接口,元件更换方便,组成逻辑系统简单,易于维护。

但气动逻辑元件的输出功率有限,一般用于组成逻辑控制系统中的信号控制部分,或推动小功率执行元件。如果执行元件的功率较大,则需要在逻辑元件的输出信号后接大功率的气控滑阀,作为执行元件的主控阀。

习　题

1.简述活塞式空气压缩机的工作原理及其特点。

2.气源为什么要净化?气源装置主要由哪些元件组成?

3.气动三联件包括哪三个元件?它们的安装顺序如何?

4.油水分离器的作用是什么?为什么它能将油和水分开?

5.油雾器的作用是什么?试简述其工作原理。

6.简述常见汽缸的类型、功能和用途。

7.简述冲击汽缸的工作原理。

8.选择汽缸应注意哪些要素?

9.气动方向控制阀有哪些类型?各自具有什么功能?

10.减压阀是如何实现减压调压的?

11.常用的气动逻辑元件有哪些?各自具有什么功能?

第 12 章　气动基本回路及应用实例

【学习目标】

1.知识目标

◇熟悉各种常用气动基本回路的类型、功用及特点；

◇掌握各种常用气动基本回路的组成和工作原理；

◇掌握阅读气压传动系统图的一般步骤和方法；

◇了解各种典型气压传动系统的功能及动作循环；

◇理解气压传动系统组成及各元件在系统中的作用；

◇掌握各种典型气压传动系统的工作程序及其工作原理。

2.能力目标

◇能分析各种气动基本回路的工作原理和特点；

◇能根据要求画出各类基本回路；

◇能合理选用各种气动元件，能较熟练地连接和调试气动基本回路；

◇能读懂典型气压设备的系统图，明确各元件的作用和工作特点；

◇能结合气压系统图分析气动设备的工作原理及特点。

本章主要叙述气压传动基本回路的工作原理及其应用特点；通过介绍气压传动的应用实例，进一步掌握阅读和分析气压传动系统的步骤和方法。

12.1　气动基本回路

气压传动回路与液压传动回路一样，都是由一些相关的气压传动元件组成的，并能完成气动系统的某一特定的功能。气动基本回路与液动基本回路大致相同，也有方向控制回路、压力控制回路、速度控制回路、行程控制回路、同步回路等。

12.1.1　方向控制回路

方向控制回路是用来控制系统中执行元件启动、停止或改变运动方向的回路。常用的是换向回路。

12.1.1.1　单作用汽缸的换向回路

图 12-1 所示为二位三通电磁换向阀控制的换向回路。当电磁阀断电时，汽缸活塞杆在弹簧力的作用下，处于缩进状态；当电磁阀通电时，汽缸活塞杆在压缩空气的作用下，向右伸出。

12.1.1.2　双作用汽缸的换向回路

图 12-2(a)所示为二位四通电磁换向阀控制的换向回路。图 12-2(b)所示为三位四通手动换向阀控制的换向回路,该回路中汽缸可在任意位置停留。

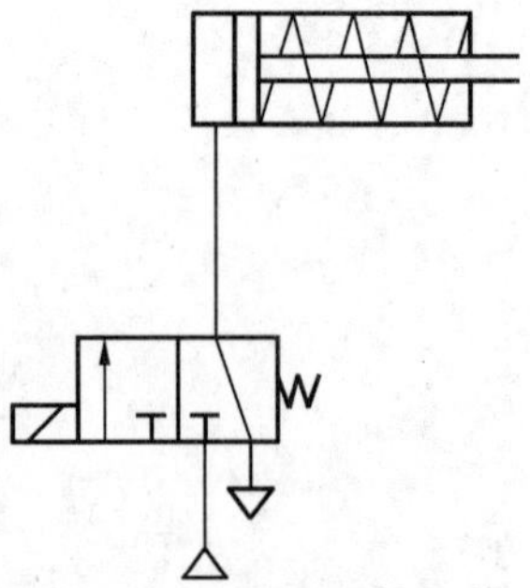

图 12-1　二位三通电磁换向阀控制的换向回路

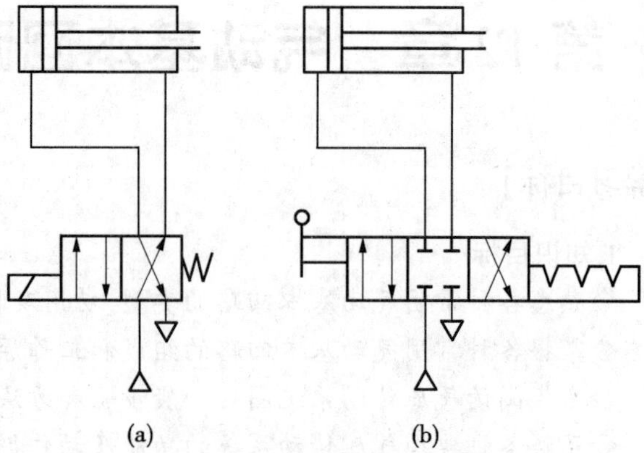

图 12-2　双作用汽缸的换向回路

12.1.2　压力控制回路

12.1.2.1　一次压力控制回路

一次压力控制回路用于使储气罐送出的气体压力不超过规定压力。通常在储气罐上安装一只安全阀,一旦罐内压力超过规定压力就通过安全阀向外放气。也常在储气罐上装一只电接触压力表,一旦罐内压力超过规定压力就控制压缩机断电,不再供气,如图 12-3所示。

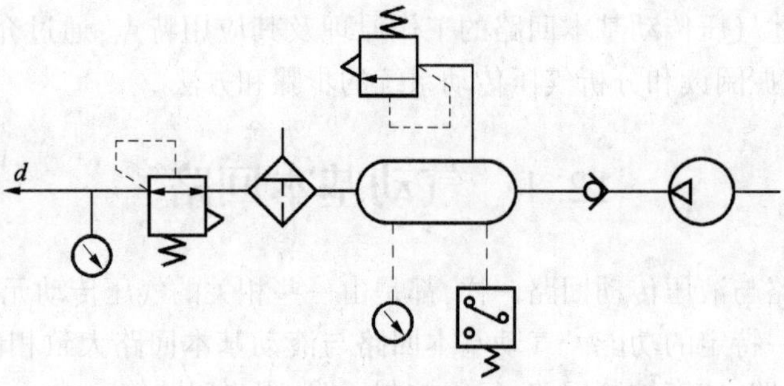

图 12-3　一次压力控制回路

12.1.2.2　二次压力控制回路

二次压力控制回路是每台气动装置的气源入口处的压力调节回路。如图 12-4(a)所示,从压缩空气站出来的压缩空气,经空气过滤器、减压阀、油雾器供给气动设备使用。也可以用两个减压阀获得两个不同的输出压力 p_1 和 p_2,如图 12-4(b)所示。

12.1.2.3　高低压转换回路

如图 12-5 所示,由两个减压阀和一个换向阀组成,可以由换向阀控制得到输出高压或低压气源。若去掉换向阀,就可以同时得到输出高压和低压两种气源。

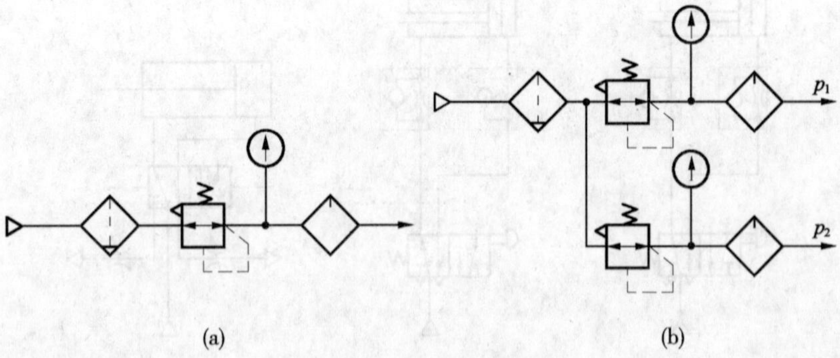

图 12-4 二次压力控制回路

12.1.3 速度控制回路

12.1.3.1 单向调速回路

图 12-6(a)所示为供气节流调速回路,图 12-6(b)所示为排气节流调速回路。两者都是由单向节流阀控制其供气或排气量,以此来控制汽缸的运动速度的。

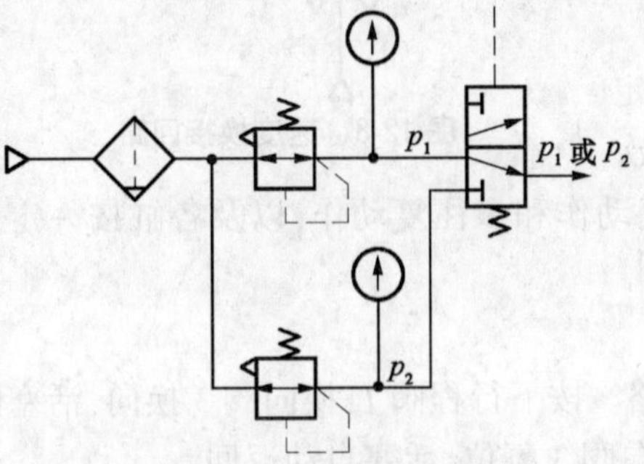

图 12-5 高低压转换回路

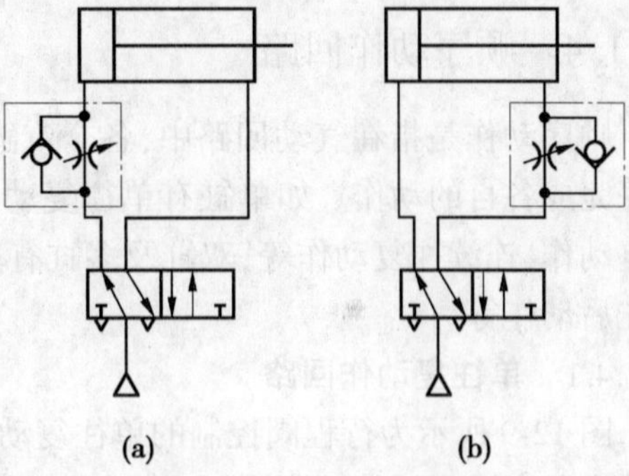

图 12-6 单向调速回路

12.1.3.2 双向调速回路

双向调速回路在汽缸的进、排气口均设置单向节流阀,其汽缸的活塞在两个运动方向上的速度都可以调节。图 12-7(a)所示为供气节流调速回路,图 12-7(b)所示为排气节流调速回路,图 12-7(c)所示为双向节流阀与换向阀配合使用的排气调速回路。

12.1.3.3 速度换接回路

速度换接回路用于执行元件快慢速之间的换接。图 12-8 所示为二位二通行程阀控制的速度换接回路。当三位五通电磁阀左端电磁铁通电时,汽缸左腔进气,右腔直接经二位二通行程阀排气,活塞杆快速前进。当活塞带动撞块压下行程阀时,行程阀关闭,汽缸右腔只能通过单向节流阀再经过电磁阀排气,排气量受到节流阀的控制,活塞运动速度减慢,从而实现速度的换接。

12.1.3.4 缓冲回路

一般气动执行元件的运动速度较快,为了避免活塞在到达终点时与缸盖发生碰撞,产

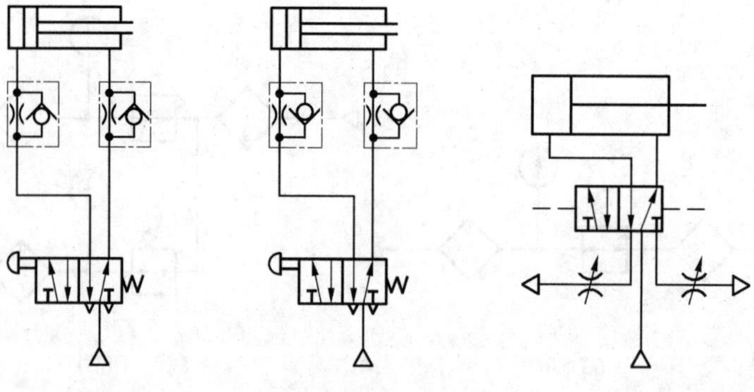

图 12-7　双向调速回路

生冲击和噪声，影响设备的工作精度以致损坏零件，在气动系统中常使用缓冲回路，以此来降低活塞到达终点时的速度。图 12-8 所示的二位二通行程阀控制的速度换接回路同样可以作为缓冲回路使用。

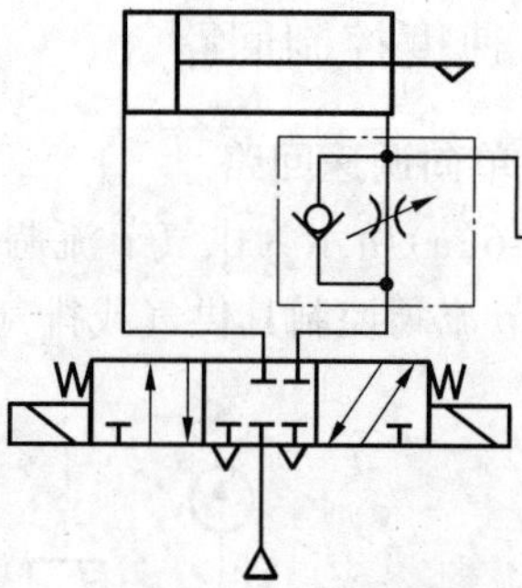

图 12-8　速度换接回路

12.1.4　顺序动作回路

顺序动作是指在气动回路中，各个汽缸按一定程序完成各自的动作。如单缸有单往复动作、二次往复动作、连续往复动作等，双缸及多缸有单往复动作和多往复动作，以及各缸按一定顺序先后动作等。

12.1.4.1　单往复动作回路

图 12-9 所示为行程阀控制的单往复动作回路。按下行程阀 1，换向阀 3 换向，活塞向右前进。当活塞杆带动撞块压下行程阀 2 时，换向阀 3 复位，活塞自动返回。

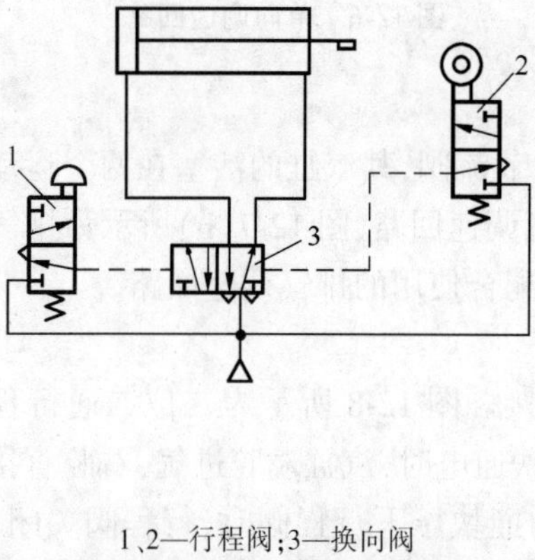

1、2—行程阀；3—换向阀

图 12-9　单往复动作回路

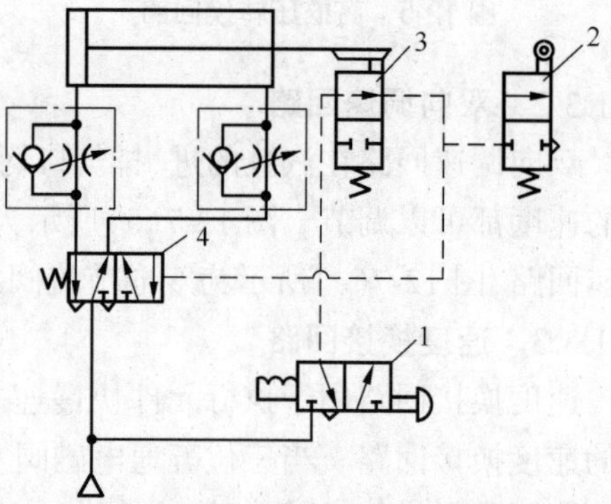

1—手动阀；2、3—行程阀；4—气动阀

图 12-10　连续往复动作回路

12.1.4.2　连续往复动作回路

图 12-10 所示为连续往复动作回路。按下手动阀 1，控制气体经行程阀 3 到达气动阀

4 的右端,使阀 4 换向,活塞向右前进。此时,由于阀 3 复位而将控制气路断开,阀 4 不能复位。当活塞行至终点压下阀 2 时,阀 4 的控制气体经阀 2 排出,阀 4 复位,活塞返回。当活塞返回终点压下阀 3 时,阀 4 换向,重复上一循环动作。只有断开手动阀 1,才能结束此循环。

12.1.5 安全保护回路

12.1.5.1 双手操作安全回路

在锻造、冲压机械中必须有安全保护回路,以保证操作人员双手的安全。在图 12-11 中,只有同时操作手动阀 1 和 2,换向阀 3 才换向,汽缸活塞才能下落。注意,阀 1 和 2 应安装在单手不能同时操作的位置上。

12.1.5.2 过载保护回路

图 12-12 所示为过载保护回路。当汽缸活塞向右运动,左腔压力升高超过预定值时,顺序阀 3 打开,控制气流经梭阀使换向阀 1 置于右位,使活塞返回,防止系统过载。

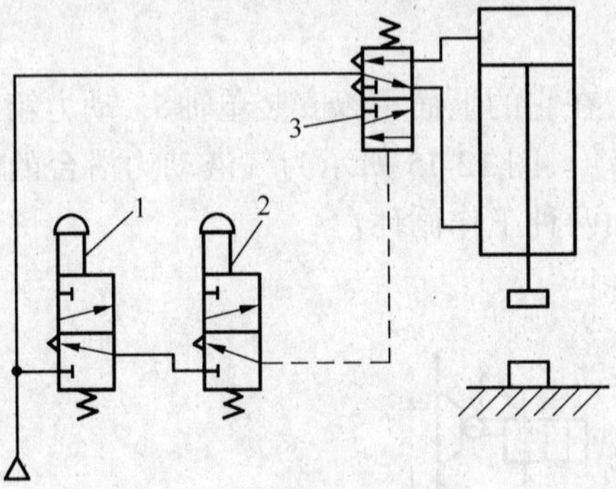

1、2—手动阀;3—换向阀

图 12-11 双手操作安全回路

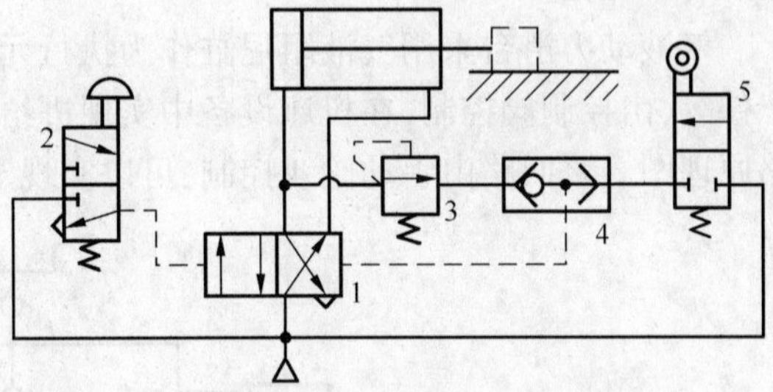

1—换向阀;2—手动阀;3—顺序阀;4—梭阀;5—行程阀

图 12-12 过载保护回路

12.1.6 气液联动速度控制回路

由于气体的可压缩性,运动速度不稳定,定位精度不高,在气动调速、定位不能满足要求的场合,可采用气液联动。

图 12-13 所示为气液阻尼缸调速回路。通过调节两个单向节流阀,利用油液的不可压缩性,实现在两个方向上的无级调速。

图 12-14 所示为气液增压回路。利用气液增压缸 1 把较低的气压变为较高的液压力。该回路中用单向节流阀调节液压缸 2 的前进速度,返回时用气压驱动,通过单向阀回油,因而能实现快速返回。

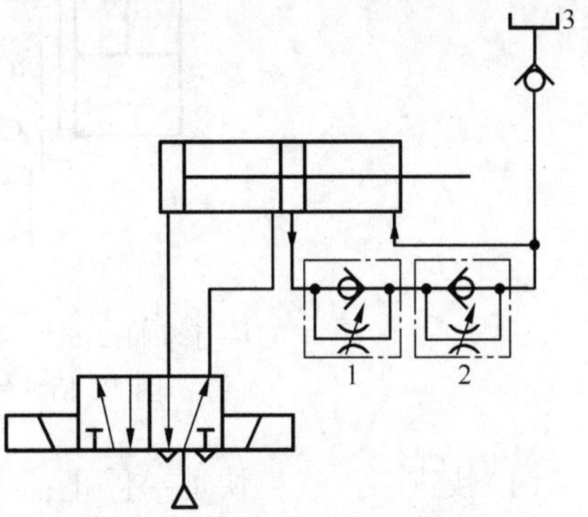

1、2—单向节流阀;3—补油箱

图 12-13 气液阻尼缸调速回路

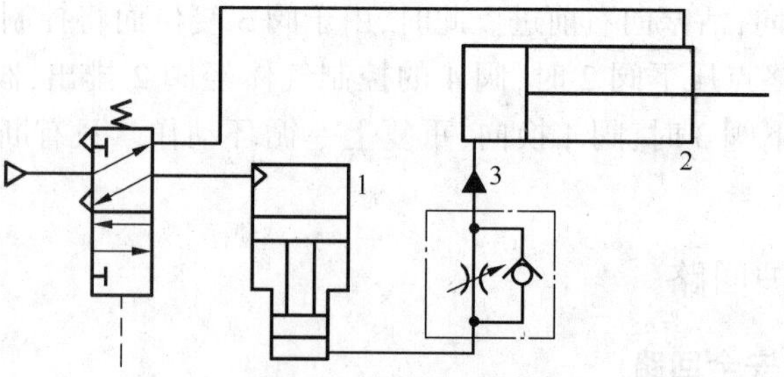

1—气液增压缸；2—液压缸；3—液压源

图 12-14 气液增压回路

12.2 气压传动应用实例

12.2.1 气液动力滑台气动系统

12.2.1.1 概述

气液动力滑台采用气液阻尼缸作为执行元件，在它的上面可以安装单轴头、动力箱或工件等，由控制阀控制，在机床设备中实现进给运动。图 12-15 所示为气液动力滑台的回路原理图。该回路由手动阀 4 控制，可以实现下面两种工作循环：

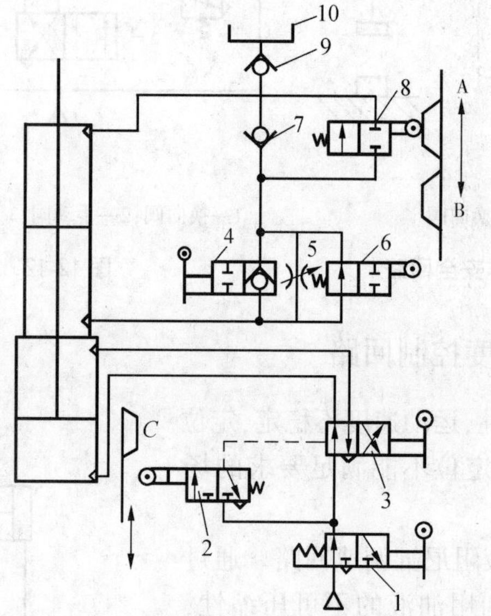

1、3、4—手动阀；2、6、8—行程阀；5—节流阀；7、9—单向阀；10—油杯

图 12-15 气液动力滑台的回路原理图

（1）快进→工进→快退→停止；

（2）快进→工进→慢退→快退→停止。

12.2.1.2 工作原理

（1）快进→工进→快退→停止。图 12-15 中将手动阀 4 和 3 都置于右位，在压缩空气

作用下,汽缸开始下行,液压缸下腔的油液经行程阀6和单向阀7进入液压缸的上腔,实现快进;当快进到挡铁B压下行程阀6后,油液只能经节流阀5进行回油,调节节流阀的开度,可以调节回油油量的大小,从而控制气液阻尼缸的运动速度,实现工进;当汽缸工进到行程阀2的位置时,挡铁C压下行程阀2,使阀2处于左位,阀2输出气信号使阀3换向处于左位,这时,汽缸开始上行,液压缸上腔油液经阀8的左位和阀4的右位进入液压缸的下腔,实现快退;当快退到挡铁A压下阀8时,油液的回油通道被切断,汽缸就停止运动。改变挡铁A的位置,就可以改变汽缸停止的位置。

(2)快进→工进→慢退→快退→停止。图12-15中将手动阀4处于左位后,其动作循环中的快进→工进过程的工作原理与上述相同。当工进至挡铁C压下行程阀2,汽缸开始上行时,液压缸上腔油液经阀8的左位和阀5进入液压缸的下腔,实现慢退;当慢退到挡铁B离开阀6时,阀6在复位弹簧作用下复位(处于左位),液压缸上腔油液经阀8的左位和阀6的左位进入液压缸的下腔,实现快退;当快退到挡铁A压下阀8时,油液的回油通道被切断,汽缸就停止运动。

12.2.2 机床夹具的气动夹紧系统

12.2.2.1 概述

图12-16所示为机床夹具的气动夹紧系统的回路原理图。要求完成以下的动作过程:垂直汽缸A先下降将工件压紧,两侧水平汽缸B、C再同时对工件夹紧,然后对工件进行切削加工。加工完毕后,各夹紧汽缸退回原位,松开工件。

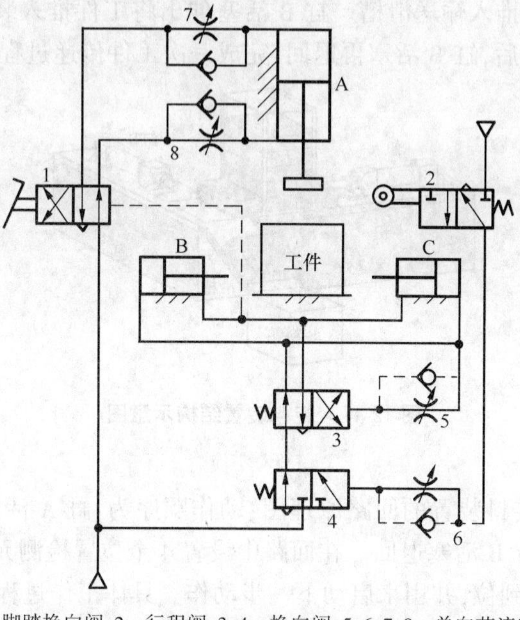

1—脚踏换向阀;2—行程阀;3、4—换向阀;5、6、7、8—单向节流阀;

A—垂直汽缸;B、C—水平汽缸

图12-16 气动夹紧系统的回路原理图

12.2.2.2 工作原理

(1)压紧工件。踏下脚踏换向阀1,使其处于左位,压缩空气经阀1左位,再经阀7中的单向阀进入到汽缸 A 的上腔,缸 A 下腔经阀 8 中的节流阀,再经阀 1 左位进行排气,汽缸 A 下行,实现对工件的压紧。

(2)两侧夹紧工件。当缸 A 下移到预定位置时,压下行程阀 2,使其处于左位,控制气体经阀 2 和阀 6 中的节流阀,使阀 4 换向处于右位,此时系统中的气路走向是:压缩空气经阀 4 和阀 3 进入到缸 B 的左腔和缸 C 的右腔,缸 B 的右腔和缸 C 的左腔经阀 3 进行排气,从而使缸 B 和缸 C 的活塞杆伸出,实现从两侧夹紧工件。

(3)松开工件,退回原位。在缸 B 和缸 C 伸出夹紧工件的同时,一部分压缩空气作为控制气体通过单向节流阀 5 到达阀 3 的右端,经一段时间后,阀 3 换向处于右位,从而使缸 B 和缸 C 退回,松开工件。

在缸 B 和缸 C 松开工件的同时,压缩空气经阀 3 进入阀 1 的右端,成为阀 1 的控制气体,使阀 1 换向处于右位,从而使缸 A 退回,松开工件。

在系统中,当调节阀 6 中的节流阀时,可以控制阀 4 的换向时间,确保缸 A 先压紧;当调节阀 5 中的节流阀时,可以控制阀 3 的换向时间,确保有足够的切削加工时间;当调节阀 7、8 中的节流阀时,可以调节缸 A 上、下运动的速度。

12.2.3 装料装置控制系统

12.2.3.1 概述

用两个汽缸从垂直料仓中取料并向滑槽传递工件,完成装料的过程。图 12-17 所示为装料装置结构示意图,要求按下按钮后缸 A 活塞伸出,将工件从料仓推出至缸 B 的前面,缸 B 活塞伸出将其推入输送滑槽。缸 B 活塞伸出将工件推入装料箱后,缸 A 活塞退回,缸 A 活塞退回到位后,缸 B 活塞再退回,完成一次工件传递过程。

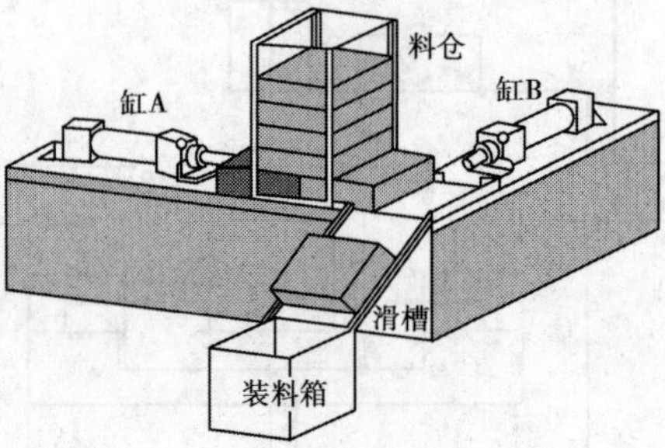

图 12-17　装料装置结构示意图

12.2.3.2 工作原理

图 12-18 所示为装料装置的回路原理图,动作顺序为:缸 A 活塞伸出→缸 B 活塞伸出→缸A 活塞退回→缸 B 活塞退回。在回路中设置 4 个位置检测元件,分别检测汽缸 A、B 活塞是否伸出、退回到位,并用来启动下一步动作。具体工作过程如下。

按下启动按钮 1,缸 B 在原位压下行程阀 S_1,气控阀 2 左位工作,缸 A 活塞伸出,把工件从料仓中推出至缸 B 前面;缸 A 压下行程阀 S_3,气控阀 3 左位工作,缸 B 活塞伸出,把工件推向滑槽;缸 B 压下行程阀 S_2,气控阀 2 右位工作,缸 A 活塞退回原位;缸 A 压下行程阀 S_4,气控阀 3 右位工作,缸 B 活塞退回原位;缸 B 压下行程阀 S_1,一次工件传递过程结束，开始下一个循环。

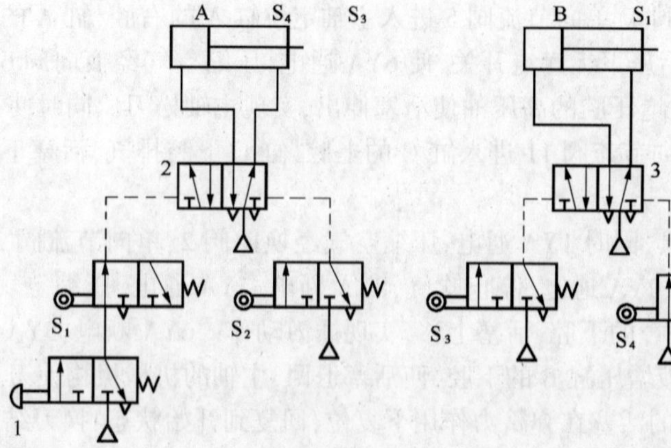

1—手动阀（启动按钮）；2、3—气控阀；S_1、S_2、S_3、S_4—行程阀；A、B—汽缸

图 12-18　装料装置回路原理图

12.2.4　数控加工中心气动换刀系统

图 12-19 所示为某数控加工中心气动换刀系统原理图，该系统在换刀过程中实现主轴定位、主轴松刀、主轴拔刀、向主轴锥孔吹气和插刀动作。

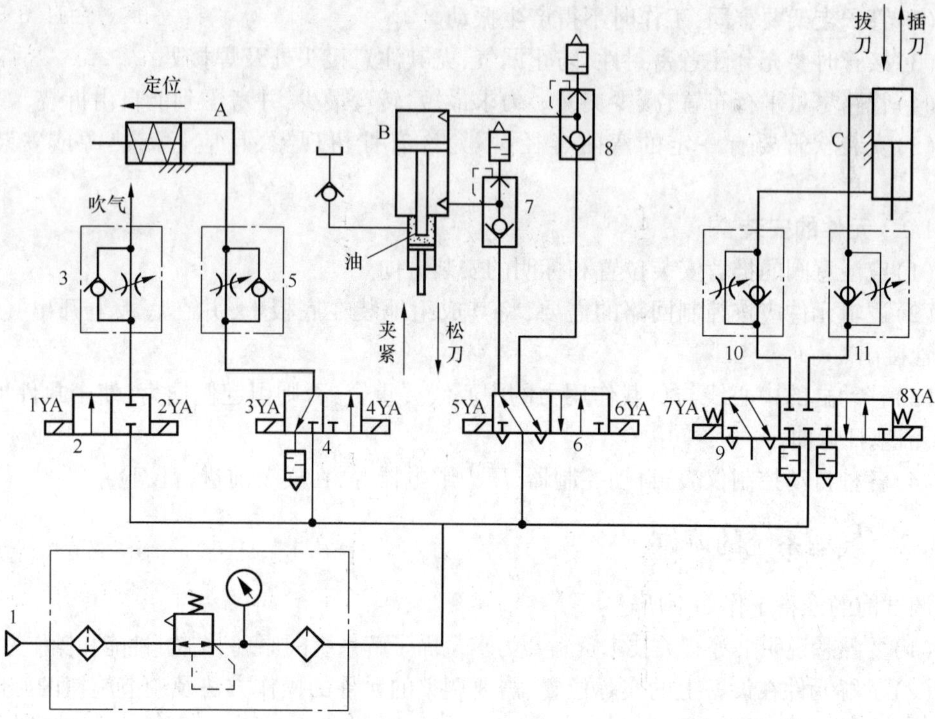

1—气动三联件；2、4、6、9—换向阀；3、5、10、11—单向节流阀；7、8—梭阀

图 12-19　某数控加工中心气动换刀系统原理图

动作过程是：当数控系统发出换刀指令时，主轴停止旋转，同时4YA通电，压缩空气经气动三联件1、换向阀4、单向节流阀5进入主轴定位缸A的右腔，缸A的活塞左移，使主轴自动定位。定位后压下无触点开关，使6YA通电，压缩空气经换向阀6、梭阀8进入气液增压缸B的上腔，增压腔的高压油使活塞伸出，实现主轴松刀。同时使8YA通电，压缩空气经换向阀9、单向节流阀11进入缸C的上腔，缸C下腔排气，活塞下移，从而实现拔刀。

回转刀库交换刀具，同时1YA通电，压缩空气经换向阀2、单向节流阀3向主轴锥孔吹气。稍后1YA断电、2YA通电，停止吹气，8YA断电、7YA通电，压缩空气经换向阀9、单向节流阀10进入缸C的下腔，活塞上移，实现插刀动作。6YA断电、5YA通电，压缩空气经换向阀6进入气液增压缸B的下腔，使活塞退回，主轴的机械机构使刀具夹紧。4YA断电、3YA通电，缸A的活塞在弹簧力作用下复位，回复到开始状态，换刀结束。

12.3 气动系统的安装调试、使用及维护

12.3.1 气动系统的安装

12.3.1.1 管道的安装

(1)安装前要彻底清理管道内的粉尘及杂物。

(2)管子支架要牢固，工作时不得产生振动。

(3)接管时要充分注意密封性，防止漏气，尤其注意接头处及焊接处。

(4)管路尽量平行布置，减少交叉。力求最短，转弯最少，并考虑到能自由拆装。

(5)安装软管要有一定的弯曲半径，不允许有拧扭现象，且应远离热源或安装隔热板。

12.3.1.2 元件的安装

(1)应注意阀的推荐安装位置和标明的安装方向。

(2)逻辑元件应按控制回路的需要，将其成组地装在底板上，并在底板上开出气路，用软管接出。

(3)移动缸的中心线与负载作用力的中心线要重合，否则引起侧向力，使密封件加速磨损，活塞杆弯曲。

(4)各种自动控制仪表、自动控制器、压力继电器等，在安装前进行校验。

12.3.2 气动系统的调试

调试前的准备工作如下所述：

(1)要熟悉说明书等有关技术资料。力求全面了解系统的原理、结构、性能和操作方法。

(2)了解元件在设备上的实际位置、需要调整的元件的操作方法及调节旋钮的旋向。

(3)准备好调试工具等。

空载试运行一般不少于2 h，注意观察压力、流量、温度的变化，如发现异常，应立即停车检查。待排除故障后才能继续运转。

负载试运转应分段加载，运转一般不少于4 h，分别测出有关数据，记入试运转记录。

12.3.3 气动系统的使用与维护

12.3.3.1 气动系统使用的注意事项

(1)开车前后要放掉系统中的冷凝水。

(2)定期给油雾器注油。

(3)开车前检查各调节手柄是否在正确位置，机控阀、行程开关、挡块的位置是否正确、牢固，对导轨、活塞杆等外露部分的配合表面进行擦拭。

(4)随时注意压缩空气的清洁度，对空气过滤器的滤芯要定期清洗。

(5)若设备长期不用，应将各手柄放松，防止弹簧永久变形，而影响元件的调节性能。

12.3.3.2 压缩空气的污染及防止方法

压缩空气的质量对气动系统性能的影响极大，如被污染将使管道和元件锈蚀、密封件变形、堵塞喷嘴，使系统不能正常工作。压缩空气的污染主要来自于水分、油分和粉尘三个方面，其污染原因及防止方法如下：

(1)水分。空气压缩机吸入的是含水分的湿空气，经压缩后提高了压力，当再度冷却时就要析出冷凝水，侵入到压缩空气中致使管道和元件锈蚀，影响其性能。

防止冷凝水侵入压缩空气的方法是：及时排除系统各排水阀中积存的冷凝水，经常注意自动排水器、干燥器的工作是否正常，定期清洗空气过滤器、自动排水器的内部元件等。

(2)油分。这里是指使用过的因受热而变质的润滑油。压缩机使用的一部分润滑油呈雾状混入压缩空气中，受热后汽化随压缩空气一起进入系统，将使密封件变形，造成空气泄漏、摩擦阻力增大、阀和执行元件动作不良，而且还会污染环境。

清除压缩空气中油分的方法有：较大的油分颗粒，通过除油器和空气过滤器的分离作用同空气分开，从设备底部排污阀排出；较小的油分颗粒，则可通过活性炭吸附作用清除。

(3)粉尘。大气中含有的粉尘、管道内的锈粉及密封材料的碎屑等侵入到压缩机空气中，将引起元件中的运动件卡死、动作失灵、喷嘴堵塞，加速元件磨损，降低使用寿命，导致故障发生，严重影响系统性能。

防止粉尘侵入压缩机的主要方法是：经常清洗空气压缩机前的预过滤器，定期清洗空气过滤器的滤芯，及时更换滤清元件等。

12.3.3.3 气动系统的日常维护

气动系统的日常维护的主要内容是冷凝水的管理、系统润滑的管理。对冷凝水的管理方法在前面已讲述，这里仅介绍对系统润滑的管理。

气动系统中从控制元件到执行元件，凡有相对运动的表面都需要润滑。润滑不当，会使摩擦力增大，导致元件动作不良，因密封面磨损会引起系统泄漏等危害。

润滑油的性质直接影响润滑效果。通常在高温环境下用高黏度润滑油，在低温环境下用低黏度润滑油。如果温度特别低，为克服起雾困难，可在油杯内装加热器。供油量随润滑部位的形状、运动状态及负载大小而变化。供油量总是大于实际需要量，一般以10 m^3 自由空气供给1 mL的油量为基础。

还要注意油雾器的工作是否正常，如果发现油量没有减少，需及时检修或更换油雾器。

12.3.3.4　**气动系统的定期检修**

定期检修的时间间隔通常为 3 个月。其主要内容有:

(1)查明系统各泄漏处,并设法予以解决。

(2)通过对方向控制阀排气口的检查,判断润滑油是否适度、空气中是否有冷凝水。如果润滑不良,考虑油雾器规格是否合适、安装位置是否恰当、滴油量是否正常等。如果有大量冷凝水排出,考虑过滤器的安装位置是否恰当、排除冷凝水的装置是否合适、冷凝水的排出是否彻底。如果方向控制阀排气口关闭后仍有少量泄漏,往往是元件损伤的初期阶段,检查后,可更换受磨损元件,以防止发生动作不良。

(3)检查安全阀、紧急安全开关动作是否可靠。定期检修时,必须确认它们动作的可靠性,以确保设备和人身安全。

(4)观察换向阀的动作是否可靠。根据换向时声音是否异常,判定铁芯和衔铁配合处是否有杂质。检查铁芯是否有磨损、密封件是否老化。

(5)反复开关换向阀观察汽缸动作,判断活塞上的密封是否良好。检查活塞杆外露部分,判定前盖的配合处是否有泄漏。

上述各项检查和修复的结果应记录下来,以作为设备出现故障查找原因和设备大修时的参考。

气动系统的大修间隔期为一年或几年。其主要内容是检查系统各元件和部件,判定其性能和寿命,并对平时产生故障的部位进行检修或更换元件,排除修理间隔期内一切可能产生故障的因素。

习　题

1.按照预期要实现的功能,气动基本回路主要分为哪几类?

2.气动方向控制回路主要有哪两类?分别起什么作用?

3.简述常见气动压力控制回路及其用途。

4.画出采用气液阻尼缸的速度控制回路原理图,并说明该回路的特点。

附录 1 常用液压图形符号(GB/T 786.1—1993)

附表 1-1 基本符号、管路及连接

名称	符号	名称	符号
工作管路		管口在液面以上的油箱	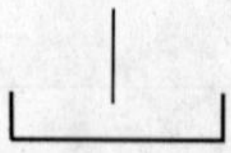
控制管路		管口在液面以下的油箱	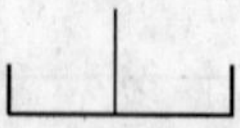
连接管路		管端连接于油箱底部	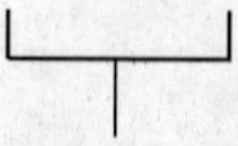
交叉管路	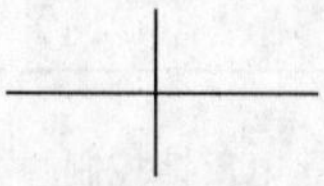	密闭式油箱	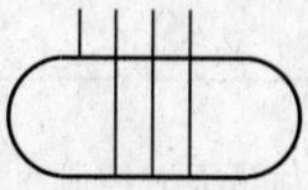
柔性管路		单通路旋转接头	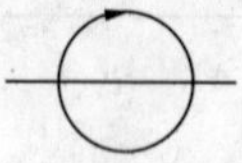
组合元件线		三通路旋转接头	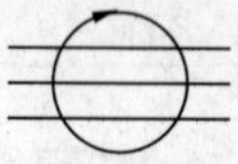

附表 1-2 控制方法

名称	符号	名称	符号
按钮式人力控制	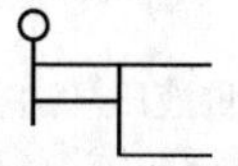	顶杆式机械控制	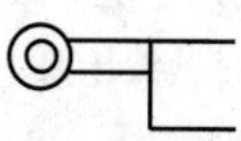
手柄式人力控制	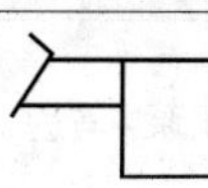	滚轮式机械控制	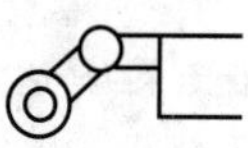
踏板式人力控制		单向滚轮式机械控制	

续附表 1-2

名称	符号	名称	符号
弹簧控制	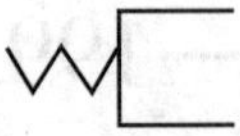	液压先导控制	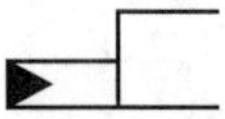
单作用电磁控制	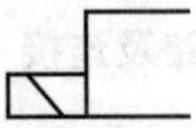	液压二级先导控制	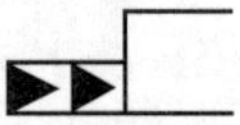
双作用电磁控制	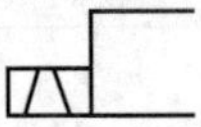	电液先导控制	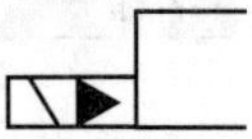
加压或卸压控制	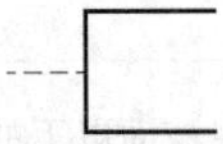	气液先导控制	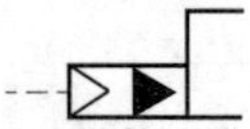
差动控制	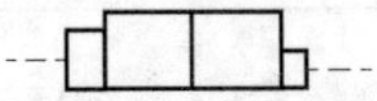	液压先导泄压控制	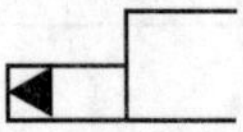
外部压力控制	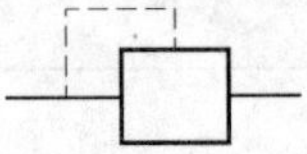	电液先导泄压控制	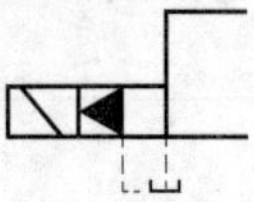
内部压力控制	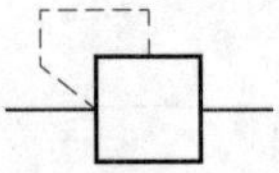	电反馈控制	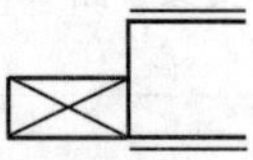

附表 1-3　液压泵、液压马达和液压缸

名称	符号	名称	符号
单向定量液压泵		单向定量液压马达	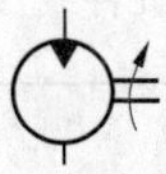
双向定量液压泵		双向定量液压马达	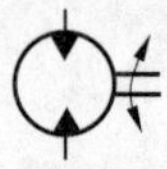
单向变量液压泵		单向变量液压马达	
双向变量液压泵		双向变量液压马达	
定量液压泵-马达		变量液压泵-马达	

续附表1-3

名称	符号	名称	符号
摆动马达	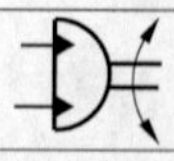	液压整体式传动装置	
单作用单活塞杆缸	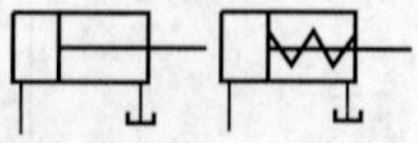	不可调单向缓冲缸	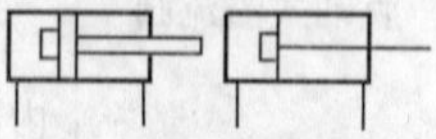 (简化符号)
双作用单活塞杆缸	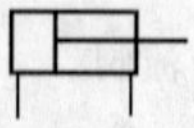	不可调双向缓冲缸	 (简化符号)
双作用双活塞杆缸	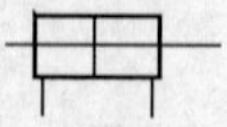	可调单向缓冲缸	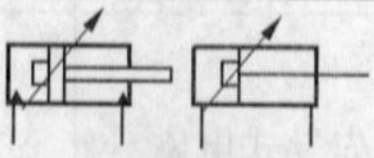 (简化符号)
伸缩缸	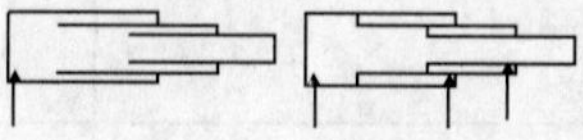 (单作用式) (双作用式)	可调双向缓冲缸	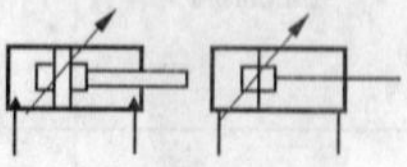 (简化符号)

附表1-4 液压控制阀

名称	符号	名称	符号
单向阀	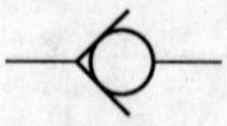	二位五通换向阀	
液控单向阀	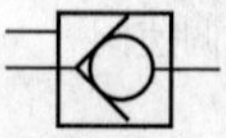	三位三通换向阀	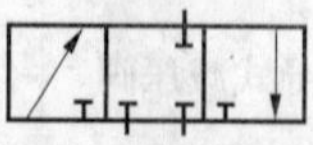
液压锁	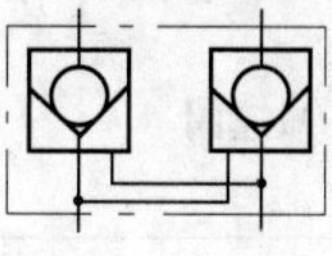	三位四通换向阀	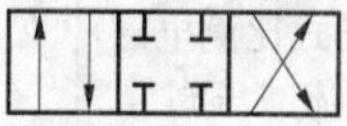
二位二通换向阀	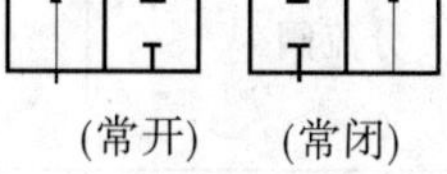 (常开) (常闭)	三位五通换向阀	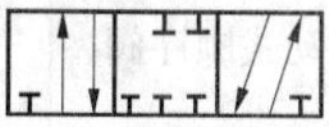
二位三通换向阀	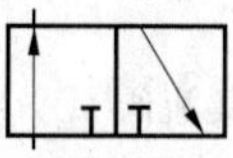	三位六通换向阀	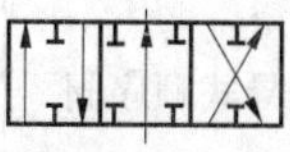
二位四通换向阀	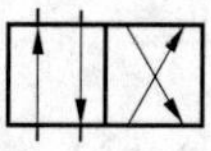	四通电液伺服阀	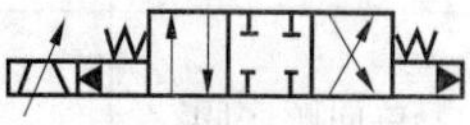
截止阀		卸荷阀	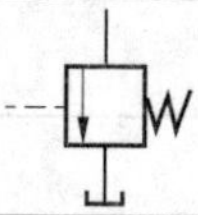

续附表 1-4

名称	符号	名称	符号
直动式溢流阀	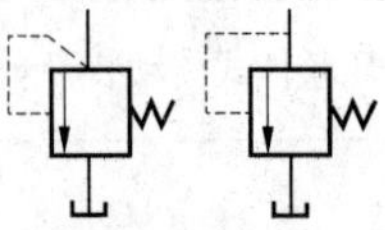 内部压力控制 外部压力控制	不可调节流阀	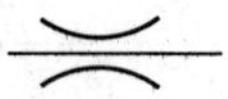
先导式溢流阀	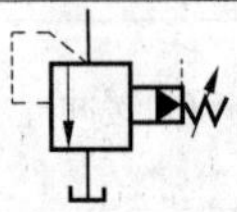	可调节流阀	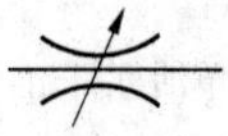
先导式电磁溢流阀	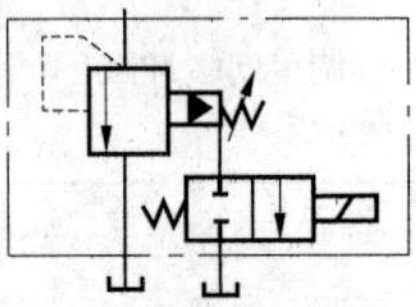	可调单向节流阀	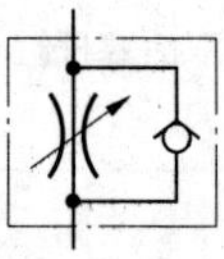
先导式比例电磁溢流阀	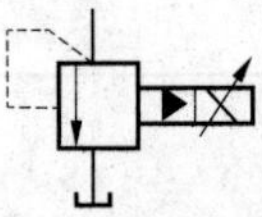	调速阀	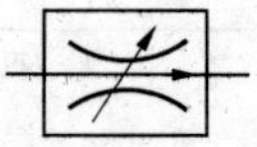
直动式减压阀	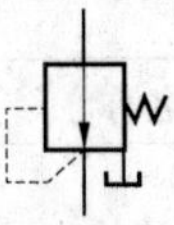	带温度补偿的调速阀	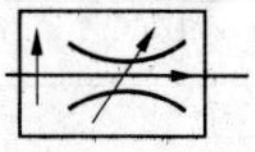
先导式减压阀	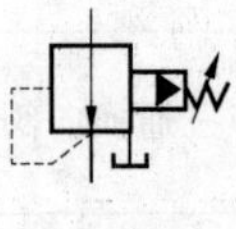	单向调速阀	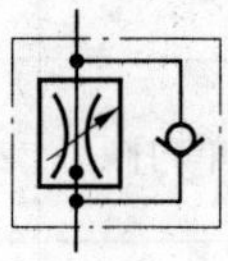
先导式比例电磁溢流减压阀	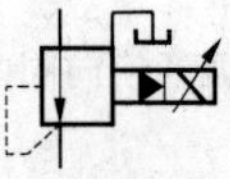	减速阀	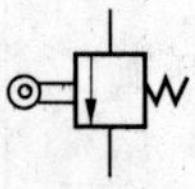
直动式顺序阀	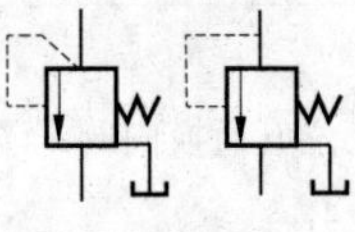	分流阀	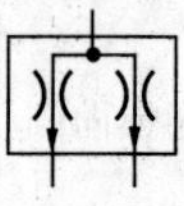
先导式顺序阀	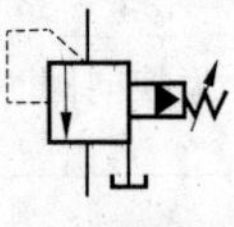	集流阀	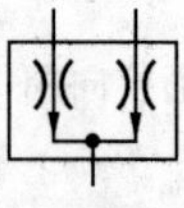
单向顺序阀	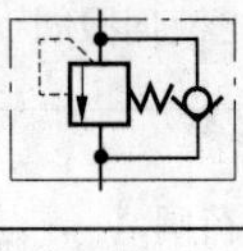	分流集流阀	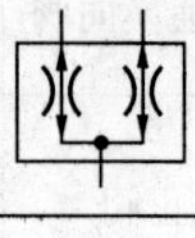

附表 1-5 液压辅助元件

名称	符号	名称	符号
液压源		过滤器	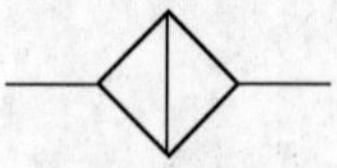
电动机	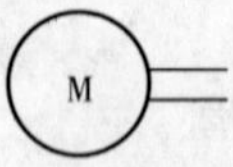	磁芯过滤器	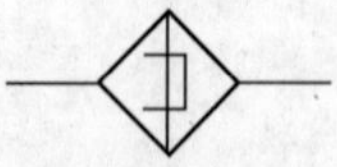
原动机	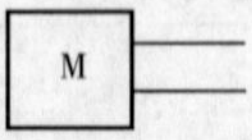	污染指示过滤器	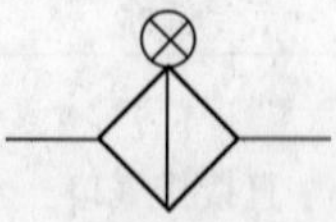
压力计		冷却器	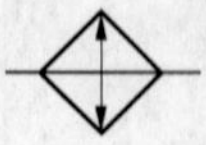 一般符号 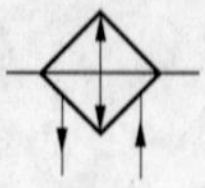 带冷却剂管路
液面计	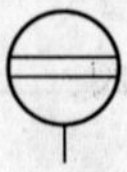	加热器	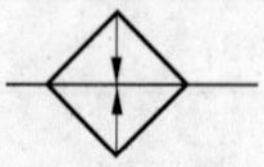
流量计	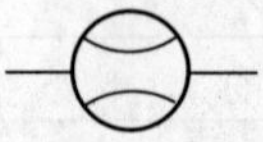	温度调节器	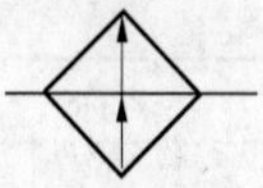
压力继电器	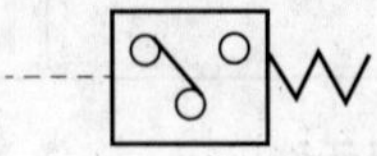	蓄能器	

附录2　常用气压图形符号（GB/T 786.1—1993）

附表 2-1　管路及连接

名称	符号	名称	符号
直接排气口		带单向阀快换接头	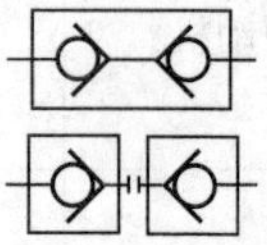
带连接排气口	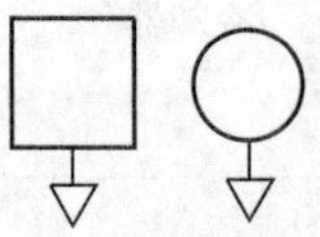	不带单向阀快换接头	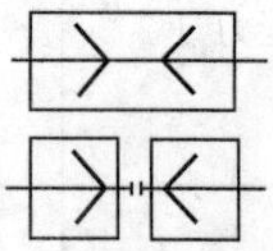

附表 2-2　控制方法

名称	符号	名称	符号
气压先导控制	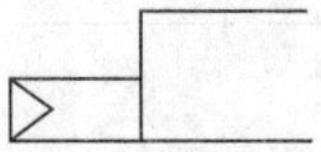	电压先导控制	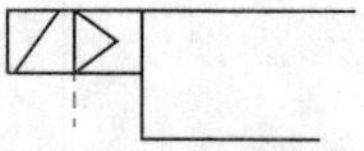

附表 2-3　气动执行元件

名称	符号	名称	符号
单向定量马达		单作用活塞缸	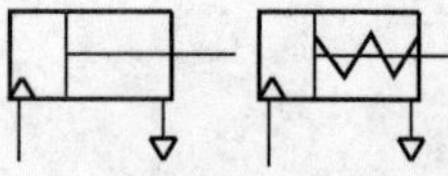
双向定量马达		双作用活塞缸	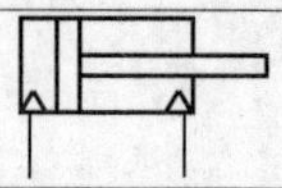
单向变量马达		伸缩缸	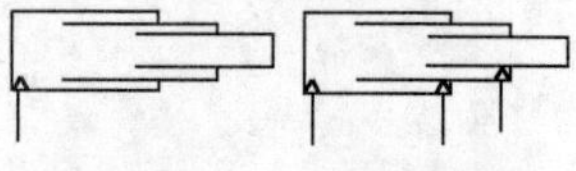 (单作用式)　(双作用式)
双向变量马达		气液转换器	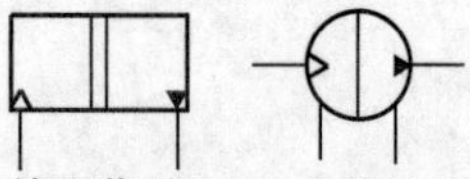 (单程作用)　(连续作用)
摆动马达	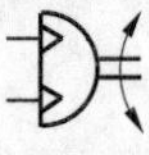	气液增压器	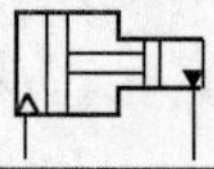

附表 2-4　气动控制元件

名称	符号	名称	符号
直动式溢流阀	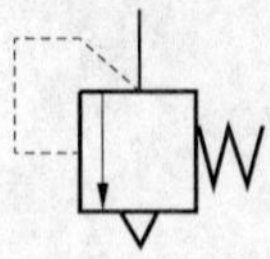	与门型梭阀	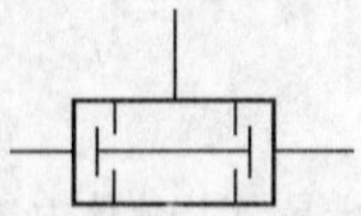
先导式溢流阀	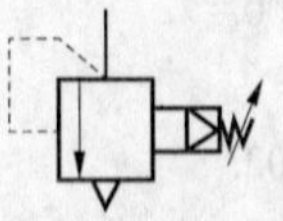	或门型梭阀	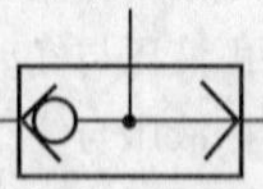
溢流减压阀	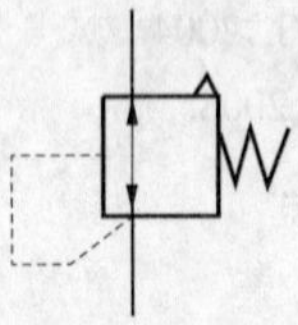	快速排气阀	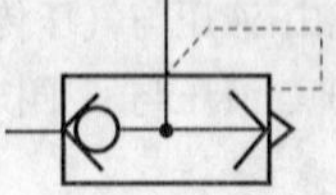
先导式减压阀	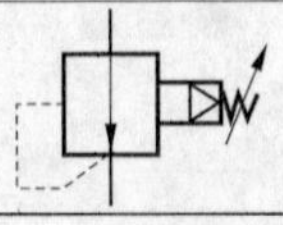	带消声器的节流阀	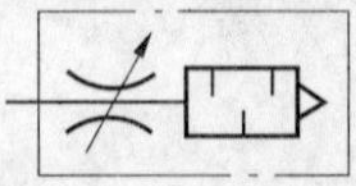

附表 2-5　气动辅助元件

名称	符号	名称	符号
气压源	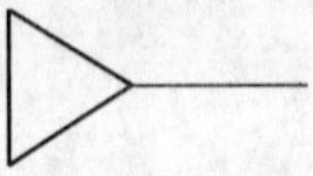	分水排水器	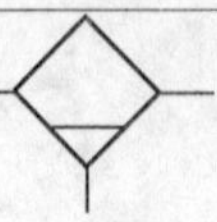 人工排出 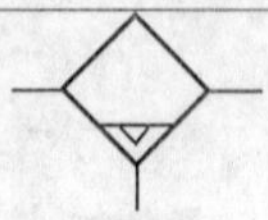 自动排出
气罐		空气过滤器	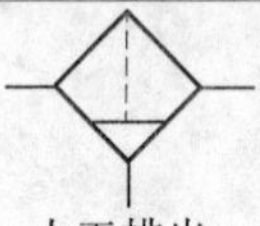 人工排出 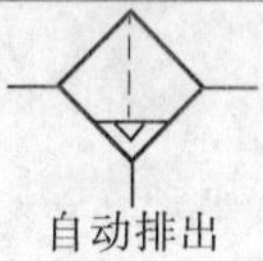 自动排出
冷却器	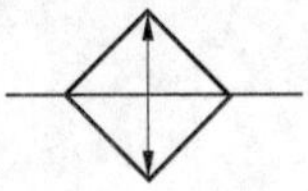	空气干燥器	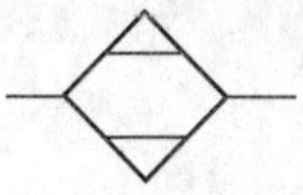
消声器	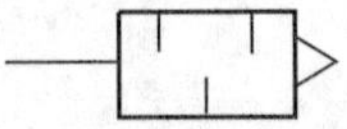	油雾器	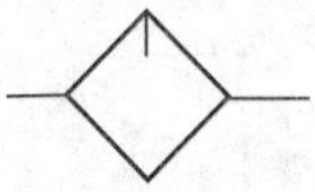

参 考 文 献

[1] 周士昌.工程流体力学[M].沈阳:东北大学出版社,1995.
[2] 左键民.液压与气压传动[M].北京:机械工业出版社,2000.
[3] 章宏甲.液压与气动[M].北京:机械工业出版社,2001.
[4] 张群生.液压与气压传动[M].北京:机械工业出版社,2002.
[5] 姜佩东.液压与气压传动[M].北京:高等教育出版社,2000.
[6] 朱梅.液压与气动技术[M].西安:西安电子科技大学出版社,2004.
[7] 曾亿山.液压与气压传动[M].合肥:合肥工业大学出版社,2008.
[8] 马韧宾.液压与气压技术[M].北京:高等教育出版社,2012.